高等职业教育机电类专业系列教材

机械制造技术

主　编　李增平　付荣利
参　编　胡碧江　魏　伟　程志清　郝　勇
　　　　缪燕平　靖　娟　贾颖莲　魏平金

机械工业出版社

本书是由机械类专业多门重要专业课的实用性内容综合而成的，较系统地构建了机械制造技术的知识体系，内容精简易学，实用性、针对性强。本书内容包括绪论、金属切削的基本知识、金属切削加工方法与设备、机械加工工艺规程的制订、机械加工质量、工件的定位与夹紧、机床夹具及其设计方法、现代机械制造技术概述、机械装配工艺基础。每章后均附有典型习题供学习者练习，并配有全部PPT、电子教案、主要习题答案、模拟试卷、教学标准等，凡使用本书作教材的教师可登录机械工业出版社教育服务网（http://www.cmpedu.com），注册后免费下载，或者与作者联系索取。咨询电话：010-88379375。

本书主要作为高等职业教育机械类和近机械类专业的教材或参考书，也可供相关专业的工程技术人员参考。

图书在版编目（CIP）数据

机械制造技术/李增平，付荣利主编.—北京：机械工业出版社，2017.12（2021.1重印）
高等职业教育机电类专业系列教材
ISBN 978-7-111-58633-3

Ⅰ.①机… Ⅱ.①李… ②付… Ⅲ.①机械制造工艺-高等职业教育-教材 Ⅳ.①TH16

中国版本图书馆 CIP 数据核字（2017）第 298694 号

机械工业出版社（北京市百万庄大街22号　邮政编码100037）
策划编辑：王海峰　王英杰　责任编辑：王海峰　王英杰　武　晋
责任校对：潘　蕊　　　　　封面设计：鞠　杨
责任印制：郎　敏
北京圣夫亚美印刷有限公司印刷
2021年1月第1版第3次印刷
184mm×260mm·17印张·413千字
4901—6800册
标准书号：ISBN 978-7-111-58633-3
定价：49.00元

电话服务　　　　　　　　　网络服务
客服电话：010-88361066　　机　工　官　网：www.cmpbook.com
　　　　　010-88379833　　机　工　官　博：weibo.com/cmp1952
　　　　　010-68326294　　金　书　网：www.golden-book.com
封底无防伪标均为盗版　　　机工教育服务网：www.cmpedu.com

前言

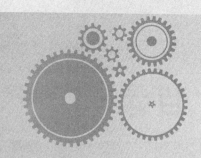

机械制造技术是高等职业教育机械类专业或近机械类专业学生必修的一门主干课程。本书是根据近年来高职高专教学改革的经验，综合"金属切削原理与刀具""金属切削机床""机械制造工艺学""机床夹具设计"等课程的实用性内容编写而成的。在编写过程中，注重基本理论知识在实际生产中的应用及运用理论知识解决实际问题能力的培养。

本书的主要特点：一是注重实用性。围绕高等职业教育机械制造类专业人才的培养目标要求，对实用性内容和必备的基本知识进行了较详尽的叙述，书中附有大量的工程技术实例和图表，更方便学习者使用和掌握，摒弃了要求较高的、陈旧的、实用性不大的内容，突出了职业性和岗位能力的培养。二是考虑针对性。充分考虑高职学生的接受能力，做到内容浅显易懂，叙述深入浅出，基本删除了烦琐的理论推导和实际生产中不常用的各种计算，做到内容少而精，侧重结果的应用，并采用最新国家标准。三是体现先进性。为适应机械加工技术的迅速发展，本书加强了对先进制造技术和机械制造发展趋势的介绍。

通过本课程的学习，要求学生掌握机械制造技术的基本知识及其在生产实际中的应用，为做好机械设计、制造、维修、管理及相关领域的技术和管理工作打好基础。

本书主要作为高等职业教育机械类和近机械类专业的教材或参考书，也可供相关专业的工程技术人员参考。本书的电子课件（PPT）、电子教案、习题参考答案、模拟试卷、教学标准等配套资料可发电子邮件至178221008@qq.com索取，或在机械工业出版社教育服务网下载。

本书由江西制造职业技术学院李增平、付荣利任主编，由江西制造职业技术学院、江西交通职业技术学院、南昌凯马有限公司的教师和工程技术人员参与编写。编写分工如下：付荣利编写第1章，魏平金、胡碧江编写第2章，李增平编写第3章，贾颖莲、魏伟编写第4章，程志清编写第5章，郝勇编写第6章，缪燕平编写第7章，靖娟编写第8章。

由于编者水平有限，书中难免有不当之处，敬请广大读者批评指正。

编　者

目录

前言
绪论 …………………………………………… 1
第1章 金属切削的基本知识 …………………… 3
　1.1 概述 ……………………………………… 3
　1.2 刀具的几何角度及材料 ………………… 5
　1.3 金属切削过程 …………………………… 14
　习题 …………………………………………… 28
第2章 金属切削加工方法与设备 ……………… 29
　2.1 金属切削机床基本知识 ………………… 29
　2.2 外圆表面加工 …………………………… 34
　2.3 内圆表面加工 …………………………… 45
　2.4 平面加工 ………………………………… 53
　2.5 齿轮加工 ………………………………… 64
　2.6 磨削加工 ………………………………… 73
　习题 …………………………………………… 80
第3章 机械加工工艺规程的制订 ……………… 81
　3.1 基本概念 ………………………………… 81
　3.2 零件图的工艺分析 ……………………… 90
　3.3 毛坯的选择 ……………………………… 93
　3.4 定位基准及其选择 ……………………… 96
　3.5 工艺路线的拟订 ………………………… 99
　3.6 加工余量的确定 ………………………… 108
　3.7 工序尺寸及其公差的确定 ……………… 116
　3.8 机床与工艺装备的选择 ………………… 123
　3.9 机械加工生产率和技术经济分析 ……… 124
　习题 …………………………………………… 130
第4章 机械加工质量 …………………………… 134
　4.1 机械加工精度 …………………………… 134
　4.2 机械加工的表面质量 …………………… 154
　习题 …………………………………………… 162
第5章 工件的定位与夹紧 ……………………… 166
　5.1 工件的定位 ……………………………… 166
　5.2 定位误差的分析与计算 ………………… 179
　5.3 工件的夹紧 ……………………………… 184
　习题 …………………………………………… 195
第6章 机床夹具及其设计方法 ………………… 199
　6.1 概述 ……………………………………… 199
　6.2 车床夹具 ………………………………… 202
　6.3 铣床夹具 ………………………………… 206
　6.4 钻床夹具 ………………………………… 209
　6.5 镗床夹具 ………………………………… 213
　6.6 专用夹具设计方法 ……………………… 214
　习题 …………………………………………… 216
第7章 现代制造技术概述 ……………………… 217
　7.1 数控加工技术 …………………………… 217
　7.2 精密加工和超精密加工 ………………… 229
　7.3 特种加工方法 …………………………… 236
　7.4 计算机辅助工艺规程设计 ……………… 243
　习题 …………………………………………… 245
第8章 机械装配工艺基础 ……………………… 246
　8.1 概述 ……………………………………… 246
　8.2 装配尺寸链 ……………………………… 248
　8.3 保证装配精度的方法 …………………… 250
　8.4 装配工艺规程的制订 …………………… 260
　习题 …………………………………………… 263
参考文献 ………………………………………… 265

绪论

1. 机械制造业在国民经济中的地位

机械行业是国民经济的支柱产业，承担着为国民经济各部门、各行业提供生产技术装备和生产工具的任务，是我国制造业的"脊梁"，是我国实现经济社会转型发展的重要基础，也是我国参与全球经济发展、体现国家综合竞争力的重要领域。国民经济各部门的生产水平和经济效益在很大程度上取决于机械制造业所提供的装备的技术性能、质量和可靠性。因此，各发达国家都把机械制造业放在了优先发展的重要地位。

2. 机械制造业的发展状况

机械制造有着悠久的历史，在我国秦朝的铜马车上发现有带锥度的铜轴和铜轴承，说明在公元前210年以前就有了磨削加工。从1775年英国的约翰·威尔金森（J. Wilkinson）为了加工瓦特蒸汽机的气缸而研制镗床开始，经历了漫长岁月，车、铣、刨、插、齿轮加工等机床相继出现。20世纪80年代末期，美国为提高机械制造业的竞争力，首先开始了机械制造与计算机和信息技术的结合，之后，这一技术获得了迅猛的发展和应用，出现了计算机辅助设计技术（CAD）、计算机辅助制造技术（CAM）、柔性制造系统（FMS）、计算机辅助工艺规程设计（CAPP）、计算机集成制造系统（CIMS）等，从而把工厂生产的全部活动，包括市场信息收集、产品开发、生产准备、组织管理以及产品的制造、装配、检验和产品的销售等，都用计算机系统有机地集成为一个整体。

我国的机械制造业是新中国成立以后逐步发展起来的。经过几十年的努力，我国的机械工业从小到大，从修配到制造，从制造一般机械产品到制造生产高、精、尖产品，从制造单机到制造先进大型成套设备，已逐步建立成门类比较齐全、具有较大规模、技术水平和成套水平不断提高的工业体系，为国民经济和国防建设提供了大量的机械装备，在国民经济中的支柱产业地位日益彰显。特别是经过21世纪头十年的高速发展，至2010年我国已成为全球机械制造第一大国，机械工业产值全球领先。"十二五"时期以来，我国机械行业更加重视发展质量，将发展目标定位于由机械制造大国转变为机械制造强国。2015年5月，国家提出了"中国制造2025"的战略举措，制定了2025年迈入世界制造强国行列的目标。近年来，我国机械行业规模保持平稳增长，重大装备制造业成果丰硕，一批拥有自主知识产权的重大装备性能指标达到世界先进水平；先进制造技术以及信息化技术的推广应用促使机械行业向高端领域延伸。当然，从整体上看，我国机械工业的发展水平与国外先进水平相比还有不小的差距，创新能力不足，产业基础薄弱，数字化水平较低，尤其是核心基础元件和技术对外依存度仍然较高。因此，大力发展机械制造技术，赶超世界先进水平，是我们义不容辞的责任。

3. 机械制造技术在机械制造业中的作用

机械制造业的发展要满足国民经济发展的需要，就必须依靠技术进步，这是机械制造业真正实现振兴的必由之路，而工艺水平的提高是机械制造业技术进步的一个重要内容，也是机械制造业发展的基础。机械制造业要解决制造什么和怎么制造两大问题。制造什么取决于国民经济各部门的需要，怎样制造、用什么生产资料去制造，采用什么样的方法、手段制造出合格的产品，并同时达到降低生产成本、提高生产率、节约能源和降低原材料消耗的目的，是作为机械制造部门要解决的最根本的问题，而解决这些问题，离不开机械制造技术，这是机械制造业发展和进步的保障。

4. 本课程的性质、特点、内容与学习方法

"机械制造技术"是一门机械类或近机类专业的主干专业课程，其主要特点是：①涉及面广、综合性强，涉及切削原理与刀具、机械加工设备及加工方法、机械零件制造工艺、装配、机床夹具、经济核算、先进制造技术等内容，在学习过程中，要综合运用"机械制图""金属工艺学""公差与技术测量""金属切削原理与刀具""液压气压传动""金属切削机床""企业管理与技术经济学"等课程的知识；②实践性强，课程内容与生产实际紧密相关，因此，学习者要有一定的机械加工的感性知识；③灵活性大，生产中的实际问题，往往是千差万别的，解决问题的方法也多种多样，机械制造技术本身也是在不断发展和变化的，因此不少工艺原则只能概括说明，实际应用时要灵活掌握。

本书以机械制造过程中的工艺问题和机床夹具设计问题为主线，介绍了金属切削的基本知识、金属切削加工方法与设备、机械加工工艺规程的制订、机械加工质量、工件的定位与夹紧、机床夹具及其设计方法、现代机械制造技术、机械装配工艺基础等内容。通过本课程的学习，学生可初步具备分析和解决机械制造中一般工艺技术问题的能力，初步具备制订机械加工工艺规程的能力和设计专用机床夹具的能力，并学会运用本课程的知识处理机械加工过程中质量、成本和生产效率三者的辩证关系，以求在保证质量的前提下实现高产、低消耗。

在学习本课程时，要随时复习并且综合运用前面学过的专业知识，重视实践性教学环节，如金工实习、生产实习、课程设计等；要多到企业参观、实践，注意理论与实践相结合；要着重理解和掌握基本概念及其在实践中的应用，多做习题，做好预习和复习。特别注意要灵活地运用所学的知识，根据具体情况来处理和解决问题，不能死记硬背、生搬硬套。

第1章

金属切削的基本知识

1.1 概述

1.1.1 金属切削加工的特点

金属切削加工是利用金属切削工具，在工件上切除多余金属的一种机械加工方法。与其他金属加工方法相比，金属切削加工具有以下特点：

1）可获得较复杂的工件形状。
2）可获得较小的表面粗糙度值。
3）可获得较高的尺寸精度、几何表面形状精度和位置精度。

因此，金属切削加工常作为零件的最终加工方法。

1.1.2 切削运动

金属切削加工时，刀具与工件之间具有相对运动，即切削运动。切削运动按其作用可分为主运动和进给运动，主运动速度和进给运动的速度分别用 v_c 和 v_f 表示，如图1-1所示。

1. 主运动

主运动是切除工件上多余金属，形成工件新表面所需的运动，它是由机床提供的主要运动。主运动的特征是速度最高，消耗功率最多。切削加工中只有一个主运动，它可由工件完成，也可以由刀具完成。例如，车削时工件的旋转运动、铣削和钻削时铣刀和钻头的旋转运动等都是主运动。

2. 进给运动

进给运动是使被切削金属层间断或连续投入

图1-1 切削运动

切削的一种运动。进给运动加上主运动即可不断地切除金属层，从而得到需要的表面。进给运动速度小，消耗功率少。切削加工中进给运动可以是一个、两个或多个。它可以是连续的运动，如车削外圆时车刀平行于工件轴线的纵向运动；也可以是间断运动，如刨削时工件或刀具的横向运动。

3. 合成切削运动

如图 1-1 所示，合成切削运动是由主运动和进给运动合成的运动。刀具切削刃上选定点相对于工件的瞬时合成运动方向，称为合成切削运动方向，其速度 v_e 称为合成切削速度。

1.1.3 工件的表面

在切削过程中，工件上的金属层不断地被刀具切除而变为切屑，同时在工件上形成新表面。在新表面的形成过程中，工件上有三个不断变化着的表面，如图 1-1 所示：

(1) 待加工表面　工件上等待切除的表面称为待加工表面。

(2) 已加工表面　工件上经刀具切削后形成的表面称为已加工表面。

(3) 过渡表面（加工表面）　主切削刃正在切削的表面称为过渡表面，它是待加工表面与已加工表面的连接表面。

1.1.4 切削用量

切削用量是切削加工过程中的切削速度、进给量、背吃刀量的总称。

1. 切削速度 (v_c)

切削速度是刀具切削刃上的某一点相对于待加工表面在主运动方向上的瞬时速度。车外圆时，计算公式为

$$v_c = \frac{\pi d_w n}{1000}$$

式中　v_c——切削速度，(m/min 或 m/s)；

　　　d_w——工件待加工表面直径，(mm)；

　　　n——工件转速，(r/min 或 r/s)。

切削刃上各点的切削速度是不同的，在计算时，应以最大的切削速度为准。例如车削时以待加工表面直径的数值进行计算，因为此处速度高，刀具磨损快。

2. 进给量 (f)

进给量是刀具在进给运动方向上相对于工件的位移量，可用刀具或工件每转或每行程的位移量来表示。当主运动是旋转运动时，f 的单位为 mm/r。对于铣刀、铰刀等多齿刀具，还规定每齿进给量 f_z，即多齿刀具每转或每行程中每齿相对于工件在进给运动方向上的相对位移，单位为 mm/z。还可用进给速度 v_f，即单位时间内的进给量表示，单位为 mm/min。这三种进给量表示方法之间的关系为

$$v_f = fn = f_z z n$$

式中　z——齿数；

　　　n——刀具转速（r/min）。

3. 背吃刀量 (a_p)

车外圆时，背吃刀量一般指工件上已加工表面和待加工表面间的垂直距离，即

$$a_p = \frac{d_w - d_m}{2}$$

式中　d_w——待加工表面直径，(mm)。

d_m——已加工表面直径,(mm)。

1.1.5 切削层参数

刀具切削刃在一次进给中,从工件待加工表面上切下来的金属层称为切削层。外圆车削时,工件转一转,车刀从位置Ⅰ移到位置Ⅱ,前进了一个进给量,如图1-2中阴影部分,称为切削层。其截面尺寸的大小即为切削层参数,它不仅决定刀具所承受负荷的大小及切削层尺寸,而且还影响切削力、刀具磨损、表面质量和生产率。

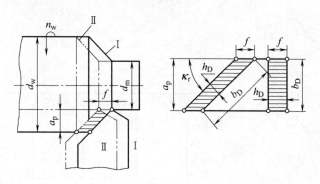

图 1-2 车外圆时切削层参数

切削层尺寸可用以下三个参数表示:

1. 切削层公称厚度 (h_D)

切削层公称厚度是切削刃两个瞬时位置过渡表面间的距离。

2. 切削层公称宽度 (b_D)

切削层公称宽度是沿过渡表面测量的切削层尺寸。

3. 切削层公称横截面面积 (A_D)

切削层公称横截面面积是切削层横截面的面积。

1.2 刀具的几何角度及材料

1.2.1 刀具的几何角度

金属切削的刀具种类繁多、形状各异,但就其切削部分而言,都可以视为从外圆车刀切削部分演变而来的。因此,可以外圆车刀的切削部分为例来介绍刀具工作部分的一般术语,这些术语也适用于其他金属切削刀具。

1. 车刀的组成

车刀由刀柄和刀头组成,刀柄是刀具上的夹持部分,刀头则用于切削,也称为切削部分。如图1-3所示,刀头由以下几部分构成:

(1) 前刀面 (A_γ) 切屑流出时经过的刀面称为前刀面。

(2) 后刀面 (A_α) 与过渡表面相对的刀面称为后刀面,也称主后刀面。

(3) 副后刀面 (A'_α) 与已加工表面相对的刀面称为副后刀面。

(4) 主切削刃（S）　前刀面与主后刀面的交线称为主切削刃。在切削加工过程中，它承担主要的切削任务，切去大量的材料并形成工件上的加工表面。

(5) 副切削刃（S'）　前刀面与副后刀面的交线称为副切削刃。它配合主切削刃完成切削工作并最终形成工件上的已加工表面。

(6) 刀尖　刀尖是主、副切削刃的连接部位，或者是主、副切削刃的交点。大多数刀具在刀尖处磨成一小段直线刃或圆弧刃，也有一些刀具主、副切削刃直接相交，并形成尖刀尖，如图1-4所示。

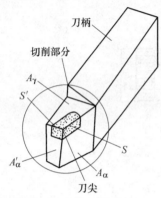

图1-3　车刀切削部分的构成

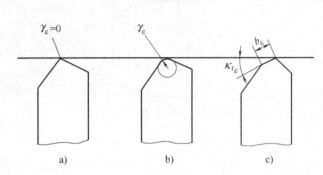

图1-4　刀尖的结构

不同类型的刀具，其刀面、切削刃的数量可能不同，但组成刀具切削部分最基本的结构是两个刀面（A_γ、A_α）和一条主切削刃。也可以认为它们是组成刀具切削部分的基本单元。任何一把多刃复杂刀具都可以将其分解为一个基本单元进行分析。

2. 刀具的静止参考系

刀具的静止参考系是用于定义刀具设计、制造、刃磨和测量时几何参数的参考系。这些几何参数包括刀具的几何角度。由于刀具的几何角度是在切削过程中起作用的角度，因此，静止参考系中坐标平面的建立应以切削运动为依据。首先给出假定工作条件，包含假定运动条件和假定安装条件，然后建立参考系。在该参考系中确定的刀具几何角度，称为刀具的静止角度，即标注角度。

假定运动条件：以切削刃选定点位于工件中心高时的主运动方向作为假定主运动方向；以切削刃选定点的进给运动方向作为假定进给运动方向，不考虑进给运动的大小。

假定安装条件：假定车刀安装绝对正确，即安装车刀时应使刀尖与工件中心等高；车刀刀杆对称面垂直于工件轴线。

这样便可近似地用平行或垂直于假定主运动方向的平面构成坐标平面，即参考系。由此可见，静止参考系是简化了切削运动和设立标准刀具位置条件下建立的参考系。下面介绍几种常用的静止参考系。

(1) 正交平面静止参考系

1) 参考系的建立。正交平面参考系由相互垂直的三个坐标平面 p_r、p_s、p_o 组成，如图1-5所示。

基面（p_r）通过切削刃选定点且垂直于假定主运动方向的平面称为基面。对于车刀，基面平行于车刀刀柄底面。

切削平面（p_s）通过切削刃选定点，与主切削刃相切并垂直于基面的平面称为切削平面。

正交平面（p_o）通过切削刃选定点，同时垂直于基面与切削平面的平面称为正交平面。

2）静止角度的标注。在正交平面静止参考系中可标注出以下几个角度，如图1-6所示。

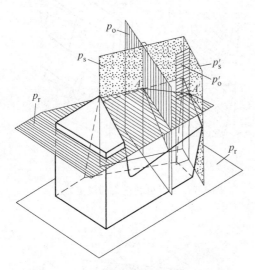

图1-5　正交平面静止参考系坐标平面　　　图1-6　正交平面静止参考系中标注的角度

主偏角（κ_r）基面中测量的主切削刃与假定进给运动方向之间的夹角称为主偏角。

刃倾角（λ_s）切削平面中测量的主切削刃与过刀尖所作基面之间的夹角称为刃倾角。

前角（γ_o）正交平面中测量的前刀面与基面之间的夹角称为前角。

后角（α_o）正交平面中测量的后刀面与切削平面之间的夹角称为后角。

用上述四个角度就可以确定车刀前、后刀面及主切削刃的方位。其中γ_o与λ_s确定了前刀面的方位，κ_r与α_o确定了后刀面的方位，κ_r与λ_s确定了主切削刃的方位。

同理，对副切削刃也可建立副基面p_r'、副切削平面p_s'和副正交平面p_o'，用κ_r'、λ_s'、γ_o'、α_o'定出其相应的前刀面、副后刀面的方位。由于副切削刃和主切削刃共同处于同一前刀面中，因此，当γ_o与λ_s两角确定后，前刀面的方位已经确定，γ_o'与λ_s'两个角度也同时被确定。因此副切削刃通常只需确定副偏角κ_r'和副后角α_o'。

副偏角（κ_r'）基面中测量的副切削刃与假定进给运动方向之间的夹角称为副偏角。

副后角（α_o'）副正交平面中测量的副后刀面与副切削平面之间的夹角称为副后角。

因此，图1-6所示外圆车刀有三个刀面、两条切削刃，所需标注的独立角度只有六个。此外，分析刀具时还需给定以下两个派生角度（图1-6中用括号括起来的角度）。

楔角（β_o）正交平面中测量的前、后刀面之间的夹角称为楔角，且有
$$\beta_o = 90° - (\gamma_o + \alpha_o)$$

刀尖角（ε_r）基面中测量的主、副切削刃之间的夹角称为刀尖角，且有
$$\varepsilon_r = 180° - (\kappa_r + \kappa_r')$$

3）角度正负的规定。如图1-7a所示，在正交平面中，若前刀面在基面之上则前角为负，前刀面在基面之下时前角为正，前刀面与基面相重合时前角为零。后角也有正负之分，

但切削加工中一般后角只有正值，无零值及负值。

如图 1-7b 所示，刀尖处于切削刃最高点时刃倾角为正，刀尖处于切削刃最低点时刃倾角为负，切削刃与基面相重合时刃倾角为零。

（2）其他静止参考系　刀具几何角度除可在正交平面静止参考系中标注外，根据设计和工艺的需要，还可以选用以下静止参考系来标注。

1）法平面静止参考系（见图 1-8）。法平面静止参考系由 p_r、p_s、p_n 三个坐标平面组成。

法平面（p_n）通过切削刃选定点与切削刃相垂直的平面称为法平面。

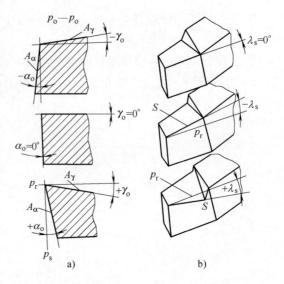

图 1-7　车刀角度正负的规定方法

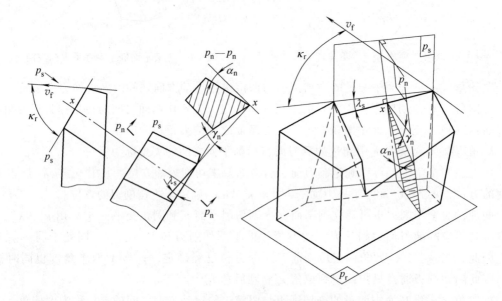

图 1-8　法平面静止参考系中标注的角度

法平面中测量的角度有法前角 γ_n 和法后角 α_n。

法前角（γ_n）　法平面中测量的基面与前刀面之间的夹角称为法前角。

法后角（α_n）　法平面中测量的切削平面与后刀面之间的夹角称为法后角。

2）假定工作平面、背平面静止参考系（见图 1-9）　假定工作平面、背平面静止参考系由 p_r、p_f、p_p 三个坐标平面组成。

假定工作平面（p_f）　通过切削刃选定点，平行于假定进给运动方向并垂直于基面的平面称为假定工作平面。

背平面（p_p）　通过切削刃选定点，垂直于假定工作平面和基面的平面称为背平面。

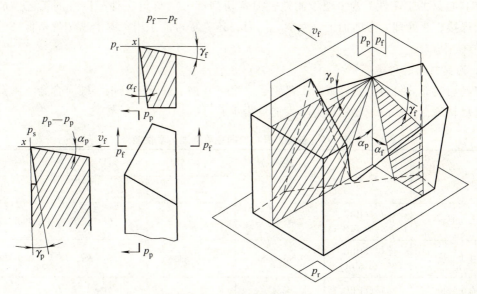

图 1-9 假定工作平面、背平面静止参考系中标注的角度

在该参考系中测量的角度有侧前角（γ_f）、侧后角（α_f）、背前角（γ_p）、背后角（α_p）。其定义方法与正交平面参考系、法平面参考系中角度的定义方法类似。

在上述三个静止参考系中，我国主要采用正交平面参考系，即在图样上标注 κ_r、κ_r'、λ_s、γ_o、α_o 和 α_o' 六个角度，有时会补充 γ_n、α_n 等角度。

1.2.2 刀具的材料

在金属切削过程中，刀具切削部分承担切削工作，因此，刀具材料性能的优劣是影响加工表面质量、切削效率、刀具寿命的基本因素。

1. 刀具材料必须具备的性能

在金属切削过程中，刀具切削部分承受着较大的压力、较高的温度和剧烈的摩擦，有时还要受到强烈的冲击，因此刀具材料必须具备下列性能：

（1）高的硬度　刀具要从工件上切除金属层，因此，其切削部分的硬度必须大于工件材料的硬度。一般刀具材料的常温硬度应高于60HRC。

（2）高的耐磨性　刀具材料应具有较高的耐磨性，以抵抗工件对刀具的磨损。这一性能一方面取决于刀具材料的硬度，另一方面还与其化学成分、显微组织有关。刀具材料硬度越高，耐磨性就越好；刀具材料中含有耐磨的合金碳化物越多，晶粒越细，分布越均匀，耐磨性也越好。

（3）足够的强度与韧性　切削时刀具承受着各种应力和冲击。为了防止刀具崩刃和碎裂，要求切削部分的材料必须具有足够的强度和韧度，通常用材料的抗弯强度和冲击韧度表示。

（4）高的耐热性　耐热性是在高温条件下，刀具切削部分的材料保持常温时硬度的性能，也可用红硬性或高温硬度表示。耐热性越好，材料允许的切削速度就越高，它是衡量刀具材料性能的主要标志。

(5) 良好的工艺性　为了便于制造，刀具切削部分的材料应具有良好的工艺性能，如锻造、焊接、热处理、磨削加工等性能。同时，还应尽可能采用资源丰富和价格低廉的刀具材料。

2. 刀具材料的种类

刀具切削部分材料主要有碳素工具钢、合金工具钢、高速工具钢、硬质合金、陶瓷和超硬刀具材料等，它们的主要物理力学性能见表1-1。

表1-1　各类刀具材料的主要物理力学性能

材料种类	材料性能	硬度	抗弯强度 GPa	冲击韧度 kJ/m²	热导率 W/(m·K)	耐热性 ℃
碳素工具钢		60~66HRC (81.2~83.9HRA)	2.45~2.74	—	67.2	200~250
高速工具钢		63~70HRC (83~86.6HRA)	1.96~5.88	98~588	1.67~25	600~700
合金工具钢		63~66HRC	2.4		41.8	300~400
硬质合金	YG6	89.5HRA	1.45	30	79.6	900
	YT14	90.5HRA	1.2	6.8	33.5	900
陶瓷	Al_2O_3	>91HRA	0.45~0.55	5	19.2	1200
	Al_2O_3+TiC	93~94HRA	0.55~0.65			
	Si_3N_4	91~93HRA	0.75~0.85	4	38.2	1300
金刚石	天然金刚石	10000HV	0.21~0.49		146.5	700~800
	聚晶金刚石复合刀片	6500~8000HV	2.8		100~108.7	700~800
立方氮化硼	立方氮化硼	6000~8000HV	1.0		41.8	1000~1200
	立方氮化硼复合刀片FD	≥5000HV	1.5			>1000

(1) 高速工具钢　高速工具钢是在合金工具钢中加入了较多的W、Mo、Cr、V等合金元素的高合金工具钢，其合金元素与碳形成高硬度的碳化物，使高速工具钢具有很好的耐磨性。钨和碳的原子结合力很强，增加了钢的高温硬度。钼的作用与钨基本相同，并能细化碳化物的晶粒，减少钢中碳化物的不均匀性，提高钢的韧性。

高速工具钢是综合性能较好、应用范围最广泛的一种刀具材料。其抗弯强度较高，韧性较好，热处理后硬度为63~70HRC，易磨出较锋利的切削刃，故生产中常称为"锋钢"。其耐热性为600~660℃左右，切削碳钢材料时切削速度可达30m/min左右，可以制造成丝锥、成形刀具、拉刀和齿轮刀具等，可用于加工碳钢、合金钢、有色金属和铸铁等多种材料。

高速工具钢按化学成分可分为钨系高速工具钢、钨钼系高速工具钢；按切削性能可分为普通高速工具钢和高性能高速工具钢。

1) 普通高速工具钢　普通高速工具钢可分为钨系高速工具钢和钨钼系高速工具钢

两类。

钨系高速工具钢中较常见的牌号是 W18Cr4V，它具有较好的综合性能和可磨削性，可用于制造各种复杂刀具的精加工刀具。

钨钼系高速工具钢中最常见的牌号是 W6Mo5Cr4V2，具有较好的综合性能。由于钼的作用，其碳化物呈细小颗粒且分布均匀，故抗弯强度和冲击韧度都高于钨系高速工具钢，并且有较好的热塑性，适于制作热轧工具。但这种材料有脱碳敏感性大、淬火温度窄、较难掌握热处理工艺等缺点。

2) 高性能高速工具钢 高性能高速工具钢是在普通高速工具钢的基础上，通过调整化学成分和添加其他合金元素，使其性能比普通高速工具钢提高较多的新型高速工具钢。此类高速工具钢主要用于高温合金、钛合金、高强度钢和不锈钢等难加工材料的切削加工。高性能高速工具钢包括高碳高速工具钢、高钒高速工具钢、钴高速工具钢和铝高速工具钢等几种。

高碳高速工具钢中，碳的质量分数提高到 0.9%~1.05%，使钢中的合金元素全部形成碳化物，从而提高了钢的硬度、耐磨性和耐热性，但其强度和韧性略有下降。

高钒高速工具钢中，钒的质量分数提高到 3%~5%，其典型牌号为 W6Mo5Cr4V3。由于碳化钒含量的增加，提高了钢的耐磨性，一般用于切削高强度钢，但此种钢刃磨比普通高速工具钢困难。

钴高速工具钢是在普通高速工具钢中加入钴，从而提高了钢的高温硬度和抗氧化能力，典型牌号为 W2Mo9Cr4VCo8，有良好的综合性能，用于切削高温合金、不锈钢等难加工材料时效果很好。钴高速工具钢在国外使用较多，我国钴原料价格较贵，使用量尚不多。

铝高速工具钢是我国独创的新型高速工具钢，它是在普通高速工具钢中加入少量的铝，从而提高了钢的耐热性和耐磨性，有良好的综合性能，典型牌号为 W6Mo5Cr4V2Al。它达到了钴高速工具钢的切削性能，可加工性好，价格低廉，与普通高速工具钢的价格接近。但有刃磨性差、热处理工艺要求较严格等缺点。

(2) 硬质合金 硬质合金是以碳化钨（WC）、碳化钛（TiC）粉末为主要成分，并以钴（Co）、钼（Mo）、镍（Ni）为粘结剂在真空炉或氢气还原炉中烧结而成的粉末冶金制品。

① 硬质合金的主要性能。硬质合金的硬度为 89~93HRA，耐热性可达 800~1000℃，抗弯强度为 1~1.75GPa，冲击韧度在 $0.04MJ/m^2$ 左右。硬质合金抗弯强度、韧性比高速工具钢低，制造工艺性比高速工具钢稍差，但硬度、耐热性比高速工具钢高，因而切削速度为高速工具钢的 4~10 倍。硬质合金已成为切削加工中主要的刀具材料，广泛用于制造切削速度较高的各种刀具，甚至复杂刀具。

硬质合金的性能主要取决于金属碳化物的种类、含量、颗粒粗细，以及粘结剂的种类、含量。在硬质合金中碳化物所占比例多，则硬度高、耐磨性好；若粘结剂多，则抗弯强度高。一般细晶粒硬质合金的强度低于相同成分的粗晶粒硬质合金，而其硬度高于粗晶粒硬质合金。

② 普通硬质合金。国际标准化组织对切削刀具用的硬质合金制订了国际标准（ISO）分类，将其分成 K、P、M 三大类，见表 1-2。

表 1-2 切削刀具用的硬质合金分类

代号	被加工材料大类	分类号	国内常用牌号	加工材料	使用条件	特性增加方向	
K	短切屑的钢铁材料；非铁金属、非金属材料	K01	YG3 YG3X	高硬度灰铸铁、硬度超过60HRC 的冷硬铸铁、高硅铝合金、淬火钢、高强度塑料、硬纸板、陶瓷	车削、精车、精镗和精铣	↑切削速度 耐磨性	↑进给量 韧性
		K10	YG6 YG6X	硬度为 220HBW 的灰铸铁、高硬度可锻铸铁、淬火钢、含硅铝合金、铜合金、塑料、玻璃、硫化橡胶、硬纸板、陶瓷、石材	车削、铣削、拉削、镗孔、刮削、铰孔		
		K20	YG6	硬度为 220HBW 的灰铸铁、非铁金属（铜、黄铜、铝）、高强度压缩木材	车削、铣削、刨削、铰孔、拉削、刮削		
		K30	YG8	硬度不高的灰铸铁、低强度钢、压缩木材	车削、铣削、刨削		
		K40		未经处理的软木和硬木、非铁金属	车削、铣削、刨削（在不利条件①下使用），允许有大前角		
P	长切屑的钢铁材料	P01	YT30	钢、铸钢	高精度车削和镗孔；切削速度较高，切削截面不大，对加工表面质量要求高，工作时无振动	↑切削速度 耐磨性	↑进给量 韧性
		P10	YT15	钢、铸钢	车削,在仿形机床上使用，加工螺纹；铣削，切削速度较高，切削截面不大或中等以下		
		P20	YT14	钢、铸钢和长卷切屑的可锻铸铁	车削,在仿形机床上使用，中等切削速度和切削截面不大的刨加工		
		P30	YT5	钢、铸钢和长卷切屑的可锻铸铁	车削、铣削、刨削；中等或较低切削速度；切削截面中等或较大,在不利条件①下加工		
		P40		钢、含砂眼和缩孔的铸钢	车削、刨削、铣削、成形加工；切削速度很低，切削截面很大；允许有大前角和在不利条件①下加工；适用于自动机床		
		P50		钢、含砂眼和缩孔的中强度铸钢	用于硬质合金强度起重要作用的场合,如车削、刨削、成形加工；切削速度很低,切削截面很大,允许有大前角和在不利条件①下加工；适用于自动机床		

（续）

代号	被加工材料大类	分类号	国内常用牌号	加工材料	使用条件	特性增加方向
M	长切屑或短切屑的钢铁材料、非铁金属	M10	YW1	钢、铸钢和锰钢、灰铸铁、合金铸铁	车削，切削速度中等或较高，切削截面不大或中等	切削速度↓ 耐磨性↑ 进给量↓ 韧性↑
		M20	YW2	钢、铸钢、奥氏体钢、锰钢、灰铸铁	车削、铣削，中等切削速度，中等切削截面	
		M30		钢、铸钢、奥氏体钢、灰铸铁、耐热合金	车削、铣削、刨削，中等切削速度，切削截面中等或较大	
		M40		低碳钢、低强度钢、非铁金属、轻合金	车削、成形车削和铣削，主要在自动车床上使用	

① "不利条件"包括材质硬度等不均匀、背吃刀量不均匀、断续切削、带冲击振动等。

a. K类硬质合金（WC-Co）。这类硬质合金中WC和Co的质量分数分别为90%～97%和3%～10%，个别牌号中含质量分数约为2%的稀有金属TaC（NbC），主要用于加工钢铁材料、非铁金属和非金属材料。国内常用的牌号有YG3、YG3X、YG6、YG6X、YG8、YG8C等。牌号中成分、含量（质量分数）表示如下例：

YG3X——碳化钨（WC）97%，钴（Co）3%；

YG8C——碳化钨（WC）92%，钴（Co）8%。

其中，X表示细晶粒，C表示粗晶粒。

含钴量越多，强度越高，而硬度、耐热性和耐磨性低，适宜粗加工；含碳化钨越多，硬度、耐热性和耐磨性越好，而强度越低，适宜精加工。

b. P类硬质合金（WC-TiC-Co）。这类硬质合金中TiC的质量分数为5%～40%，其余为WC和Co。由于含TiC，提高了其与钢的粘结温度及防扩散性能，主要用于加工钢材。国内常用的P类硬质合金牌号有YT5、YT14、YT15、TY30等。牌号中成分、含量（质量分数）表示如下例：

YT5——碳化钛（TiC）5%，碳化钨（WC）85%，钴（Co）10%；

YT30——碳化钛（TiC）30%，碳化钨（WC）66%，钴（Co）4%。

TiC的硬度高，所以TiC含量越多，硬度、耐热性和耐磨性越高，而强度越低，适宜精加工。含Co量多时，强度高，但硬度、耐热性和耐磨性下降，适宜粗加工。

c. M类硬质合金［WC-TiC-TaC（NbC）-Co］。这类硬质合金中TiC和TaC（NbC）的质量分数为5%～10%，其余为WC和Co。由于加入一定数量的稀有金属TaC（NbC），所以提高了抗弯强度、抗疲劳强度和冲击韧度，也提高了高温硬度、强度、抗氧化能力和耐磨性。国内常用牌号有YW1、YW2等。

M类合金既可加工铸铁、非铁金属，也可加工钢材，所以称为通用硬质合金，主要用于加工难加工材料。

为了便于了解国内外硬质合金生产厂生产的其他常用牌号的特点和性能，可参考产品说明书等资料，对照此硬质合金牌号与国际标准分类分组代号。例如，Sandvik公司的H10F牌号和东芝公司的T536牌号相当于K30，因此，它们与YG8牌号有相似的特点和性能。

③ 其他硬质合金。

a. TiC、TiN基硬质合金（金属陶瓷）。这类硬质合金以TiC、TiN、TiCN为基本成分，以镍、钼为粘结剂，相当于ISO的P类硬质合金。国内常用牌号有YN05、YN10等，硬度高于 WC 基硬质合金，为 93~93HRA，有较好的耐热性，化学稳定性好，抗粘结、抗氧化能力强，摩擦因数较小，耐磨性高，但冲击韧度较差。主要用于对合金钢、淬硬钢的精加工和半精加工。

b. 超细晶粒硬质合金。普通硬质合金的 WC 粒度为几个微米，若用细化晶粒的方法使晶粒可达到 0.2~1μm（大部分在 0.5μm 以下），便成为超细晶粒硬质合金。由于其硬质相和粘结剂高度分散，所以提高了硬度和耐磨性，同时也增加了强度和韧性。由于晶粒细，可磨出锋利的切削刃，因此具有良好的切削性能。这类硬质合金刀具适用于不锈钢、钛合金等难加工材料的断续加工，并允许选用较低的速度进行切削加工。

(3) 其他刀具材料

1) 陶瓷。陶瓷刀具材料是以人造的化合物为原料，在高压下成形和高温下烧结而成的，硬度为 91~95HRA，耐热性高达 1200℃，化学稳定性好，与金属的亲和力小，与硬质合金相比可提高切削速度 3~5 倍。但其最大的缺点是抗弯强度低，冲击韧度差。主要用于对钢、铸铁、高硬度材料（如淬火钢）进行连续切削时的半精加工和精加工。

2) 金刚石。金刚石分为天然金刚石和人造金刚石两种，都是碳的同素异形体。天然金刚石由于价格昂贵而用得很少。人造金刚石是在高温、高压条件下由石墨转化而成的，硬度为 10000HV。金刚石刀具能精密切削非铁金属及合金、陶瓷等高硬度、高耐磨材料。但它不适合加工铁族材料，当温度达到 800℃时，金刚石刀具在空气中即发生碳化，产生急剧磨损。

3) 立方氮化硼。立方氮化硼是由六方氮化硼在高温、高压条件下加入催化剂转变而成的，其硬度为 8000~9000HV，耐热性为 1400℃。主要用于对高温合金、淬硬钢、冷硬铸铁等材料进行半精加工和精加工。

4) 刀具材料的表面涂层。刀具材料的韧性和硬度一般不能兼顾，一般刀具材料的寿命主要是受磨损的影响，近年来采用了表面涂层处理的方法，妥善解决了这一问题。

刀具材料的表面涂层是在高速工具钢和韧性较好的硬质合金等材料制成的刀具上，通过化学气相沉积和真空溅射等方法，使刀具表面上沉积极薄（5~12μm）的一层高硬度、高耐磨性和难熔的金属化合物碳化钛（TiC）或氮化钛（TiN），形成金黄色的表面涂层。

由于涂层的硬度高，摩擦因数小，使刀具的耐磨性提高。涂层还具有抗氧化和抗粘结的特点，延迟了刀具的磨损。因此，表面涂层刀具的切削速度可提高 30%~50%，寿命可提高数倍至十倍。

刀具柄部是刀具的夹持部分，在切削过程中承受着弯矩和扭矩的作用，因此，应具备足够的强度和刚度。通常选用优质碳素结构钢或优质合金结构钢，如 45 钢或 40Cr。必要时也可选用合金工具钢，如 9SiCr。

1.3 金属切削过程

金属切削过程是指通过切削运动，刀具从工件上切下多余金属层，形成切屑和已加工表面的过程。在这个过程中产生一系列的现象，如形成切屑、切削力、切削热与切削温度、刀具磨损等。本节在介绍这一系列现象的基础上，分析切削加工中一些具体问题，如切削液的选择、刀具几何参数的选择等。

1.3.1 变形系数、切屑和积屑瘤

切削变形本质上是工件切削层金属受刀具的作用后,产生弹性变形和塑性变形,分离变为切屑的过程。

1. 变形系数

切削层金属经过切削加工形成的切屑,其长度较切削长度缩短,厚度较切削层厚度增加,说明切削层金属发生了变形,如图1-10所示。其变形程度的大小,可近似地用变形系数 ξ 来衡量。变形系数等于切屑的厚度与切削层金属的厚度之比,也等于切削层金属的长度与切屑的长度之比。

变形系数的大小可用来判断切削变形的严重程度,一般变形系数的值越大,说明切削变形越严重。

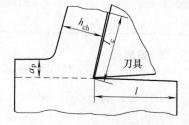

图 1-10 切削层金属的变形

2. 切屑的类型

根据变形后形成的切屑外形不同,通常将切屑分为以下四种类型:

(1) 带状切屑(见图1-11a) 外形呈带状,底面光滑,背面无明显裂纹,呈微小锯齿形。加工塑性金属,如碳钢、合金钢、铜、铝等材料时,常形成此类切屑。

(2) 节状切屑(见图1-11b) 切屑底面较光滑,背面局部裂开成节状。切削黄铜或低速切削钢时,容易得到此类切屑。

(3) 粒状切屑(见图1-11c) 切屑沿厚度断裂为均匀的颗粒状。切削铅或在很低的速度下切削钢时,可得到此类切屑。

(4) 崩碎切屑(见图1-11d) 切削脆性金属如铸铁、青铜时,切削层几乎不经过塑性变形就产生脆性崩裂,从而使切屑呈不规则的细粒状。

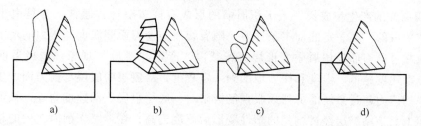

图 1-11 切屑的基本形态

a)带状切屑 b)节状切屑 c)粒状切屑 d)崩碎切屑

由表1-3可知,切屑的形态随着切削条件的改变而发生变化

表 1-3 影响切屑形态的因素及其对切削力的影响(切削塑性材料)

切屑形态分类	粒状切屑	节状切屑	带状切屑
切屑形态简图			

(续)

切屑形态分类		粒状切屑	节状切屑	带状切屑
影响切屑形态的因素及其形态的相互转化	1. 刀具前角 2. 进给量(切屑厚度) 3. 切削速度	小 ←——————————→ 大 大(厚) ←——————————→ 小(薄) 低 ←——————————→ 高		
切屑形态对切削加工的影响	1. 切削力波动 2. 切削过程平衡性 3. 加工表面粗糙度数值 4. 断屑效果	大 ←——————————→ 小 差 ←——————————→ 好 大 ←——————————→ 小 好 ←——————————→ 差		

3. 积屑瘤

（1）积屑瘤现象　在一定的切削速度范围内，加工钢材、非铁金属等塑性材料时，在切削刃附近的前刀面上会出现一块高硬度的金属，它包围着切削刃，且覆盖着部分前刀面，可代替切削刃对工件进行切削加工。这块硬度很高（约为工件材料硬度的 2~3 倍）的金属称为积屑瘤，如图 1-12 所示。

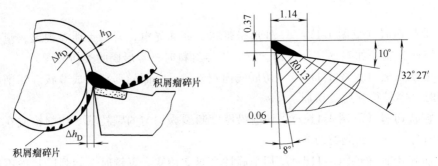

图 1-12　积屑瘤

（2）积屑瘤的产生与成长　关于积屑瘤的形成有许多解释，通常认为是由于切屑在前刀面上粘结造成的。在一定的加工条件下，随着切屑与前刀面间温度和压力的增加，摩擦力也增大，使靠近前刀面处切屑中变形层流速减慢，产生"滞流"现象。越接近前刀面处的金属层，流动速度越低。温度和压力增加到一定程度，滞流层中底层与前刀面产生粘结，当切屑底层中切应力超过金属的剪切屈服强度极限时，底层金属流动速度为零而被剪断，并粘结在前刀面上。该粘结层经过剧烈的塑性变形后硬度提高，在继续切削时，硬的粘结层又剪断软的金属层，这样层层堆积，高度逐渐增加，形成了积屑瘤。

（3）积屑瘤的脱落与消失　长高了的积屑瘤受外力或振动的作用，可能发生局部断裂或脱落。当温度和压力适合，积屑瘤又开始形成和长大。积屑瘤的产生、长大和脱落是周期性的动态过程。

形成积屑瘤的条件主要取决于切削温度。在切削温度很低和很高时，不易产生积屑瘤。在中温区，如切削中碳钢的切削温度在 300~380℃ 时，粘结严重，产生的积屑瘤达到很大的高度值。此外刀具与切屑接触面间的压力、前刀面表面粗糙度值的大小、粘结强度等因素都与形成积屑瘤的大小有关。

（4）积屑瘤的作用　积屑瘤对切削加工的好处是能保护切削刃刃口，增大实际工作前角。坏处是造成过切，加剧了前刀面的磨损，造成切削力的波动，影响加工精度和表面粗糙度。因此可以认为，积屑瘤对粗加工是有利的，对于精加工则相反。

（5）减小或避免积屑瘤的措施

1）避免采用易产生积屑瘤的速度进行切削（见图1-13），即宜采用低速或高速切削，但低速加工效率低，故多用高速切削。

2）采用大前角刀具切削，以减少刀具与切屑接触的压力。

3）提高工件的硬度，减少加工硬化倾向。

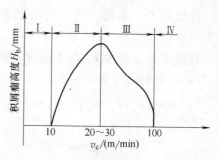

图1-13　积屑瘤高度与切削速度的关系

4）其他措施，如减小进给量、减小前刀面的表面粗糙度值、合理使用切削液等。

1.3.2 切削力

切削过程中作用在刀具与工件上的力称为切削力。切削力所做的功就是切削功。

1. 切削力的来源

切削力来源有两个方面，即切削层金属变形形成的变形抗力和切屑、工件与刀具间摩擦形成的摩擦力。

2. 切削力的分解

切削力是一个空间力，其大小和方向都不易直接测定，也没有直接测定的必要。为了适应设计和工艺分析的需要，一般把切削力分解，研究它在一定方向上的分力。

如图1-14和图1-15所示，切削力F可沿坐标轴分解为三个互相垂直的分力F_c、F_p、F_f。

主切削力F_c：切削力在主运动方向上的分力。

背向力F_p：切削力在垂直于假定工作平面方向上的分力。

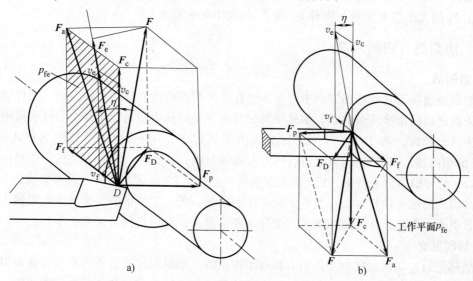

图1-14　外圆车削时力的分解

a）刀具对工件的力的分解　b）工件对刀具的力的分解

进给力 F_f：切削力在进给运动方向上的分力。

切削力 F 分解为 F_c 与 F_D，F_D 分解为 F_p 与 F_f，它们的关系是

$$F = \sqrt{F_c^2 + F_D^2} = \sqrt{F_c^2 + F_p^2 + F_f^2}$$

$$F_f = F_D \sin\kappa_r$$

$$F_p = F_D \cos\kappa_r$$

车削时各分力的实际意义如下：

主切削力是最大的一个分力，它消耗切削总功率的95%左右，作用于主运动方向，是计算机床主运动机构强度与刀柄、刀片强度，以及设计机床夹具、选择切削用量等的主要依据。

背向力不消耗功率，它作用在工件与机床刚性最差的方向上，易使工件在水平面内变形，影响加工精度，并易引起振动。它是校验机床刚度的主要依据。

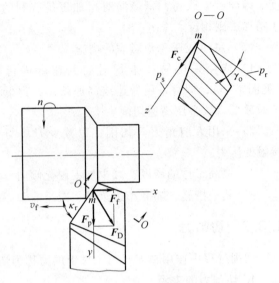

图 1-15 车削力在平面图上的表示

进给力作用在机床的进给运动机构上，消耗总功率的5%左右，是验算机床进给机构强度的主要依据。

3. 切削力的计算

实际生产中，常用指数公式来计算切削力，具体计算公式可查阅有关参考资料。

4. 影响切削力的因素

工件材料的强度、硬度越高，切削力越大。背吃刀量增大一倍时，切削力约增大一倍；进给量增大一倍时，切削力增大70%~80%。前角增大，切削力减小；主偏角对三个分力 F_c、F_p、F_f 的大小都有影响，但对 F_p 与 F_f 的大小影响较大。

1.3.3 切削热与切削温度

1. 切削热

切削层金属在刀具的作用下产生弹性和塑性变形所做的功，切屑与前刀面、工件加工表面与后刀面之间的摩擦所做的功，都转变为切削热。切削热由切屑、工件、刀具和周围介质传导出去。车削时，有50%~86%的切削热由切屑带走，10%~40%的切削热传入工件，3%~9%的切削热传入刀具，1%的切削热传入周围介质；钻削时，约有28%的切削热由切屑带走，15%的切削热传入钻头，52%的切削热传入工件，5%的切削热传入周围介质。

提高切削速度可使切屑带走的热量所占比例增加，传入工件中的热量减少，而传入刀具中的热量更少。因此，在高速切削时，切削温度虽很高，但刀具仍可正常工作。

2. 切削温度

切削热是通过切削温度对工件和刀具产生作用的。切削温度一般指切屑与刀具前刀面接触区域的平均温度。切削温度的高低，取决于该处产生热量的多少和传散热量的快慢。通过推算和测定可知，切屑的平均温度最高。前刀面上最高温度不在切削刃上，而在距离切削刃有一小段距离的地方。

3. 影响切削温度的因素

切削速度对切削温度影响最大，切削速度增大，切削温度随之升高；进给量对切削温度的影响较小；背吃刀量对切削温度的影响更小。前角增大，切削温度下降，但前角不宜太大；主偏角增大，切削温度升高。

1.3.4 刀具磨损与刀具寿命

切削过程中，刀具是在高温高压下工作的。因此，刀具一方面切下切屑，一方面也产生磨损。当刀具磨损达到一定值时，工件的表面粗糙度值增大，切屑的形状和颜色发生变化，切削过程中产生沉重的声音，并伴有振动。此时，必须对刀具进行修磨或更换新刀。

1. 刀具磨损形式

刀具磨损是指刀具与工件或切屑的接触面上，刀具材料的微粒被切屑或工件带走的现象。这种磨损现象称为正常磨损。若由于冲击、振动、热效应等原因致使刀具崩刃、碎裂而损坏，称为非正常磨损。刀具的正常磨损形式一般有以下几种：

（1）前刀面磨损　切削塑性材料时，若切削厚度较大，在刀具前刀面刃口后方会出现月牙洼形的磨损现象（见图 1-16），月牙洼处是切削温度最高的地方。随着磨损的加剧，月牙洼逐渐加深加宽，当接近刃口时，会使刃口突然崩去。前刀面磨损量的大小用月牙洼的宽度 KB 和深度 KT 表示。

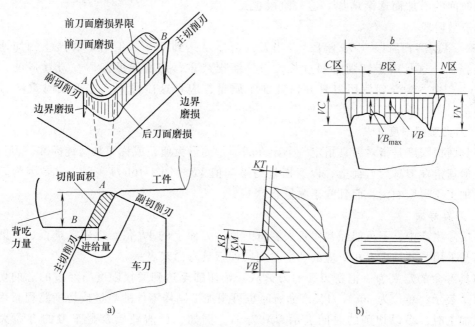

图 1-16　刀具磨损
a）前、后刀面磨损　b）磨损量的表示

（2）后刀面磨损　后刀面磨损指磨损的部位主要发生在后刀面。后刀面磨损后，形成后角等于零的小棱面。当切削塑性金属时，若切削厚度较小，或切削脆性金属时，由于前刀面上摩擦较小，温度较低，因此磨损主要发生在后刀面。后刀面磨损量的大小是不均匀的。如图 1-16b 所示，在刀尖部分（C 区），其散热条件和强度较差，磨损较大，该磨损量用 VC

表示；在切削刃靠近工件表面处（N 区），由于毛坯的硬皮或加工硬化等原因，磨损也较大，该磨损量用 VN 表示；只有在切削刃中间部分（B 区）磨损较均匀，此处的磨损量用 VB 表示，其最大磨损量用 VB_{max} 表示。

（3）前、后刀面同时磨损　当切削塑性金属时，如果切削厚度适中，则经常会发生前刀面与后刀面同时磨损现象。

刀具发生磨损的主要原因是刀具在高温和高压下，受到机械的和热化学的作用。一般切削温度越高，刀具磨损越快。

2. 刀具磨损过程

正常磨损情况下，刀具的磨损量随切削时间的增加而逐渐扩大。以后刀面磨损为例，其典型磨损过程如图 1-17 所示，大致分为三个阶段。

（1）初期磨损阶段（AB 阶段）　在刀具开始切削的短时间内磨损较快。这是因为刀具在刃磨后，刀面的表面粗糙度值大，表层组织不耐磨。

（2）正常磨损阶段（BC 阶段）　随着切削时间的增加，磨损量以较均匀的速度加大。这是由于刀具表面高低不平及不耐磨的表层已被磨去，形成一个稳定区域，因而磨损速度较以前缓慢。但磨损量随切削时间的增加而逐渐增加。这一阶段也是刀具工作的有效阶段。

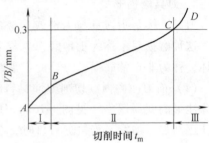

图 1-17　刀具后刀面磨损过程

（3）急剧磨损阶段（CD 阶段）　当刀具磨损量达到某一数值后，磨损急剧加速，继而刀具损坏。这是由于切削时间过长，刀具磨损严重，切削温度剧增，刀具强度、硬度降低。生产中，为合理使用刀具并保证加工质量，应在这阶段到来之前及时重磨刀具或更换新刀。

3. 刀具磨损限度

刀具磨损限度是指对刀具指定一个允许磨损量的最大值，或称刀具磨钝标准。刀具磨损限度一般规定在刀具后刀面上，以磨损量的平均值 VB（图 1-16b）表示。这是因为刀具后刀面对加工质量影响大，而且便于测量。

4. 刀具寿命

在实际生产中，不可能经常停机去测量刀具后刀面上的 VB 值，以确定是否达到磨损限度，而是采用与磨钝标准相对应的切削时间，即刀具寿命来表示。

刀具寿命的定义为一把新刃磨的刀具从开始切削至达到磨损限度所经过的总的切削时间，以 T 表示，单位为 min。刀具寿命有时也可用加工同样零件的数量或切削路程长度来表示。粗加工时，多以切削的时间表示刀具寿命。例如，目前硬质合金车刀的寿命大约为 60min，高速工具钢钻头的寿命为 80~120min，硬质合金面铣刀的寿命为 120~180min，齿轮刀具的寿命为 200~300min。精加工时，常以走刀次数或加工零件个数表示刀具寿命。

刀具总寿命则是一把新刀从使用到报废为止的切削时间，它等于刀具寿命与磨刀次数乘积。

用刀具寿命衡量磨损量的大小，比直接测量磨损量方便得多，因而生产中经常采用。

常用车刀的寿命见表 1-4。

表 1-4　常用车刀的寿命　　　　　　　　　　　　　　（单位：min）

刀具寿命 \ 刀具材料 \ 刀具类型	硬质合金 普通车刀	高速工具钢 普通车刀	高速工具钢 成形车刀
T	60	60	120

1.3.5　切削液

合理地使用切削液，可以改善切削条件，减少刀具磨损，提高已加工表面质量，同时也是提高金属切削效益的有效途径之一。

1. 切削液的作用

（1）冷却作用　切削液浇注到切削区域后，通过切削液的传导、对流和汽化，一方面使切屑、刀具与工件间摩擦减小，产生的热量减少；另一方面将产生的热量带走，使切削温度降低，起到冷却作用。

（2）润滑作用　切削液的润滑作用是通过切削液渗透到刀具与切屑、工件表面之间，形成润滑性能较好的油膜而达到的。

（3）清洗与防锈作用　切削液的清洗作用是清除粘附在机床、刀具和夹具上的细碎切屑和磨粒细粉，防止划伤已加工表面和机床的导轨并减少刀具磨损。清洗作用的好坏，取决于切削液的油性、流动性和使用压力。在切削液中加入防锈添加剂后，能在金属表面形成保护膜，使机床、刀具和工件不受周围介质的腐蚀，起到防锈作用。

2. 切削液的种类

（1）水溶液　水溶液是以水为主要成分并加入防锈添加剂的切削液。由于水的热导率、比热容和汽化热较大，因此，水溶液主要起冷却作用，同时由于其润滑性能较差，所以主要用于粗加工和普通磨削加工中。

（2）乳化液　乳化液是乳化油加质量分数为95%～98%的水稀释成的一种切削液。乳化油由矿物油、乳化剂配制而成。乳化剂可使矿物油与水乳化形成稳定的切削液。

（3）切削油　切削油是以矿物油为主要成分并加入一定的添加剂而构成的切削液。用于切削油的矿物油主要包括全系统损耗用油、轻柴油和煤油等。切削油主要起润滑作用。

切削液的种类和选用见表 1-5。

表 1-5　切削液的种类和选用

序号	名称	组　　成	主要用途
1	水溶液	以硝酸钠、碳酸钠等溶于水的溶液，用 100～200 倍的水稀释而成	磨削
2	乳化液	（1）矿物油很少，主要为表面活性剂的乳化油，用40～80倍的水稀释而成，冷却和清洗性能好	车削、钻孔
2	乳化液	（2）以矿物油为主，少量表面活性剂的乳化油，用10～20倍的水稀释而成，冷却和润滑性能好	车削、攻螺纹
2	乳化液	（3）在乳化液中加入添加剂	高速车削、钻削
3	切削油	矿物油（L-AN15 或 L-AN32 全损耗系统用油）单独使用	滚齿、插齿
4	其他	液态 CO_2	主要用于冷却
4	其他	二硫化钼+硬脂酸+石蜡做蜡笔，涂于刀具表面	攻螺纹

3. 切削液的合理选用和使用方法

（1）切削液的合理选用　切削液应根据工件材料、刀具材料、加工方法和技术要求等具体情况进行选用。

高速工具钢刀具耐热性差，需采用切削液。通常粗加工时，主要以冷却为主，同时也希望能减少切削力和降低功率消耗，可采用质量分数为3%～5%的乳化液；精加工时，主要目的是改善加工表面质量，降低刀具磨损，减少积屑瘤，可以采用质量分数为15%～20%的乳化液。硬质合金刀具耐热性高，一般不用切削液。若要使用切削液，则必须连续、充分地供应，否则因骤冷骤热产生的内应力将导致刀片产生裂纹。

切削铸铁时一般不用切削液。切削铜合金等非铁金属时，一般不用含硫的切削液，以免腐蚀工件表面。切削铝合金时不用切削液。

（2）切削液的使用方法　切削液的合理使用非常重要，其浇注部位、充足的程度与浇注方法的差异，将直接影响切削液的使用效果。切削液应浇注在切削变形区，该区是发热的核心区，不应该浇注在刀具或零件上。

1.3.6　刀具几何参数的合理选择

刀具是直接进行切削加工的工具，其完善程度对切削加工的质量和效率起着决定性的影响。中国有句古话"工欲善其事，必先利其器"，讲的就是这个道理。

所谓刀具合理的几何参数，是指在保证加工质量的前提下，能够满足生产率高、加工成本低的刀具几何参数。

刀具合理的几何参数的基本内容包括：①刃形，如直线刃、折线刃、圆弧刃、波形刃等，它们直接影响切削层的形状。选择合理的切削刃形状，对于提高刀具寿命、改善工件加工表面质量、提高刀具的抗振性和改变切屑的形态都有直接作用。②切削刃的剖面形状，如锋刃、负倒棱、消振棱、倒圆刃、刃带等，这些形状的合理选择对于提高切削生产率、表面质量和经济性有重要意义。③刀面形式，如卷屑槽、断屑台、台刀面的双重刃磨等，对切削力、切削温度、刀具磨损及刀具寿命等有直接的影响。④刀具角度，包括前角、后角、主偏角、刃倾角、副后角及副偏角等。

刀具几何参数是一个有机的整体，各个参数之间既有联系又有制约，并且各个参数在切削过程中对切削性能的影响，既存在有利的一面，又有不利的一面。因此，在选择刀具几何参数时，应从具体的生产条件出发，抓住主要矛盾，即影响切削性能的主要参数，综合地考虑和分析各个参数之间的相互关系，充分发挥它们的优势作用，限制和克服其不利的影响。

1. 前角及前刀面的选择

（1）前角的功用　增大前角可减小切削变形和摩擦，降低切削力、切削温度，减少刀具磨损，改善加工质量，抑制积屑瘤等，但前角过大会削弱刀头强度和散热能力，容易造成崩刃。因而前角不能太小，也不能太大，应有一个合理数值，如图1-18和图1-19所示。

（2）前角的选择原则

1）根据工件材料的性质选择前角。由图1-18可知，工件材料的塑性越大，前角的数值应选得越大。因为增大前角可以减小切削变形，降低切削温度。加工脆性材料时，一般得到崩碎切屑，切削变形很小，切屑与前刀面的接触面积小，前角越大，切削刃强度越差，为避免崩刃，应选择较小的前角。工件材料的强度、硬度越高时，为使切削刃具有足够的强度和散热面积，防止崩刃和刀具磨损过快，前角应小些。

2）根据刀具材料的性质选择前角。由图1-19可知，使用强度和韧性较好的刀具材料（如高速工具钢），可采用较大的前角；使用强度和韧性差的刀具材料（如硬质合金），应采用较小的前角。

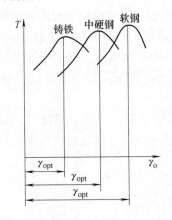

图1-18　工件材料不同时前角的合理数值

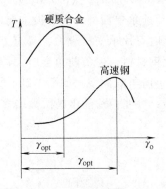

图1-19　刀具材料不同时前角的合理数值

3）根据加工性质选择前角。粗加工时，选择的背吃刀量和进给量较大，为了减小切削变形，提高刀具寿命，本应选择较大的前角，但由于毛坯不规则和表皮很硬等情况，为增强切削刃的强度，应选择较小的前角；精加工时，选择的背吃刀量和进给量较小，切削力较小，为了使刃口锋利，保证加工质量，可选取较大的前角。

表1-6是硬质合金车刀合理前角参考值。

表1-6　硬质合金车刀合理前角参考值

工件材料	合理前角	
	粗车	精车
低碳钢	20°~25°	25°~30°
中碳钢	10°~15°	15°~20°
合金钢	10°~15°	15°~20°
淬火钢	-15°~-5°	
不锈钢（奥氏体）	15°~20°	20°~25°
灰铸铁	10°~15°	5°~10°
铜及铜合金	10°~15°	5°~10°
铝及铝合金	30°~35°	35°~40°
钛合金 $R_m \leq 1.177$GPa	5°~10°	

（3）前刀面类型

1）正前角平面型。如图1-20a所示，正前角平面型的特点为：制造简单，能获得较锋利的刃口，但强度低，传热能力差。一般用于精加工刀具、成形刀具、铣刀和加工脆性材料的刀具。

2) 正前角平面带倒棱型。如图 1-20b 所示，倒棱是在主切削刃刀口处磨出一条很窄的棱边而形成的。倒棱可以提高切削刃强度、增强散热能力，从而提高刀具寿命。倒棱的宽度很窄，在切削塑性材料时，可按 $b_{\gamma 1} = (0.5 \sim 1.0)f$、$\gamma_{o1} = -15° \sim -5°$ 选取。此时，切屑仍沿前刀面而不沿倒棱流出。倒棱型前刀面的刀具一般用于粗切铸锻件或断续表面的加工。

3) 正前角曲面带倒棱型。如图 1-20c 所示，这种刀具是在正前角平面带倒棱的基础上，为了卷屑和增大前角，在前刀面上磨出一定的曲面而形成的。这种曲面形成的卷屑槽的参数为：$l_{Bn} = (6 \sim 8)f$、$r_{Bn} = (0.7 \sim 0.8)l_{Bn}$。常用于粗加工和精加工的塑性材料的刀具。

4) 负前角单面型。当磨损主要发生在后刀面时，刀具可制成图 1-20d 所示的负前角单面型。此时刀片承受压应力，具有好的切削刃强度。因此，常用于切削高硬度（强度）材料和淬火钢材料，但负前角会增大切削力。

5) 负前角双面型。如图 1-20e 所示，当磨损同时发生在前、后两个刀面时，制成负前角双面型，可使刀片的重磨次数增多。此时负前角的棱角面应有足够宽度，以保证切屑沿该棱面流出。

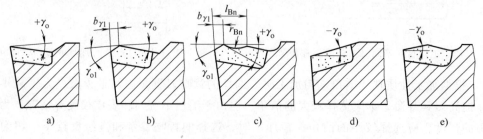

图 1-20 前刀面形式

a) 正前角平面型　b) 正前角平面带倒棱型　c) 正前角曲面带倒棱型　d) 负前角单面型　e) 负前角双面型

2. 后角及后刀面的选择

(1) 后角的功用　增大后角能减小后刀面与过渡表面间的摩擦，减小刀具磨损，还可以减小切削刃钝圆半径，使切削刃锋利，易于切下切屑，可减小表面粗糙度值。但后角过大会降低切削刃强度和散热能力。

(2) 后角的选择原则　后角主要根据切削厚度大小来选择。粗加工时，进给量较大、切削厚度较大，后角应取小值；精加工时，进给量较小，切削厚度较小，后角应取大值。工件材料强度、硬度较高时，为提高刃口强度，后角应取小值。工艺系统刚性差，容易产生振动时，应适当减小后角。定尺寸刀具（如圆孔拉刀、铰刀等）应选较小的后角，以增加重磨次数，延长刀具使用寿命。表 1-7 是硬质合金车刀合理后角参考值。

表 1-7　硬质合金车刀合理后角参考值

工件材料	合理后角	
	粗车	精车
低碳钢	8°~10°	10°~12°
中碳钢	5°~7°	6°~8°
合金钢	5°~7°	6°~8°
淬火钢	8°~10°	

（续）

工件材料	合理后角	
	粗车	精车
不锈钢（奥氏体）	6°~8°	8°~10°
灰铸铁	4°~6°	6°~8°
铜及铜合金（脆）	6°~8°	6°~8°
铝及铝合金	8°~10°	10°~12°
钛合金 $R_m \leq 1.177\text{GPa}$	10°~15°	

（3）后刀面的类型

1）双重后角。如图 1-21a 所示，为了保证刃口强度，减小刃磨后刀面的工作量，常在车刀后面上磨出双重后角。

2）消振棱。如图 1-21b 所示，为了增加后刀面与过渡表面之间的接触面积，增加阻尼作用，消除振动，可在后刀面上刃磨出一条有负后角的棱面，称为消振棱。

3）刃带。如图 1-21a 所示，对一些定尺寸刀具，如拉刀、铰刀等，为便于控制外径尺寸，避免重磨后尺寸精度迅速变化，常在后刀面上刃磨出后角为零度的小棱边，称为刃带。刀具上的刃带使刀具起着稳定、导向和消振的作用。刃带不宜太宽，否则会增大摩擦。

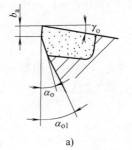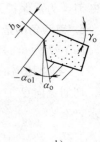

图 1-21 后刀面形式
a）双重后角、刃带 b）消振棱

3. 副后角的选择

副后角通常等于后角的数值。但一些特殊刀具，如切断刀，为了保证刀具强度，可选 $\alpha_o' = 1°~2°$。

4. 主偏角的选择

（1）主偏角的功用 主偏角 κ_r 影响切削分力的大小，增大 κ_r，会使 F_f 增加，F_p 减小。主偏角影响加工表面粗糙度值的大小，增大主偏角，加工表面粗糙度值增大。主偏角影响刀具寿命，当主偏角增大时，刀具寿命下降。主偏角也影响工件表面形状，车削阶梯轴时，选用 $\kappa_r = 90°$，车削细长轴时，选用 $\kappa_r = 75°~90°$；为增加通用性，车削外圆、端面和倒角时可选用 $\kappa_r = 45°$。

（2）主偏角的选择 主偏角的选择原则是：在工艺系统刚性允许的情况下，选择较小的主偏角，这样有利于提高刀具寿命。在生产实践中，主要按工艺系统刚性选取主偏角，其参考值见表 1-8。

表 1-8 主偏角的参考值

工作条件	主偏角 κ_r
工艺系统刚性好,背吃刀量较小,进给量较大,工件材料硬度高	10°~30°

(续)

工 作 条 件	主偏角 κ_r
工艺系统刚性好 $\left(\dfrac{l}{d}<6\right)$，加工盘类零件	30°~45°
工艺系统刚性较差 $\left(\dfrac{l}{d}=6~12\right)$，背吃刀量较大或有冲击时	60°~75°
工艺系统刚性差 $\left(\dfrac{l}{d}>12\right)$，车台阶轴，车槽及切断	90°~95°

5. 副偏角的选择

（1）副偏角的功用　减小副偏角，会增加副切削刃与已加工表面的接触长度，减小表面粗糙度值，并可提高刀具寿命。但过小的副偏角会引起振动。

（2）选择原则　主要根据加工性质选取，一般情况下选 $\kappa'_r = 10° \sim 15°$，特殊情况下，如切断刀，为了保护刀头强度，可选 $\kappa'_r = 1° \sim 2°$。

6. 刃倾角的选择

（1）刃倾角的功用

1）控制切屑的流向。当 $\lambda_s = 0°$ 时，切屑垂直于切削刃流出，如图 1-22a 所示；$\lambda_s < 0°$ 时，切屑流向已加表面，如图 1-22b 所示；$\lambda_s > 0°$ 时，切屑流向待加工表面，如图 1-22c 所示。

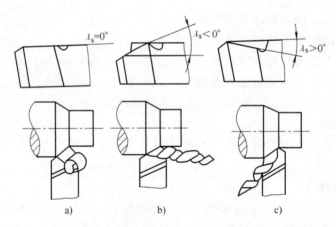

图 1-22　刃倾角对切屑流向的影响
a）$\lambda_s = 0°$　b）$\lambda_s < 0°$　c）$\lambda_s > 0°$

2）控制切削刃切入时首先与工件接触的位置。如图 1-23a 所示，在切削有断续表面的工件时，若刃倾角为负，刀尖为切屑刃上最低点，首先与工件接触的是切削刃上的点，而不是刀尖，这样切削刃承受冲击负荷，起到保护刀尖的作用；刃倾角为正值，首先与工件接触的是刀尖，如图 1-23b 所示，可能引起崩刃或打刀。

3）控制切削刃在切入与切出时的平稳性。如图 1-23c 所示，继续切削时，当刃倾角为零，切削刃与工件同时接触，同时切离，会引起振动；若刃倾角不等于零，则切削刃上各点逐渐切入工件和逐渐切离工件，故切削过程平衡。

4）控制背向力与进给力的比值。刃倾角为正值，背向力减小，进给力增大；如刃倾角为负值，背向力增大，进给力减小。

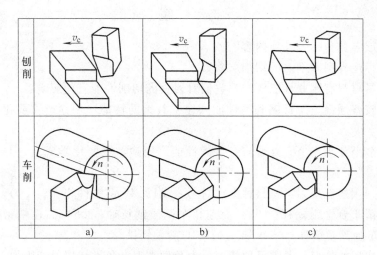

图 1-23 刃倾角对切削刃接触工件的影响
a) $\lambda_s < 0°$　b) $\lambda_s > 0°$　c) $\lambda_s = 0°$

(2) 刃倾角的选择　选择刃倾角时,按照具体加工条件进行具体分析,一般情况可按加工性质选取。精车 $\lambda_s = 0° \sim 5°$；粗车 $\lambda_s = -5° \sim 0°$；断续车削 $\lambda_s = -45° \sim -30°$；大刃倾角精刨刀 $\lambda_s = 75° \sim 80°$。

7. 刀尖形式的选择（过渡刃的选择）

在切削加工过程中,刀尖处的工作条件十分恶劣,存在强度低、散热条件差、容易磨损等问题。因此,提高刀尖的强度、增加刀尖部分的传热面积是提高整个刀具寿命的关键。

(1) 直线过渡刃　如图 1-24a 所示,过渡刃的偏角 $\kappa_{r\varepsilon} \approx \kappa_r/2$、长度 $b_{r\varepsilon} \approx (1/5 \sim 1/4) a_p$。这种过渡刃多用于粗加工或强力切削的车刀上。

(2) 圆弧过渡刃　如图 1-24b 所示,过渡刃也可磨成圆弧形。它的参数就是刀尖圆弧半径 r_ε。刀尖圆弧半径增大时,使刀尖处的平均主偏角减小,可以减小表面粗糙度值,且能提高刀具寿命,但会增大背向力和容易产生振动,所以刀尖圆弧半径不能过大。通常高速钢车刀 $r_\varepsilon = 0.5 \sim 5\text{mm}$,硬质合金车刀 $r_\varepsilon = 0.5 \sim 2\text{mm}$。

(3) 水平修光刃　如图 1-24c 所示,修光刃是在副切削刃靠近刀尖处磨出一小段 $\kappa_r' = 0°$ 的平行切削刃。其长度 $b_\varepsilon' \approx (1.2 \sim 1.5) f$,即 b_ε' 应略大于进给量 f,但 b_ε' 过大易引起振动。

(4) 大圆弧刃　如图 1-24d 所示,大圆弧刃是把过渡刃磨成非常大的圆弧形,它的作用相当于水平修光刃。

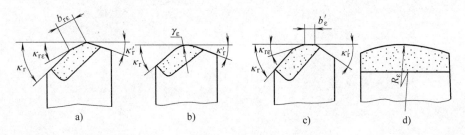

图 1-24 倒角刀尖与刀尖圆弧半径
a) 直线过渡刃　b) 圆弧刃（刀尖圆弧半径）　c) 平行刃（水平修光刃）　d) 大圆弧刃

习 题

1-1 切削层参数包括哪几项内容？

1-2 画图标注外圆车削时的切削层参数。

1-3 对刀具材料有哪些性能要求？它们对刀具的切削性能有何影响？

1-4 试比较普通高速工具钢和高性能高速工具钢的性能、用途、主要化学成分，并举出几种常用牌号。

1-5 试比较 YG 类与 YT 类硬质合金的性能、用途、主要化学成分，并举出几种常用牌号。

1-6 按下列用途选用刀具材料种类或牌号：（1）45 钢锻件粗车；（2）HT200 铸件精车；（3）低速精车合金钢蜗杆；（4）高速精车调质钢长轴；（5）高速精密镗削铝合金缸套；（6）中速车削淬硬钢轴；（7）加工 65HRC 冷硬铸铁

1-7 根据切屑的外形，通常可把切屑分为几种类型？各类切屑对切削加工有何影响？

1-8 试述积屑瘤的成因，它对切削加工的影响以及减小或避免这些影响时应采取的主要措施。

1-9 什么是刀具寿命？刀具寿命与刀具总寿命有何关系？

1-10 常用切削液有哪几种？各有何用途？

1-11 刀具的前角、主偏角如何选取？

1-12 刃倾角有何功用？

第2章

金属切削加工方法与设备

2.1 金属切削机床基本知识

金属切削机床的品种和规格繁多,为了便于区别、使用和管理,须对机床加以分类和编制型号。

2.1.1 机床的分类

机床主要是按其加工性质和所用的刀具进行分类的。根据国家标准 GB/T 15375—2008《金属切削机床 型号编制方法》,目前将机床分为 11 类,包括车床、钻床、镗床、磨床、齿轮加工机床、螺纹加工机床、铣床、刨插床、拉床、锯床和其他机床,其中磨床的品种较多,故又细分为三类,见表 2-1。

表 2-1 机床的分类和代号

类别	车床	钻床	镗床	磨床			齿轮加工机床	螺纹加工机床	铣床	刨插床	拉床	锯床	其他机床
代号	C	Z	T	M	2M	3M	Y	S	X	B	L	G	Q
读音	车	钻	镗	磨	二磨	三磨	牙	丝	铣	刨	拉	割	其

除了上述基本分法外,机床还可以按其他特征进行分类。

1) 按照机床工艺范围(通用性程度),机床可分为通用机床、专门化机床和专用机床。通用机床可用于加工多种零件的不同工序,其工艺范围较宽,通用性好,但结构复杂,如卧式车床、万能升降台铣床、摇臂钻床、牛头刨床等。这类机床主要适用于单件小批生产。专门化机床主要用于加工不同尺寸的一类或几类零件的某一道或几道特定工序,其工艺范围较窄,如曲轴车床、凸轮轴车床、精密丝杠车床、花键轴铣床等。专用机床工艺范围较窄,通常只能完成某一特定零件的特定工序,如汽车、拖拉机制造企业中大量使用的各种组合机床,适用于大批大量生产。

2) 按照机床自动化程度的不同,机床可分为手机机床、机动机床、半自动机床和自动机床。

3) 按照机床质量和尺寸的不同,机床可分为仪表机床、中型机床、大型机床、重型机床和超重型机床。

4）按照机床加工精度的不同，机床可分为普通精度级机床、精密级机床和高精度级机床。

5）按照机床主要工作部件的多少，机床可分为单轴机床、多轴机床或单刀机床、多刀机床等。

2.1.2 机床型号的编制方法

我国现行的机床型号是按标准 GB/T 15375—2008《金属切削机床　型号编制方法》编制的。此标准规定，机床型号由汉语拼音字母和数字按一定的规律组合而成，它适用于新设计的各类通用及专用金属切削机床、自动线，不包括组合机床和特种加工机床。

通用机床的型号由基本部分和辅助部分组成，中间用"/"隔开，读作"之"。基本部分需统一管理，辅助部分是否纳入型号由企业自定。通用机床型号构成如下：

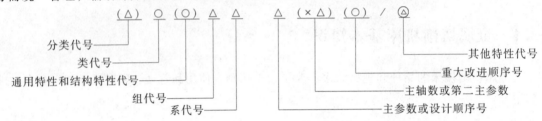

说明：1）有"（　）"的代号或数字，当无内容时，则不表示；若有内容则不带括号。

2）有"○"符号者，为大写的汉语拼音字母。

3）有"△"符号者，为阿拉伯数字。

4）有"⊚"符号者，为大写的汉语拼音字母或阿拉伯数字，或两者兼有之。

1. 机床类、组、系的划分及其代号

机床的类代号用大写汉语拼音字母表示。必要时，每类可分为若干分类。分类代号在类代号之前，作为型号的首位，并用阿拉伯数字表示。表示第一分类代号的"1"省略，表示第二、三分类代号的"2""3"则应予以表示。例如，磨床类又分为 M、2M、3M 三个分类。机床的类代号和分类代号及其读音见表 2-1。

每类机床又按照工艺特点、布局形式和结构特性的不同，划分为 10 个组，每个组又划分为 10 个系（系列）。在同一组机床中，其主参数相同，主要结构及布局形式相同的机床，即为同一系。机床的组用一位阿拉伯数字表示，位于类代号或通用特性代号和结构特性代号之后。机床的系用一位阿拉伯数字表示，位于组代号之后。

对于具有两类特性的机床的命名，主要特性应放在后面，次要特性放在前面。例如铣镗床以镗为主、铣为辅。

2. 机床的通用特性代号和结构特性代号

机床的通用特性代号和结构特性代号用大写的汉语拼音字母表示，位于类代号之后。当某类型机床除有普通型外，还有某种通用特性时，则在类代号之后加通用特性代号予以区分。例如"CK"表示数控车床。如同时具有 2~3 种通用特性时，则可用 2~3 个代号按重要程度排序同时表示，如"MBG"表示半自动高精度磨床。如果某类型机床仅有某种通用特性，而无普通型号，则通用特性不予表示。如 C1107 型单轴纵切自动车床，由于这类自动车床没有"非自动"型，所以不必用"Z"表示通用特性。机床的通用特性代号见表 2-2。

表 2-2　机床的通用特性代号

通用特性	高精度	精密	自动	半自动	数控	加工中心（自动换刀）	仿形	轻型	加重型	柔性加工单元	数显	高速
代号	G	M	Z	B	K	H	F	Q	C	R	X	S
读音	高	密	自	半	控	换	仿	轻	重	柔	显	速

对于主参数相同而结构、性能不同的机床，在型号中加结构特性代号予以区分。当机床型号中有通用特性代号时，结构特征代号应位于通用特性代号之后。结构特性代号在型号中没有统一的含义，只在同类机床中起区分机床结构与性能的作用。结构特性代号用汉语拼音字母（通用特性代号已用的字母和 I、O 两个字母不能用）表示，当单个字母不够用时，可将两个字母组合起来使用，如 AD、AE、EA、DA 等。

3. 机床主参数和设计顺序号

机床型号中的主参数代表机床规格的大小，用折算值（主参数乘以折算系数）表示，位于系代号之后。

对于某些通用机床，当无法用一个主参数表示时，则在型号中用设计顺序号表示。设计顺序号由 1 开始，当设计顺序号小于 10 时，由 01 开始编号。

4. 主轴数和第二主参数的表示方法

对于多轴车床、多轴钻床、排式钻床等机床，其主轴数应以实际数值列入型号，置于主参数之后，用"×"分开，读作"乘"。

第二主参数（多轴机床的主轴数除外）一般不予以表示。如有特殊情况需在型号中表示的，应按一定手续审批。在型号中表示的第二主参数，一般以折算成两位数为宜，最多不超过三位数。以长度、深度值等表示的，其折算系数为 1/100；以直径、宽度等表示的，其折算系数为 1/10；以厚度、最大模数值等表示的，其折算系数为 1。

5. 机床的重大改进顺序号

当对机床的结构、性能有更高的要求，并需按新产品重新设计、试制和鉴定时，才按改进的先后顺序选用 A、B、C 等汉语拼音字母（但 I、O 两个字母不得选用），加在型号基本部分的尾部，以区别于原机床型号。

6. 其他特性代号及其表示方法

其他特性代号置于型号辅助部分之首。其中同一型号机床的变型代号，一般应放在其他特性代号之首。

其他特性代号主要用以反映各类机床的特性。例如，对于数控机床，可用来反映不同的控制系统等；对于加工中心，可用来反映控制系统、自动交换主轴头、自动交换工作台等；对于柔性加工单元，可用来反映自动交换主轴箱；对于一机多能机床，可用来表示某些功能；对于一般机床，可用来反映同一型号机床的变型等。

其他特性代号可以用汉语拼音字母（但 I、O 两个字母除外）表示。当单个字母不够用时，可将两个字母合起来使用，如 AB、AC、AD 等，或 BA、CA、DA 等。其他特性代号也可用阿拉伯数字表示，还可用阿拉伯数字和汉语拼音字母组合表示。

2.1.3　机床的运动及传动

1. 机床的运动

机械零件上常见的各种表面，不论其形状如何复杂，都可以分解为几个基本表面的组合，如平面、圆柱面、圆锥面、螺旋面及各种成形表面等，这些表面都可以在各种金属切削机床上通过切削加工的方法获得。

各种类型的金属切削机床在进行切削加工时，都应使刀具和工件按一定的规律做一系列的运动。这些运动的最终目的是保证刀具与工件之间具有正确的相对运动，以便使刀具按一定规律切除工件毛坯上的多余金属，从而获得具有一定几何形状、尺寸精度、位置精度和表面质量的工件。以车床车削外圆柱表面（见图2-1）为例，在工件装夹于自定心卡盘并起动之后，首先通过手动将车刀沿纵向、横向靠近工件（运动Ⅱ和Ⅲ）；然后根据所要求的加工直径 d，将车刀横向切入一定深度（运动Ⅳ）；接着通过工件旋转（运动Ⅰ）和车刀的纵向直线运动（运动Ⅴ），车削出外圆柱表面；当车刀纵向移动所需长度 l 后，横向退离工件（运动Ⅵ），并纵向退回至起始位置（运动Ⅶ）。机床在加工过程中所需的运动，可按其功用的不同而分为表面成形运动和辅助运动两类。

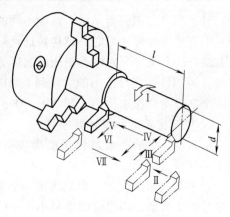

图 2-1 车削外圆柱表面

（1）表面成形运动　机床在切削过程中，使工件获得一定表面形状所必需的刀具和工件间的相对运动称为表面成形运动。如图2-1所示，工件的旋转运动（运动Ⅰ）和车刀的纵向运动（运动Ⅴ）是形成外圆柱表面的表面成形运动。机床加工时所需的表面成形运动的形式、数目与被加工表面形状、所采用的加工方法和刀具结构有关。例如在车床上采用外圆车刀车削成形表面时，如图2-2a所示，所需的表面成形运动为工件的旋转运动和刀具形成母线的复合运动；而采用成形车刀车削成形表面时，如图2-2b所示，所需的表面成形运动则只需工件的旋转运动和刀具简单的径向进给运动。

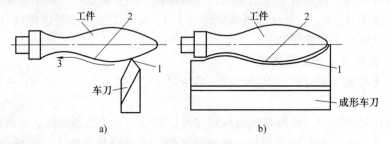

图 2-2 车削成形表面
a）外圆车刀车削成形表面　b）成形车刀车削成形表面
1—刀具　2—工件轮廓　3—刀具运动轨迹

根据切削过程中所起的作用不同，表面成形运动又可分为主运动和进给运动（有关内容见第1章）。例如，车床上工件的旋转运动、钻床上钻头的旋转运动、镗床上镗刀的旋转运动及牛头刨床上刨刀的直线往复运动等都是主运动。进给运动如车床上车削外圆柱表面时车刀的纵向直线运动、钻床上钻孔时刀具的轴向直线运动、卧式升降台铣床加工时工作台带动工件的纵向或横向直线移动等等。

机床在进行切削加工时，至少有一个主运动，但进给运动可能有一个或有几个，也可能没有。例如拉削加工就只有主运动而没有进给运动。

（2）辅助运动　除了表面成形运动以外，机床在加工过程中还需完成一系列其他的运动，即辅助运动。如图2-1所示，除了工件旋转运动（运动Ⅰ）和刀具纵向直线运动（运动Ⅴ）这两个表面成形运动外，还有车刀纵向靠近工件（运动Ⅱ）、横向切入（运动Ⅲ）、横向退离工件（运动Ⅵ）及纵向退回起始位置（运动Ⅶ）等运动。这些运动与外圆柱表面的形成无直接关系，但也是整个加工过程中必不可少的。上述这些运动均属于辅助运动。辅助运动的种类很多，主要包括刀具接近工件、切入工件、退离工件、快速返回起始位置的运动。为使刀具与工件保持相对正确位置的对刀运动，多工位工作台和多工位刀架的周期换位以及逐一加工多个相同局部表面时，工件周期换位所需的分度运动等也属于辅助运动。另外，机床的起动、停止、变速、换向以及部件和工件的夹紧、松开等的操纵控制运动等，也属于辅助运动。总之，除了表面成形运动外，机床上所需的其他运动都属于辅助运动。

2. 机床的传动

（1）机床传动的组成　为了实现加工过程中所需的各种运动、机床必须有执行件、运动源和传动装置三个基本部分。执行件是执行机床运动的部件，如刀架、主轴、工作台等。工件或刀具装夹在执行件上，并由其带动，按正确的运动轨迹完成一定的运动。运动源是给执行件提供运动和动力的部件，常用的有三相异步电动机、直流电动机、步进电动机等。传动装置是把运动源的运动和动力传递至执行件，并使其获得一定运动速度和方向的装置。传动装置还可将两个执行件联系起来，使执行件间具有一定的相对运动关系。传动装置一般有机械传动、液压传动、电气传动、气压传动等各种形式。

（2）机床的传动联系和传动链　机床上为了得到所需的运动，需要通过一系列的传动件把执行件与运动源，或者把执行件与执行件之间联系起来，称为传动联系。使执行件与运动源或使两个有关执行件保持确定运动联系的、按一定规律排列的一系列传动元件就构成了传动链。一条传动链由该链的两端件及两端件之间的一系列传动机构组成。

传动链中包含两类传动机构：一类是传动比和传动方向不变的传动机构，称为定比传动机构，如定比齿轮副、丝杠螺母副、蜗杆副等。另一类是根据加工要求可以变换传动比和传动方向的传动机构，称为换置机构，如交换齿轮变速机构、滑移齿轮变速机构、离合器换向机构等。

根据传动联系的性质，也可将传动链分为以下两类。

1）外联系传动链。外联系传动链是联系运动源和执行件之间的传动链，使执行件得到运动，而且能改变运动的速度和方向，但不要求运动源和执行件之间有严格的传动比关系。如图2-3所示，车圆柱螺纹时，从电动机传到车床主轴的传动链"1—2—u_v—3—4"就是外联系传动链，它只决定车螺纹速度的快慢，而不影响螺纹表面的形成。

2）内联系传动链。当表面成形运动为复合成形运动时，它是由保持严格的相对运动关系（如严格的传动比）的几个单元运动（旋转或直线运动）所组成的。为完成复合成形运动，必须有传动链把实现这些单元运动的执行件与执行件之间联系起来，并使其保持确定的运动关系，这种传动链称为内联系传动链。如图2-3所示，车削圆柱螺纹时需要工件旋转B_{11}和车刀直线移动A_{12}组成的复合运动。这两个运动应保持严格的运动关系：工件每转一转，车刀应准确地移动一个螺旋线导程。为实现这一运动，需用传动链"4—5—u_x—6—7"将两个执行件（主轴和刀架）联系起来，并且传动链的传动比必须准确地满足上述传动关系。为了保证内联系传动链具有准确的传动比，在内联系传动链中不应有摩擦传动和链传动等传动不准确的传动副。

（3）传动原理图　如图2-3所示，用一些简单的符号来表明机床传动联系的示意图，称为传动原理图。其中电动机、工件、刀架以较为直接的图形表示，虚线表示定比传动机构，菱形符号表示可以改变传动比的换置机构。车圆柱螺纹时需要两条传动链，主运动传动链和车螺纹传动链。其中主运动传动链由"电动机 1—2—u_v—3—工件 4"表示。换置机构 u_v 代表主变速机构，改变 u_v 可改变主轴转速；车螺纹传动链由"工件 4—5—u_x—6—丝杠螺母 7—刀架"表示。换置机构 u_x 代表从主轴到丝杠之间的交换齿轮机构和滑移齿轮变速机构等，调整 u_x 大小；可以加工各种不同导程的螺纹。

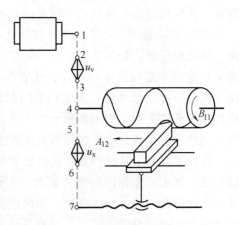

图 2-3　车削圆柱螺纹传动原理图

2.2　外圆表面加工

2.2.1　外圆表面常用加工方法

外圆表面是回转体类（轴类、套类、盘类）零件的主要表面。外圆表面常用的机械加工方法有车削、磨削和各种光整加工方法。

车削加工因切削层厚度大、进给量大而成为外圆表面最经济、最有效的加工方法。尽管车削加工也能获得很高的加工精度和加工质量，但就其经济精度来看一般适于外圆表面的粗加工和半精加工。

磨削加工切削速度高、切削量较小，是外圆表面最主要的精加工方法，适用于各种高硬度材料和淬火后零件的精加工。但是，在某些情况下，磨削也可用于粗加工。

光整加工是精加工之后进行的超精加工方法（如滚压、抛光、研磨等），适用于某些精度和表面质量要求很高的零件。

2.2.2　外圆表面的车削加工

1. 外圆车削的工艺范围

外圆车削的工艺范围很广，可划分为荒车、粗车、半精车、精车和精细车。各种车削所能达到的加工精度和表面粗糙度各不相同，必须按加工对象、生产类型、生产率和加工经济性等方面的要求合理选择。

（1）荒车　当毛坯为自由锻件或大型铸件、其加工余量很大且不均匀时，可安排荒车切除大部分余量，减少形状和位置误差。荒车后工件尺寸公差等级可达 IT15～IT18，表面粗糙度值高于 $Ra80\mu m$。

（2）粗车　中小型锻件和铸件可直接进行粗车，粗车后工件的尺寸公差等级可达IT11～IT13，表面粗糙度值可达 $Ra12.5$～$30\mu m$，低精度表面可以粗车作为其最终加工工序。

(3) 半精车　尺寸精度要求不高的工件或精加工工序之前可安排半精车。半精车后工件尺寸公差等级可达 IT8~IT10，表面粗糙度值达 $Ra3.2~6.3\mu m$。

(4) 精车　精车一般作为最终加工工序或光整加工的预加工序。精车后，工件尺寸公差等级可达 IT7~IT8，表面粗糙度值达 $Ra0.8~1.6\mu m$。对于精度较高的毛坯，可不经过粗车而直接进行精车或半精车。

(5) 精细车　精细车主要用于含铁金属加工或要求很高的钢制工件的最终加工。精细车后工件尺寸公差等级可达 IT6~IT7，表面粗糙度值达 $Ra0.025~0.4\mu m$。

2. 提高外圆表面车削生产率的措施

在轴类、套类和盘类零件的加工中，外圆车削的劳动量在零件加工的全部劳动量中占有很大的比重，外圆表面的加工余量主要是由车削切除的，所以提高外圆车削生产率是提高劳动生产率的一个重要问题。主要有以下措施：

(1) 高速车削、强力车削　提高切削用量即增大切削速度、进给量和背吃刀量，这是提高外圆车削生产率的最有效措施之一，而限制提高切削用量的主要因素是刀具寿命，其中以切削速度 v_c 的影响最大，进给量 f 的影响次之，背吃刀量 a_p 的影响最小。目前，硬质合金车刀的切削速度可达 200m/min，陶瓷刀具的切削速度可达 500m/min。近年来出现的聚晶金刚石和聚晶立方氮化硼新型刀具材料，切削普通钢材时，切削速度可达 900m/min；加工 60HRC 以上的淬火钢时，切削速度在 900m/min 以上。高速车削不仅可以提高生产率，而且因不会产生积屑瘤，故可得到较小的表面粗糙度值，提高加工表面质量。

强力车削是利用硬质合金刀具，采用加大进给量和背吃刀量来进行车削加工的一种高效率加工方法。其特点是在车刀刀尖处磨出一段副偏角 $\kappa_r'=0$、长度 $b_\varepsilon=(1.2~1.5)f$ 的修光刃，而进给量是正常进给量的几倍至十几倍，在此种情况下被加工零件的表面仍可获得较低的表面粗糙度值（$Ra2.5~5\mu m$）。强力车削适用于粗加工刚度较好的轴类零件，同时强力车削也可用于精加工，它比高速车削的生产率更高，但它不适用于车削细长轴和阶梯轴。

值得注意的是，采用高速车削和强力车削时，车床必须具备良好的刚性以及足够的功率，否则，零件的加工质量很难满足要求。

(2) 提高刀具寿命　在生产实践中，为提高刀具寿命，常采用加热车削法和低温冷冻车削法。

(3) 采用机夹可转位车刀　机夹可转位车刀，简称可转位车刀。这是一种将转位使用的刀片用夹紧元件夹持在刀杆上使用的刀具，如图 2-4 所示。

1) 可转位车刀的特点。可转位刀片在压制时，制出合理几何形状，在切削用量的一定范围内使用。它有数个切削刃，当一个切削刃用钝后，只需松开夹紧机构，转位换一个新的切削刃，重新夹紧即可继续使用。所有切削刃都用钝后，只需换上一个新刀片即可。与焊接的刀具相比，它具有如下特点：

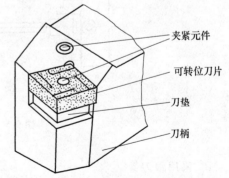

图 2-4　机夹可转位车刀

① 切削性能好，刀具寿命长，精度较高，效率高。刀片硬度高，可提高切削用量，不

需焊接与刃磨，只需直接转位或更换，互换性好，重复定位精度高，调刀容易。

② 简化了工具管理，有利于新型刀具材料的使用。刀杆可多次重复使用，使用寿命长，因此储备量可以减少，有利于刀具的标准化、系列化，也有利于选择最佳硬质合金的牌号和采用新型复合刀具材料。

2）可转位车刀夹紧机构的要求。夹紧机构的设计必须满足以下要求：
① 夹紧可靠，刀片在切削过程中承受冲击和振动时不应松动和移位。
② 刀片定位精度高。
③ 刀片转位和更换新刀片的操作简便。
④ 结构简单、紧凑，制造容易。

2.2.3 细长轴加工

长度 L 与直径 d 之比大于 25 的轴称为细长轴，如车床上的丝杠、光杠等。由于细长轴刚性很差，车削加工时受切削力、切削热和振动等的作用和影响，极易产生变形，产生直线度、圆柱度等加工误差，不易达到图样上的几何精度和表面质量等技术要求，使切削加工很困难。L/d 值越大，车削加工越困难。

车削细长轴的关键技术是防止加工中的弯曲变形，为此必须从夹具、机床辅具、工艺方法、操作技术、刀具和切削用量等方面采取措施。

1. 改进工件的装夹方法

在车削细长轴时，一般均采用一头夹和一头顶的装夹方法，如图 2-5 所示。用卡盘装夹工件时，在卡爪与工件之间套入一个开口的钢丝圈，以减少工件与卡爪轴向接触长度。在尾座上采用弹性顶尖，这样当工件受切削热而伸长时，顶尖能轴向伸缩，以补偿工件的变形，减少工件的弯曲变形。

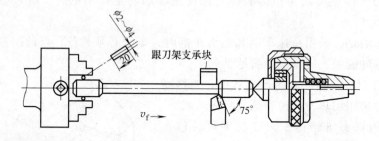

图 2-5 反向进给车轴长轴

2. 采用跟刀架

跟刀架为车床的通用附件，它用来在刀具切削点附近支承工件并与刀架溜板一起做纵向移动。跟刀架与工件接触处的支承块一般用耐磨的球墨铸铁或青铜制成，支承爪的圆弧应粗车后与外圆研配，以免擦伤工件。采用跟刀架能抵消加工时径向切削分力和工件自重的影响，从而减少切削振动和工件变形，但必须注意仔细调整，使跟刀架的中心与机床顶尖中心保持一致。

3. 采用反向进给

车削细长轴时，常使车刀由主轴向尾座方向做进给运动（见图 2-5）。这样车刀施加于工件上的进给力方向朝向尾座，工件已加工部分受轴向拉伸，而工件的轴向变形由尾座上的弹性顶尖来补偿，从而可以大大减少工件的弯曲变形。

4. 合理选用车刀的几何形状

为减小径向切削力，宜选用较大的主偏角；前刀面应磨出 $R = 1.5 \sim 3$mm 的断屑槽，前角一般取 $\gamma_o = 15° \sim 30°$；刃倾角 λ_s 取正值，使切屑流向待加工表面；车刀表面粗糙度值要小，并经常保持切削刃锋利。

5. 合理选择切削用量

车削细长轴时，切削用量应比普通轴类零件适当减小。用硬质合金车刀粗车时，可按表 2-3 选择切削用量。

表 2-3 用硬质合金车刀粗车细长轴时的切削用量

工件直径/mm	20	25	30	35	40
工件长度/mm	1000~2000	1000~2500	1000~3000	1000~3500	1000~4000
进给量 f/(mm/r)	0.3~0.5	0.35~0.4	0.4~0.45	0.4	0.4
切削深度 a_p/mm	1.5~3	1.5~3	2~3	2~3	2.5~3
切削速度 v_c/(mm/s)	40~80	40~80	50~100	50~100	50~100

精车时，用硬质合金车刀车削 $\phi20 \sim \phi40$mm、长 1000~1500mm 的细长轴时，可选用 $f = 0.15 \sim 0.25$mm/r，$a_p = 0.2 \sim 0.5$mm，$v_c = 60 \sim 100$m/s。

2.2.4 车床

车床的种类很多，按其用途和结构不同，主要可分为卧式车床、立式车床、转塔车床、多刀半自动车床、仿形车床及仿形半自动车床、单轴自动车床、多轴自动车床及多轴半自动车床等。此外，还有各种专门化车床，如凸轮轴车床、铲齿车床、曲轴车床、高精度丝杠车床、车轮车床等。其中，以卧式车床应用最为广泛。

1. CA6140 型卧式车床

（1）机床的主要技术参数

在床身上最大加工直径：400mm；

在刀架上最大加工直径：210mm；

主轴可通过的最大棒料直径：48mm；

最大加工长度：650mm、900mm、1400mm、1900mm；

中心高：205mm；

顶尖距：750mm、1000mm、1500mm、2000mm；

主轴内孔锥度：莫氏 6 号；

主轴转速范围：10~1400r/min（24 级）；

纵向进给量：0.028~6.33mm/r（64 级）；

横向进给量：0.014~3.16mm/r（64 级）；

加工米制螺纹：1~192mm（44 种）；
加工英制螺纹：2~24 牙/in（20 种）；
加工模数螺纹：0.25~48mm（39 种）；
加工径节螺纹：1~96 牙/in（37 种）；
主电动机功率：7.5kW。

(2) 机床的主要组成部件和功能　图 2-6 所示为 CA6140 型卧式车床的外形。该车床的主要组成部件如下：

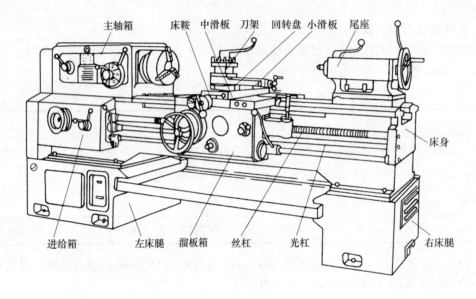

图 2-6　CA6140 型卧式车床的外形

1) 主轴箱。主轴箱固定在床身的左端。其内装有主轴和变速、变向等机构，由电动机经变速机构带动主轴旋转，实现主运动，并获得所需转速及转向。主轴前端可安装自定心卡盘、单动卡盘等夹具，用以装夹工件。

2) 进给箱。进给箱固定在床身的左前侧面，它的功用是改变被加工螺纹的导程或机动进给的进给量。

3) 溜板箱。溜板箱固定在床鞍的底部，其功用是将进给箱传来的运动传递给刀架，使刀架实现纵向进给、横向进给、快速移动或车螺纹进给。在溜板箱上装有各种手柄及按钮，以供方便地操作机床。

4) 床鞍。床鞍位于床身的中部，其上装有中滑板、回转盘、小滑板和刀架，可使刀具做纵、横式斜向进给运动。

5) 尾座。尾座安装于床身的尾座导轨上。其上的套筒可安装顶尖，也可安装各种孔加工刀具，用来支承工件或对工件进行孔加工。加工孔时，摇动手轮可使套筒移动，以实现刀具的纵向进给。尾座可沿床身顶面的一组导轨（尾座导轨）做纵向调整移动，然后夹紧在所需的位置上，以适应不同长度工件的需要。尾座还可以相对其底座沿横向调整位置，以车削较长且锥度较小的外圆锥面。

6）床身。床身固定在左床腿和右床腿上。床身是车床的基本支承件。车床的各主要部件均安装于床身上，并保持各部件间具有准确的相对位置。

2．其他常见车床简介

（1）马鞍车床　马鞍车床是卧式车床基型品种的一种变型车床（见图2-7）。它和卧式车床的主要区别在于，马鞍车床上靠近主轴箱一端装有一段形似马鞍的导轨。卸去马鞍导轨可使加工工件的最大直径增大，从而扩大加工工件直径范围。但由于马鞍经常装卸，其加工精度、刚度都有所下降。所以，这种机床主要用在设备较少的单件小批生产的小工厂及修理车间。

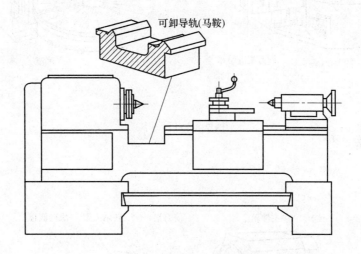

图2-7　马鞍车床的外形

（2）立式车床　立式车床主要用于加工径向尺寸大而轴向尺寸相对较小，且形状比较复杂的大型或重型零件，是汽轮机生产、重型电机、矿山冶金等行业不可缺少的加工设备，在一般机械厂使用也比较普遍。立式车床结构的主要特点是主轴垂直布置，并有一个直径很大的回转工作台供安装工件用（见图2-8）。工作台面处于水平位置，故笨重工件的装夹、找正都比较方便。

立式车床分单柱式（见图2-8a）和双柱式（见图2-8b）两类。

（3）转塔车床　卧式车床的加工范围广，灵活性大，但其方刀架最多只能装四把刀具，尾座只能安装一把孔加工刀具，且无机动进给，在用卧式车床加工一些形状较为复杂，特别是带有内孔和内螺纹的工件时，需要频繁换刀、对刀、移动尾座，以及试切、测量尺寸等，从而使辅助时间较长，生产率降低，劳动强度增大。特别是在批量生产中，卧式车床的这种不足表现尤为突出。为了缩短辅助时间，提高生产率，在卧式车床的基础上，发展出了转塔车床（见图2-9）。它与卧式车床的主要区别是取消了尾座和丝杠，并在床身尾座部位装有一个可沿床身导轨纵向移动并可转位的多工位刀架。转塔式车床在加工前预先调好所用刀具，加工中多工位刀架周期地转位，使这些刀具依次对工件进行切削加工。因此在成批生产，特别是加工多形状复杂工件时，转塔车床的生产率比卧式车床高。

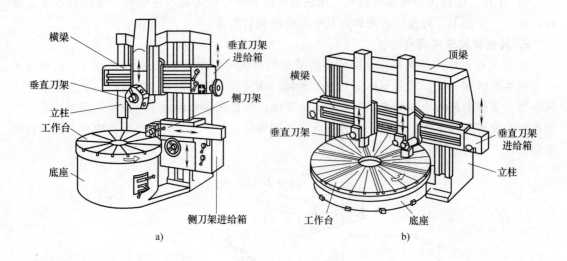

图 2-8 立式车床

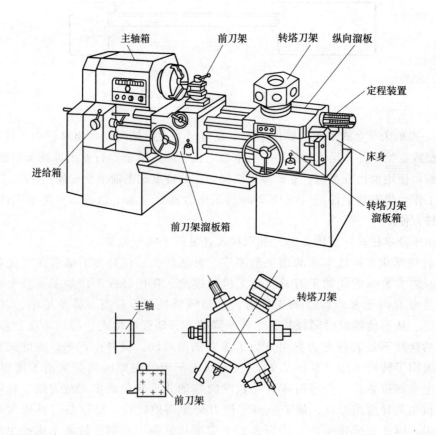

图 2-9 转塔车床

2.2.5 外圆磨削

1. 工件的装夹

在外圆磨床上，工件一般用两顶尖或卡盘装夹。

（1）用两顶尖装夹工件　这是外圆磨床最常用的装夹方法。这种方法的特点是装夹方便，定位精度高。两顶尖固定在头架主轴和尾座套筒的锥孔中，磨削时顶尖不旋转，这样头架主轴的径向圆跳动误差和顶尖本身的同轴度误差就不再对工件的旋转运动产生影响。只要中心孔和顶尖的形状正确，装夹得当，就可以使工件的旋转轴线始终不变，获得较高的圆度和同轴度。

（2）用卡盘装夹工件　在万能外圆磨床上，利用卡盘在一次装夹中磨削工件的内孔和外圆，可以保证内孔和外圆之间较高的同轴度。

2. 外圆磨削方法

常用的外圆磨削方法有纵向磨削法、切入磨削法、分段磨削法和深度磨削法四种，如图2-10所示。

（1）纵向磨削法　纵向磨削法是最常用的磨削方法。磨削时，工作台带动工件做纵向往复进给，砂轮做周期性横向进给，工件的磨削余量在多次往复行程中磨去（见图2-10a）。砂轮超越工件两端的长度一般为砂轮宽度 $1/3\sim1/2$。如果太大，工件两端直径会被磨小。磨削轴肩旁外圆时，要细心调整工作台行程，当砂轮磨削至台阶一边时，要使工作台停留片刻，以防止产生锥度。为减小工件表面粗糙度值，可做适当"光磨"，即在不做横向进给的情况下，工作台带动工件做纵向往复运动。

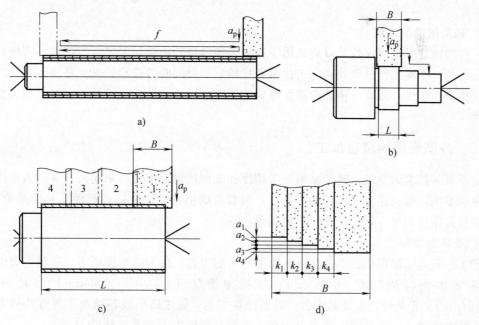

图2-10　常用的外圆磨削方法

纵向磨削的特点如下：

1）纵向磨削法磨削力小，散热条件好，可获得较高的加工精度和较小的表面粗糙度值。

2) 磨削深度较小，工件的磨削余量需经多次纵向进给切除，机动时间较长，生产率较低。

3) 适用于加工细长、精密或薄壁的工件。

（2）切入磨削法 切入磨削法又称横向磨削法（见图2-10b）。被磨削工件外圆长度应小于砂轮宽度，磨削时砂轮做连续或间断横向进给运动，直到磨去全部余量为止。砂轮切入磨削时无纵向进给。粗磨可用较高的切入速度；精磨时速度适当放低，以防止工件烧伤和发热变形。

（3）分段磨削法 分段磨削法又称综合磨削法。它是切入磨削法与纵向磨削法的综合应用，即先用切入磨削法将工件分段进行粗磨，留0.03~0.04mm余量，最后用纵向磨削法精磨至尺寸（见图2-10c）。这种磨削法既有切入磨削法生产率高的优点，又有纵向磨削法加工精度高的优点。分段磨削时，相邻两段间应有5~10mm的重叠。这种磨削方法适用于磨削余量大和刚性较好的工件。

（4）深度磨削法 深度磨削法是应用较多的一种方法，即采用较大的磨削深度在一次纵向进给中磨去工件的全部磨削余量，其机动时间短，生产率较高。

由于磨削深度大，磨削时砂轮一端尖角处受力集中，为此，可将砂轮修整成阶梯形（见图2-10d）。砂轮台阶面的前导部分主要起切削作用，后部较宽的砂轮表面则应精细修整为修光部分，以减小工件表面粗糙度值。阶梯砂轮的阶梯数及阶梯深度根据工件长度和磨削余量来确定。

深度磨削法的尺寸公差等级可稳定达到IT7，表面精糙度值可达$Ra0.63\mu m$，有很高的生产率。

3. 轴肩的磨削方法

工件的轴肩可在磨好外圆以后，用手移动工作台借砂轮端面磨出。磨削时，需将砂轮稍微退出一些，手摇工作台待砂轮与工件端面接触后，做间断的进给，并注意浇注充分的切削液，以免烧伤工件。通常可将砂轮端面修成内凹形，以减小砂轮与工件的接触面积，提高磨削质量。

2.2.6 外圆表面的精密加工

随着科学技术的发展，对产品的加工精度和表面质量要求也越来越高，零件表面质量不仅影响机器的性能，还涉及机器的寿命。外圆表面的精密加工是提高表面质量的重要手段，其方法有高精度磨削、研磨、滚压、抛光等。

1. 高精度磨削

使工件表面粗糙度值在$Ra0.16\mu m$以下的磨削工艺，称为高精度磨削。高精度磨削又可分为精密磨削（$Ra0.06~0.16\mu m$）、超精密磨削（$Ra0.02~0.04\mu m$）和镜面磨削（$Ra0.01\mu m$）。它是近代发展起来的一种磨削新工艺，较之研磨或超精加工等方法具有生产率高、精度可靠、加工范围广等优点，在光整加工领域中占有重要地位。

高精度磨削的原理是：砂轮表面每一颗磨粒就是一个切削刃，简称微刃。这些微刃不可能在同一个圆周上，如图2-11a所示，磨削时有的微刃参加工作，有的微刃不参加工作（这就是微刃的不等高），参与磨削的微刃少则加工表面粗糙。精细修整砂轮后，磨粒形成能同时进行磨削的许多微刃，微刃趋向等高，如图 2-11b 所示，磨削时参加切削的微刃多，能磨削出表面粗糙度值小的表面。磨削继续进行，锐利的微刃逐渐钝化到半钝状态，如图 2-11c 所示，这种半钝化的微刃切削作用降低，但是在压力作用下，能产生摩擦抛光作用，使工件表面获得更小的表面粗糙度值。

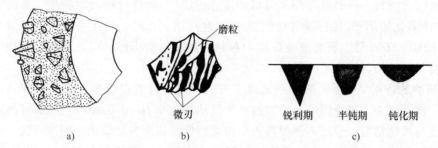

图 2-11 磨粒的微刃及磨削中微刃的变化
a）砂轮磨粒 b）微刃 c）微刃的变化

掌握高精度磨削的要点如下：

1）仔细修整砂轮以达到微刃等高；机床工作台的速度应小于 10mm/min 且无"爬行"现象。

2）机床的回转精度与振幅在 0.001mm 以下。

3）机床横向进给机构的灵敏度高，误差应当小于 0.002mm。

4）磨料应选择易形成微刃的材料，如刚玉类。

5）砂轮的硬度选择应当考虑半钝化期时间长一些，如软级别的 K 或中级别的 L。

6）砂轮结合剂应有弹性，如树脂或橡胶结合剂，并加入一定量的石墨做填料，可增加润滑性能，有利于减小表面粗糙度值。

2．研磨

研磨是最早出现也是最常用的一种光整加工方法。

（1）研磨原理 研磨外圆时，使用的研具如图 2-12 所示。其中，图 2-12a 所示为粗研具，孔内有油槽，可用于储存研磨剂；图 2-12b 所示为精研具，孔内无油槽。研磨时工件夹在车床卡盘上或用双顶尖支承，做低速转动，研具套在工件上，研具与工件之间加入研磨剂，然后用手推动研具做往复运动（手工研磨）。研磨过程中大量磨粒在工件表面浮动，分别起到以下三种作用：

1）机械切削作用。磨粒在压力作用下滚动、刮擦和挤压，切下细微的金属层。

2）物理作用。磨粒与工件接触点局部压强非常大，因而瞬时产生高温、挤压等作用，形成平滑而表面粗糙度值较小的表面。

3）化学作用。研磨液中加入硬脂酸或油酸，与工件表面的氧化物薄膜产生化学作用，使被研磨表面软化，改善研磨效果。

（2）研磨方法 研磨方法可分为手工研磨与机械研磨两种。手工研磨生产率低，劳动强度大，不适应批量大的生产，仅用于超精密零件加工，其加工质量与工人技术熟练程度有关。机械研磨在研磨机上进行，适用于批量生产方式。根据磨料是否嵌入研具，研磨又可分为嵌砂研磨和无嵌砂研磨两种。嵌砂研磨又有自由嵌砂（加工过程中将磨料注入工作区）

与强制嵌砂（加工前将磨料压到研具上）之分，所用研具是铸铁等软材料，磨料通常是氧化铝、碳化硅等，研磨过程以磨粒滑动磨削为主。无嵌砂研磨采用的研具比工件硬，常用淬硬钢制造，所用磨料较软（如氧化铬），加工时，磨料处于自由状态，不嵌入研具表面，切削过程以磨粒滚动为主。

研磨剂包含磨料、研磨液（煤油与机油混合而成）、辅助材料（硬脂酸、油酸或工业甘油）。磨料中氧化铝用于钢制工件；加工脆性材料选用碳化硅；氧化铬多用于精研。磨料粒度通常取 F280～F600 号。研磨液在研磨中起到冷却和润滑作用，以及调整磨粒使之分布均匀。辅助材料起增加研磨效果的作用。

(3) 研磨的特点。研磨一般都在低速下进行，研磨过程塑性变形小、切削热小、表面变形层薄、运动复杂、可获得较小的表面粗糙度值（$Ra0.16～0.01\mu m$）。研磨可提高工件表面形状精度与尺寸精度，但是不能提高表面位置精度。研磨劳动量大，生产率低，一般加工余量为 0.01～0.03mm。研磨对加工设备的精度要求不高。研磨可加工钢、铸铁、铜、铝、硬质合金等各种金属材料，也可加工玻璃、半导体、陶瓷和塑料等非金属制品。研磨可加工平面、圆柱面、圆锥面、螺纹牙型面及齿轮的齿面等。

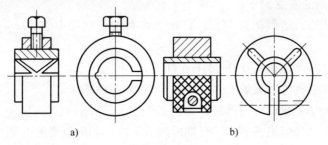

图 2-12 外圆研具
a）粗研具　b）精研具

3. 滚压

(1) 滚压原理　滚压是采用硬度比工件高的滚轮或滚珠（见图 2-13），对半精加工后的零件表面在常温下加压，使受压点产生弹性变形及塑性变形。其结果是不仅可降低表面粗糙度值，而且使表面的金属结构和性能发生变化，晶粒变细，并沿着变形最大的方向延伸（有时呈纤维状），表面留下有利的残余应力。此外，还可使表面层屈服强度增大，显微硬度提高 20%～40%；使零件抗疲劳强度、耐磨性和耐蚀性都有显著的提高。

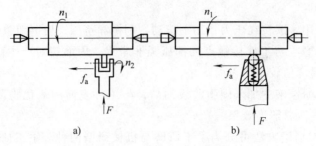

图 2-13 滚压加工示意图
a）滚轮滚压　b）滚珠滚压

(2) 滚压的特点　滚压与切削加工相比较有许多优点，常常取代部分切削加工，成为精密加工的一种方法，其特点如下：滚压前的工件表面要清洁，直径方向加工余量为 0.02～0.03mm；滚压要求前工序的表面粗糙度值不大于 $Ra5\mu m$，滚压后的表面粗糙度值为 $Ra0.16～0.63\mu m$。滚压可使零件表面粗糙度值减小，强化其加工表面，而工件的形状及位置精度则取决于上工序。当滚压对象是塑性金属工件或某些工件上有松软组织（如铸件）时，易产生较大的形状误差。滚压加工生产率高，常常以滚压代替研磨。

2.3　内圆表面加工

2.3.1　内圆表面加工方法

内圆表面的加工方法主要有钻孔、扩孔、铰孔、镗孔、拉孔和磨孔等。对于精度要求高的孔，最后还需经珩磨或研磨及滚压等精密加工。

内圆表面（孔）的加工与外圆表面的加工相比，具有以下特点：

1）孔加工所用的刀具（或磨具）尺寸受被加工孔的直径的限制，刀具的刚性差，容易产生弯曲变形及振动；孔的直径越小，深度越大，这种影响越显著。

2）大部分孔加工刀具为定尺寸刀具，孔的直径往往取决于刀具的直径，刀具的制造误差及磨损将直接影响孔的加工精度。

3）钻头不易磨成对称的切削刃，加工的孔径常会扩大。

4）刀具在半封闭区域内工作，排屑条件、散热条件都差，这不仅影响刀具寿命，而且孔的加工精度和表面质量相对较难控制。

由于内圆表面加工的工作条件比外圆表面加工差得多，因此，加工内圆表面要比加工同样要求的外圆表面困难些。当一个零件要求内圆表面和外圆表面必须保持某一正确关系时，一般总是先加工内圆表面，然后再以内圆表面定位加工外圆表面，这样更容易达到加工要求。

2.3.2　钻孔、扩孔及锪孔

1. 概述

用钻头在实体材料上加工内圆面的方法称为钻孔；用扩孔钻对已有的内圆面再加工以加大孔径的方法称为扩孔。它们统称为钻削加工。钻孔最常用的刀具是麻花钻。用麻花钻钻孔，加工精度较低，加工表面较粗糙。因此，钻孔主要用于粗加工，如精度和表面粗糙度要求不高的螺纹孔底孔、油孔加工等；一些内螺纹，在攻螺纹之前，需要先进行钻孔；精度和表面粗糙度要求较高的孔，也可以钻孔作为预加工工序。

单件小批生产的，中小型工件上的小孔（一般 $D<13mm$），常用台式钻床加工；中小型工件上直径较大的孔（一般 $D<50mm$），常用立式钻床加工；大中型工件上的孔，则采用摇臂钻床加工。回转体工件上的孔，多在车床上加工。在成批和大量生产中，为了保证加工精度、提高生产率和降低加工成本，广泛使用钻模、多轴钻或组合机床进行加工。

2. 麻花钻的结构

麻花钻由工作部分、刀柄及颈部组成，如图2-14a所示。

（1）工作部分　工作部分又分为切削部分和导向部分。切削部分担负着切削工作；导向部分的作用是当切削部分切入工件后起引导作用,也是切削部分的后备部分。为了保证钻头必要的刚性与强度,工作部分的钻芯直径 d_c 向柄部方向递增(见图2-14a)。

(2) 刀柄部　刀柄是钻头的夹持部分,并用来传递转矩。刀柄有直柄与锥柄两种,前者用于小直径钻头,后者用于大直径钻头。

(3) 颈部　颈部在工作部分与刀柄之间,磨柄部时退砂轮之用,也是打印标记的地方。

标准高速钢麻花钻有两个前刀面、两个主后刀面、两个主切削刃、两个副切削刃和一个横刃,如图2-14b所示。

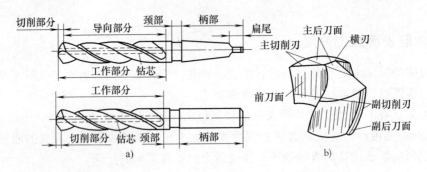

图 2-14　麻花钻的组成
a) 钻头整体结构　b) 钻头切削部分

3. 扩孔

扩孔是用扩孔钻对工件上已有的孔进行扩大加工。它既可作为孔的最终加工,也可以作为铰孔或磨孔前的预加工,在成批或大量生产时应用较广。扩孔钻的结构如图2-15所示。扩孔钻与麻花钻比较,其特点是没有横刃且齿数较多,刀体刚性好,因此生产率及加工质量均比用麻花钻钻孔时高。

4. 锪孔

锪孔是用锪钻在已加工孔上锪各种沉头孔和锪孔端面的突出平面。

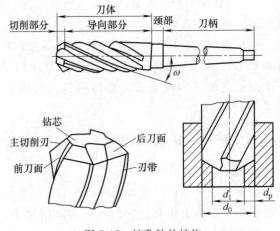

图 2-15　扩孔钻的结构

2.3.3　镗孔

1. 概述

镗孔是常用的孔加工方法之一,其加工范围广泛。镗孔尺寸公差等级可以达到IT11~IT7,甚至达到IT6。表面粗糙度值可达 $Ra0.63 \sim 12.5 \mu m$,甚至更小。根据工件的尺寸形状、技术要求及生产批量的不同,镗孔可以在镗床、车床、铣床、数控机床和组合机床上进行。

镗孔和"钻—扩—铰"工艺相比,孔径尺寸不受刀具尺寸的限制,且镗孔具有较强的误差修正能力。镗孔不但能够修正上道工序所造成的孔中心线偏斜误差,而且能够保证被加工孔和其他表面（或中心要素）保持一定的位置精度，所以特别适用于孔距有严格要求的箱体零件的孔系加工。

镗孔和车外圆相比由于刀具、刀杆的刚性比较差，如果采用较大的切削用量，容易引起振动。且散热排屑条件比较差，工件和刀具的热变形比较大，因此镗孔的加工质量和生产率不如车削外圆的高。

2. 镗床

镗床的主要工作是用镗刀进行镗孔。此外，还可以进行钻孔、铣平面和车削等工作。镗床的主要类型有卧式铣镗床、坐标镗床等。

（1）卧式铣镗床 卧式铣镗床的加工范围（见图 2-16）广泛，尤其适合大型、复杂的箱体类零件上的孔的加工。除镗孔外，卧式铣镗床还可以加工端面、平面、外圆、螺纹及钻孔等。零件可在一次安装中完成许多表面的加工。

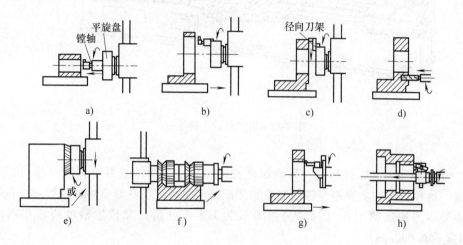

图 2-16 卧式铣镗床的加工范围
a）镗小孔 b）镗大孔 c）镗端面 d）钻孔 e）铣平面 f）铣组合面 g）镗螺纹 h）镗深孔螺纹

卧式铣镗床的外形如图 2-17 所示。主轴箱可沿前立柱的导轨上下移动。在主轴箱中，装有镗杆、平旋盘、主运动和进给运动变速机构和操纵机构。工作时，刀具可以装在镗杆或平旋盘上。镗杆做旋转主运动，并可做轴向进给运动；平旋盘只能做旋转主运动。工件安装在工作台上，可以与工作台一起随下滑座或上滑座做纵向或横向移动。工作台还可绕上滑座的圆导轨在水平平面内转位，以便加工互相成一定角度的平面或孔。装在后立柱上的后支架，用于支承悬伸长度较大的镗杆悬伸端，以增加其刚性。后支架可沿后立柱上的导轨与主轴箱同步升降，以保持后支架支承孔与镗杆在同一轴线上。后立柱可沿床身的导轨移动，以适应镗杆的不同悬伸。当刀具装在平旋盘的径向刀架上时，径向刀架可带着刀具做径向进给，以车削端面。

综上所述，卧式铣镗床的运动有：镗杆和平旋盘的旋转主运动；镗杆的轴向进给运动；主轴箱的竖直进给运动；工作台的纵向和横向进给运动；平旋盘上的径向刀架进给运动。此外，还有主轴、主轴箱及工作台在进给方向上的快速调位运动、后立柱的纵向调位运动、后支架的竖直调位运动、工作台的转位运动等辅助运动。

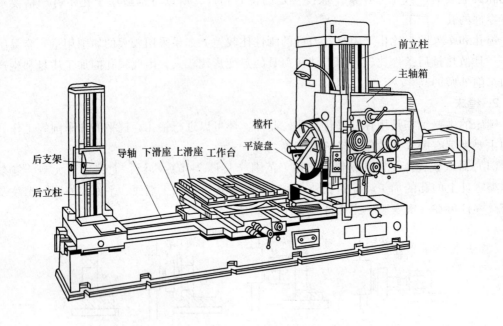

图 2-17 卧式镗铣床的外形

（2）坐标镗床　坐标镗床是一种高精度机床，其主要特征是具有测量坐标位置的精密测量装置。这种机床的主要零部件的制造和装配精度很高，且具有良好的刚性和抗振性。坐标镗床主要用来镗削精密孔（尺寸公差等级为 IT5 或更高）和位置精度要求很高的孔系（定位精度达 0.002mm）。

坐标镗床除可以镗孔外，还可以进行钻孔、扩孔、铰孔、铣端面，以及精铣平面和沟槽等加工。此外，因其具有很高的定位精度，故还可用于精密刻线和划线，以及进行孔距和直线尺寸的精密测量工作。

坐标镗床的布局形式有立式单柱、立式双柱和卧式等主要类型。图 2-18 是卧式单柱坐标镗床。

3. 镗刀

镗刀的种类很多，一般可分为单刃镗刀与多刃镗刀两大类。

（1）单刃镗刀　单刃镗刀结构简单，制造容易，通用性好，故使用较多。单刃镗刀一般均有尺寸调节装置，如图 2-19 所示。

在精镗机床上常采用微调镗刀（见图 2-20）以提高调整精度。

（2）双刃镗刀　双刃镗刀（见图 2-21）两边都有切削刃，工作时可以消除径向力对镗杆的影响，工件的孔径尺寸与精度由镗刀径向尺寸保证。镗刀上的两个刀片径向可以调整，因此，可以加工一定尺寸范围的孔。双刃镗刀多采用浮动联接结构，刀块以动配合状态浮动地安装在镗杆的径向孔中，工作时，刀块在切削力的作用下保持平衡对中，可以减少刀块安装误差及镗杆径向圆跳动所引起的加工误差。双刃浮动镗应在单刃镗之后进行。

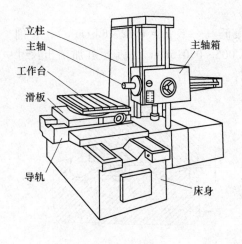

图 2-18 卧式单柱坐标镗床

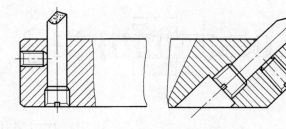

图 2-19 单刃镗刀

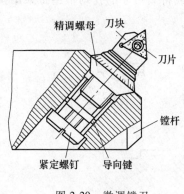

图 2-20 微调镗刀

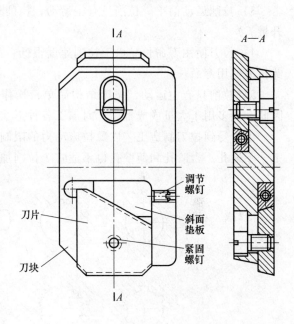

图 2-21 双刃镗刀

2.3.4 拉孔

1. 拉孔的工艺特点及应用范围

用拉刀对孔进行加工的方法称为拉孔。拉刀是一种高精度的多齿刀具。由于拉刀从头部向尾部方向其刀齿高度逐齿递增，通过拉刀与工件之间的相对运动，能够一层一层地从工件上切下金属（见图 2-22），以获得较高精度和较好的表面质量。

拉孔与其他孔加工方法比较，具有以下特点：

1）生产率高。拉孔是多齿刀具，同时参与工作的刀齿多，切削刃的总长度大，工件与刀具之间的相对运动一般为直线运动，一次行程即完成粗加工、半精加工及精加工，因此生产率很高。

2)拉孔精度与表面质量高。拉孔时的切削速度很低(一般 $v_c = 1.02 \sim 8 \text{m/min}$),拉削过程平稳,切削厚度小(一般精切齿的切削厚度为 $0.005 \sim 0.015 \text{mm}$),因此可加工出尺寸公差等级为 IT7、表面粗糙度值不大于 $Ra0.8 \mu \text{m}$ 的工件。

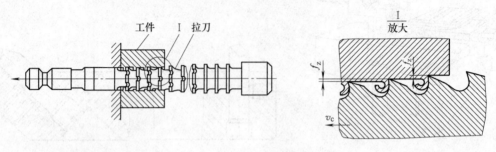

图 2-22 拉刀拉孔过程

3)拉削运动简单。拉削只有主运动,拉削过程中的进给量即相邻两刀齿的齿高(即齿升量 f_z)。

4)拉刀使用寿命长。由于拉削速度很低,而且每个刀齿实际参加切削的时间极短,因此拉刀使用寿命长。

5)拉削只有主运动,拉床结构简单,操作方便。但拉刀构造比较复杂,制造成本高,因此一般多用于大量或成批生产时加工各种形状的通孔及平面,如图 2-23 所示。

由于受到拉刀制造工艺以及拉床动力的限制,过小或特大尺寸的孔均不适于采用拉削加工,不通孔、台阶孔和薄壁孔也不适宜于拉削加工。

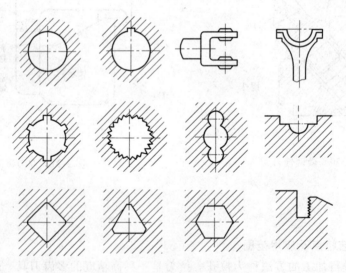

图 2-23 拉削加工各种内表面

2. 拉床

拉床按结构形式可分为卧式拉床和立式拉床,按加工表面可分为内拉式拉床和外拉式拉床。其中,以卧式内拉床应用最为普遍。

图 2-24 所示为卧式内拉床的外形。拉刀的切削运动一般采用液压传动。当液压缸工作

时，通过活塞杆驱动圆孔拉刀，连同拉刀尾部的活动支承一起左移，装在固定支承上的工件即被拉制出符合精度要求的内孔。其拉力通过压力表显示。

工件以端面定位，垂直支承在拉床的支承板上。工件预制孔的中心线与端面有一定的垂直度要求，否则拉刀因受力不均匀容易损坏。为此，拉床支承板上装有自动定心的球面垫板，如图 2-25 所示。当拉削受力时，球面垫板可在固定支承板上做微量的转动，以补偿工件端面与预制孔中心线之间的垂直度误差。

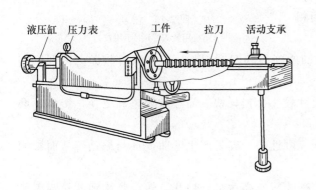

图 2-24 卧式内拉床的外形

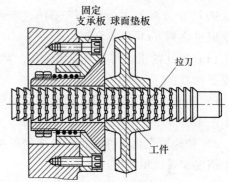

图 2-25 球面支承垫板

2.3.5 铰孔

1. 铰孔的工艺特点及应用范围

用铰刀从未淬火工件的孔壁上切除微量金属层，以提高其尺寸精度和降低表面粗糙度值的方法，称为铰孔。

铰孔在生产中应用很广。由于铰刀的制造十分精确，加上铰削时切削余量小，切削厚度薄（精铰时仅为 0.01~0.03mm），所以铰孔后尺寸公差等级一般为 IT7~IT9，表面粗糙度为 $0.63\mu m < Ra \leq 0.32\mu m$。

铰孔有如下特点：

1) 铰刀加工适应性差。铰刀为定尺寸刀具，只能加工一种孔径和尺寸公差等级的孔；孔径、孔形受到一定限制，大直径孔、非标准孔径的孔、台阶孔及不通孔均不适宜于铰削加工。

2) 铰孔易保证尺寸和形状精度，但不能校正位置误差。铰刀作为定径精加工刀具，比精镗容易保证尺寸和形状精度，生产率高。但铰孔不能校正孔轴线的偏斜，这是因为铰刀为浮动安装。孔轴线与其他基准要素间的位置精度，需由前道工序或后续工序保证。

铰孔适宜于单件小批生产的小孔和锥度孔的加工，也适宜于大批量生产中不宜拉削的孔（如锥孔）的加工。"钻—扩—铰"工艺常常是中等尺寸、尺寸公差等级为 IT7 孔的典型加工方案。

2. 铰刀

铰刀的种类较多，按使用方法的不同分为机用铰刀和手用铰刀两大类，如图 2-26 所示。机用铰刀由机床引导方向，导向性好，故工作部分尺寸短。机用铰刀柄部多为锥柄。手用铰刀的柄部为圆柱形,端部制成方头,以便使用铰手。

2.3.6 磨孔

用砂轮(或其他磨具)对工件内表面进行加工的方法称为磨孔。磨孔可以在内圆磨床上进行,也可以在万能外圆磨床上进行。磨孔的尺寸公差等级可达 IT7~IT9,表面粗糙度值可达到 $Ra\ 0.32\sim5\mu m$。

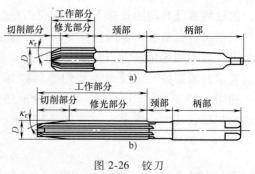

图 2-26 铰刀

a) 机用铰刀 b) 手用铰刀

(1) 磨孔的工艺特点及应用范围　内圆磨削与外圆磨削相比工作条件较差。内圆磨削有以下特点:

1) 砂轮直径受到工件孔径的限制,尺寸较小,损耗快,需经常修整和更换,影响了磨削生产率。

2) 砂轮轴受到工件孔径与长度的限制,刚性差,容易产生弯曲变形与振动,从而影响加工精度和表面粗糙度。

3) 磨削速度低,砂轮直径较小,即使砂轮转速高达每分钟几万转,要达到砂轮圆周速度 25~30m/s 也是十分困难的,因此内圆磨削速度要比外圆磨削低得多,磨削效率较低,表面粗糙度值较大。

4) 砂轮与工件接触面积大,单位面积的压力小,选用较硬的砂轮易发生烧伤,故要采用较软的砂轮。

5) 切削液不易进入磨削区,磨屑排除困难。

虽然内圆磨削有以上缺点,但仍是一种常用的精加工孔的方法,特别是对于淬硬的孔、断续表面的孔(带键槽或花键槽的孔)和长度很短的精密孔。和铰孔或拉孔相比,磨削内孔不仅能保护孔本身的尺寸精度和表面质量,还可以提高孔的位置精度和轴线的直线度精度;用同一个砂轮,可以磨削不同直径的孔,灵活性较大。内圆磨削可以磨削通孔、阶梯孔、孔端面、锥孔及成形表面等。

(2) 普通内圆磨床　内圆磨床的主要类型有普通内圆磨床、无心内圆磨床和行星内圆磨床。普通内圆磨床是生产中应用最广的一种。

磨削时,根据工件的形状和尺寸的不同,可采用纵向磨削法或切入磨削法(见图2-27a、b)。有些普通内圆磨床上备有专门的端磨装置,可在工件一次装夹中磨削内孔和端面(见图2-27c、d),这样不仅容易保证内孔和端面的垂直度,而且生产率较高。

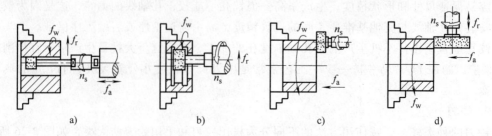

图 2-27 普通内圆磨床的磨削方法

图 2-28 所示为普通内圆磨床外形。它主要由床身、工作台、头架、砂轮架和床鞍等组成。磨削时，砂轮轴的旋转运动为主运动，头架主轴带动工件的旋转运动为圆周进给运动，工作台带动头架完成纵向进给运动，横向进给运动由砂轮架沿床鞍的横向移动来实现。磨锥孔时，需将头架转过相应角度。普通内圆磨床的另一种形式为砂轮架安装在工作台上做纵向进给运动。

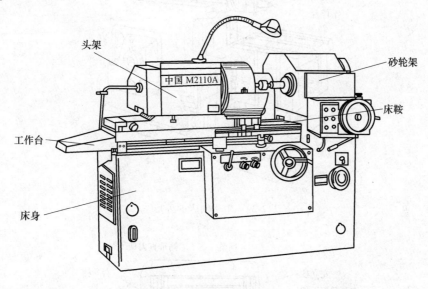

图 2-28　普通内圆磨床的外形

2.4　平面加工

2.4.1　平面加工方法

平面是箱体、盘类零件和板类零件的主要表面之一。根据平面所起的作用不同，可以将其分为非结合面、结合面、导向平面、测量工具的工作平面等。平面加工的方法通常有刨、铣、拉、车、磨及光整加工等。其中，铣、刨为主要加工方法。

2.4.2　刨削与插削

1. 刨插床

刨插床按其结构特征可分为牛头刨床、龙门刨床和插床。

(1) 牛头刨床　牛头刨床主要由床身、滑枕、刀架、工作台、横梁等组成，如图 2-29 所示，因其滑枕和刀架形似牛头而得名。工件用机用平口钳或螺栓压板安装，刀具装在滑枕刀架上，主运动为滑枕带动刀具往复直线运动，进给运动为工作台带动工件沿垂直于主运动方向的间歇运动。

牛头刨床的主参数是最大刨削长度。它适于单件小批生产或机修车间，主要用于中小型工件加工平面、斜面、沟槽。

（2）龙门刨床　图 2-30 所示为龙门刨床的外形，因它有一个龙门式框架而得名。

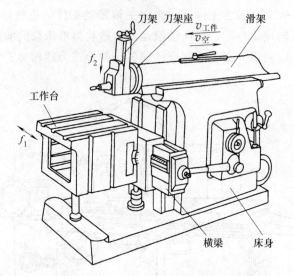

图 2-29　牛头刨床的外形

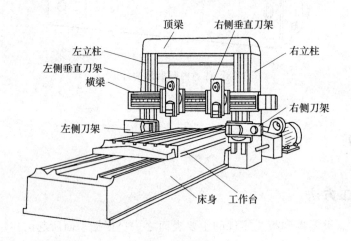

图 2-30　龙门刨床的外形

工件用螺栓压板直接装在工作台或用专门夹具安装，主运动为工作台带动工件的往复直线运动，进给运动为刀具沿垂直于主运动方向的间歇运动。龙门刨床主要用于加工中大型零件的平面和沟槽、斜面等（机座、箱体、支架等大尺寸零件）。

龙门刨床的主参数是最大刨削宽度。与牛头刨床相比，其形体大、结构复杂、刚性好、传动平稳、工作行程长，主要用来加工大型零件和平面，或同时加工若干个中小型零件，其加工精度和生产率都比牛头刨床高。

（3）插床　插床实质上是立式刨床，如图 2-31 所示。加工时，滑枕带动刀具沿立柱导轨做直线往复运动，实现切削过程的主运动。工件安装在工作台上，工作台可实现纵向、横向和圆周方向的间歇进给运动。工作台的旋转运动，除了做圆周进给外，还可以进行圆周分度。滑枕还可以在垂直平面内相对立柱倾斜 0°~8°，以便加工斜槽和斜面。

插床的主参数是最大插削长度，主要用于单件小批生产，适合加工工件的内表面，如方孔、各种多边形孔和键槽等，特别适合加工不通孔或有台阶的内表面。

2. 刨刀

刨削所用的工具是刨刀，常用的刨刀有平面刨刀、偏刀、角度刀切刀、弯切刀和割槽刀等成形刀等，如图 2-32 所示。刨刀的几何参数与车刀相似，但是它切入和切出工件时，冲击很大，容易发生崩刃或扎刀现象。因此刨刀刀杆截面较大，以增加刀杆刚性和防止折断，而且往往做成弯头的（见图 2-33a），这样弯头刨刀切削刃碰到工件上的硬点时，比较容易弯曲变形，而不会像直头刨刀（见图 2-33b）那样使刀尖扎入工件，破坏工件表面和损坏刀具。

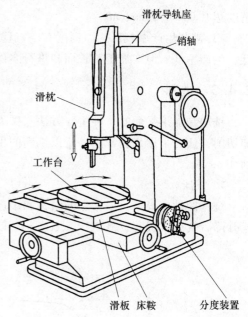

图 2-31 插床的外形

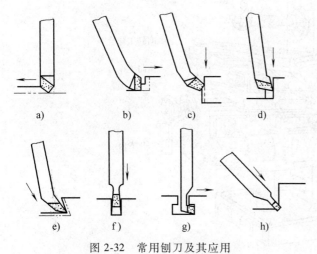

图 2-32 常用刨刀及其应用

a) 平面刨刀 b) 台阶偏刀 c) 普通偏刀 d) 台阶偏刀
e) 角度刀 f) 切刀 g) 弯切刀 h) 割槽刀

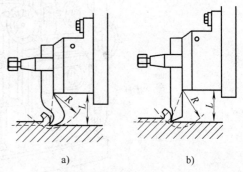

图 2-33 弯头刨刀和直头刨刀

a) 弯头刨刀 b) 直头刨刀

3. 刨削加工的应用范围及工艺特点

刨削主要用于加工平面和直槽，还可用于加工齿条、齿轮、花键，以及母线为直线的成形面等。刨削加工尺寸公差等级一般可达 IT7~IT8，表面粗糙度值可达 $Ra1.6$~$6.3\mu m$。

刨削加工的工艺特点如下：

1）刨床结构简单，调整、操作方便；刀具的制造和刃磨容易，加工费用低。

2）刨削特别适宜加工尺寸较大的 T 形槽、燕尾槽及窄长的平面。

3）刨削加工精度较低。粗刨的尺寸公差等级为 IT11~IT13，表面粗糙度值可达 $Ra12.5\mu m$；精刨后尺寸公差等级可达 IT7~IT9，表面粗糙度值可达 $Ra1.6$~$3.2\mu m$，直线度精度达 0.04~0.08mm/m。

4）刨削生产率较低。因刨削有空行程损失，主运动部件反向惯性力较大，故刨削速度低，生产率低。但在加工窄长面和进行多件和多刀加工时，刨削生产率却很高。

2.4.3 铣削

铣削是加工平面的一种主要方法，铣刀具是典型的多刃刀具，铣削时有几个刀齿同时参加切削，还可采用高速铣削，所以铣削的生产率一般比刨削高，在机械加工中所占比重比刨削大。

1. 铣床

铣床的种类很多，根据它的结构和用途可分为：卧式升降台铣床（简称卧式铣床）、立式升降台铣床（简称立式铣床）、工具铣床和龙门铣床等。

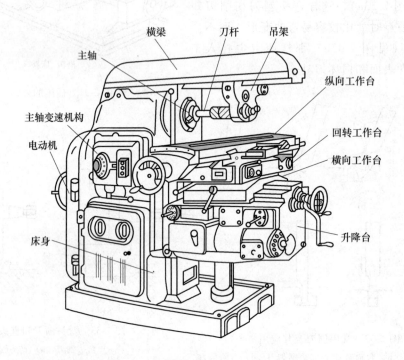

图 2-34 X6132 型卧式万能升降台铣床的外形

（1）卧式升降台铣床　卧式万能升降台铣床是目前应用最广泛的一种铣床，图 2-34 所示为 X6132 型卧式万能升降台铣床的外形。床身固定在底座上。在床身上装有电动机、主轴变速机构及主轴等。床身顶部的导轨上装有横梁，可沿床身的水平导轨移动，以调整其伸出的长度。横梁的上面安装有吊架，用于支承刀杆的悬伸端，以提高刀杆刚性。升降台安装在床身前侧的垂直导轨上，可上下垂直移动。在升降台的横向工作台上装有回转工作台，它唯一的作用是将纵向工作台绕垂直轴在±45°范围内调整一定角度，以便铣削螺旋表面或槽等。纵向工作台安装在回转工作台上的床鞍导轨内，可做纵向移动。横向工作台位于升降台上面的水平导轨上，可带动纵向工作台横向移动。这样，固定在工作台上的工件就可以在三个方向实现任一方向的调整或进给运动。

（2）立式升降台铣床　立式升降台铣床与卧式升降台铣床的主要区别在于其主轴是垂直安装的，可用各种面铣刀或立铣刀加工平面、斜面、沟槽、台阶、齿轮、凸轮，以及封闭轮表面等。图 2-35 所示为立式升降台铣床的外形，其工作台、床鞍及升降台与卧式升降台铣床相同。立铣头可根据加工要求在垂直平面内调整角度，主轴可沿轴线方向进行调整。

（3）工具铣床　图 2-36 所示为 X8126 型万能工具铣床的外形。机床的主要部件有床身、水平主轴头架、立铣头、垂直工作台、升降台。

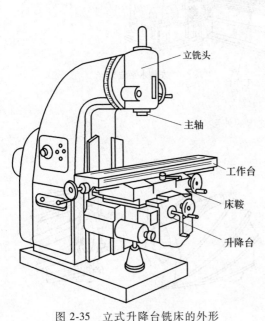

图 2-35　立式升降台铣床的外形

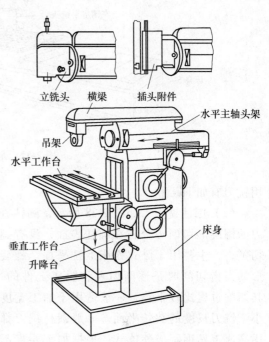

图 2-36　X8126 型万能工具铣床的外形

床身的顶部有水平导轨，水平主轴头架可沿着它移动。可拆卸的立铣头固定在水平主轴头架前面的垂直平面上，能左右偏转 45°，其垂直主轴，可手动轴向进给。当水平主轴工作时，需卸下立铣头，将铣刀心轴装入水平主轴孔中，并用横梁和吊架把铣刀心轴支承起来，就成为卧式铣床。在床身的前面有垂直导轨，升降台可沿着它上升下降。垂直工作台则沿着升降台上面的水平导轨实现纵向进给。垂直工作台前面的垂直平面上，有两条 T 形槽，供安装各种附件之用。

（4）龙门铣床　龙门铣床由于床身两侧有立柱和横梁组成的门式框架而得名，其外形如图 2-37 所示。加工时，工件固定在工作台上做直线进给运动。横梁上的两个垂直铣头可在横梁上沿水平方向调整位置，立柱上的两个水平铣头则可沿垂直方向调整位置。各铣刀的吃刀运动，均可由铣头主轴套筒带动铣刀主轴沿轴向移动来实现。有些龙门铣床上的立铣头主轴可以做倾斜调整，以便铣斜面。

龙门铣床的刚性好，精度较高，可用几把铣刀同时铣削，所以生产率和加工精度都较高，适宜加工大中型或重型工件。

2. 铣刀

通用规格的铣刀已标准化，一般均由专业工具厂生产。铣刀种类很多，按用途分类，常

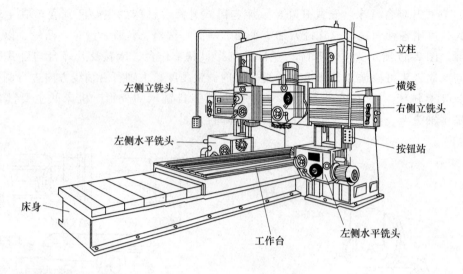

图 2-37 龙门铣床的外形

用铣刀有如下几种：

（1）圆柱铣刀 如图 2-38 所示，圆柱铣刀的螺旋形切削刃分布在圆柱表面，没有副切削刃，主要用于卧式铣床上铣平面。螺旋形的刀齿切削时是逐渐切入和脱离工件的，其切削过程比较平稳，一般适用于加工宽度小于铣刀长度的狭长平面。一般圆柱铣刀都用高速工具钢制成整体式，根据加工要求不同有粗齿、细齿之分。粗齿圆柱铣刀的容屑槽大，用于粗加工，细齿圆柱铣刀的容屑槽小，用于半精加工。圆柱铣刀外径较大时，常制成镶齿式。

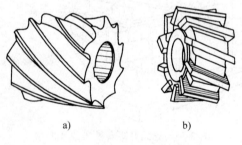

图 2-38 圆柱铣刀
a）整体式 b）镶齿式

（2）面铣刀 如图 2-39 所示，面铣刀的切削刃位于圆柱的端头，圆柱或圆锥面上的刃

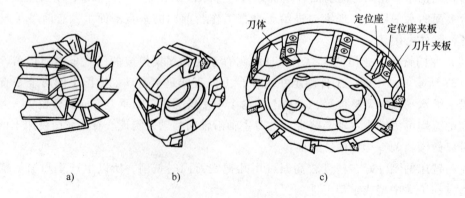

图 2-39 面铣刀
a）整体式面铣刀 b）焊接式硬质合金面铣刀 c）机械夹固式可转位硬质合金面铣刀

口为主切削刃,端面切削刃为副切削刃。铣削时,铣刀的轴线垂直于被加工表面,适用于在立铣床上加工平面。用面铣刀加工平面时,同时参加切削的刃齿较多,又有副切削刃的修光作用,故加工表面的表面粗糙度值较小,因此,可以用较大的切削用量。大平面铣削时都采用面铣刀铣削,生产率较高。小直径面铣刀用高速工具钢做成整体式,大直径面铣刀是在刀体上装焊接式硬质合金刀头,或采用机械夹固式可转位硬质合金刀片。

(3) 立铣刀 立铣刀相当于带柄的、在轴端有副切削刃的小直径圆柱铣刀,因此,即可作为圆柱铣刀用,又可以利用端部的副切削刃起面铣刀的作用。立铣刀如图 2-40 所示,它以柄部装夹在立铣头主轴中,可以铣削窄平面、直角台阶、平底槽等,应用十分广泛。另外,还有粗齿大螺旋角立铣刀、玉米铣刀、硬质合金波形刃立铣刀等,它们的直径较大,可以采用大的进给量,生产率很高。

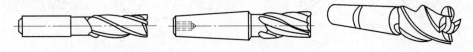

图 2-40 立铣刀

(4) 三面刃铣刀 三面刃铣刀也称盘铣刀,如图 2-41 所示。由于在刀体的圆周上及两侧环形端面上均有切削刃,所以称为三面刃铣刀。它主要用在卧式铣床上加工台阶面和一端或两端贯通的浅沟槽。三面刃铣刀的圆周切削刃为主切削刃,侧面切削刃为副切削刃(只对加工侧面起修光作用)。三面刃铣刀有直齿和交错齿两种,交错齿三面刃铣刀能改善两侧的切削性能,有利于沟槽的切削加工。直径较大的三面刃铣刀常采用镶齿结构,直径较小的三面刃铣刀则往往用高速工具钢制成整体式。

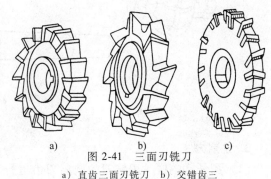

图 2-41 三面刃铣刀

a) 直齿三面刃铣刀 b) 交错齿三面刃铣刀 c) 镶齿结构的三面刃铣刀

(5) 锯片铣刀 如图 2-42 所示,锯片本身很薄,只在圆周上有刀齿,主要用于切断工件和在工件上铣狭槽。为避免夹刀,其厚度由边缘向中心减薄,使两侧形成副偏角。还有一种切口铣刀,它的结构与锯片铣刀相同,只是外径比锯片铣刀小,齿数更多,适用于在较薄的工件上铣狭窄的切口。

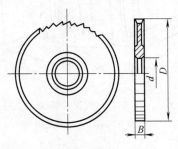

图 2-42 锯片铣刀

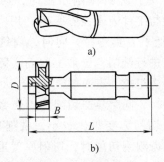

图 2-43 键槽铣刀

a) 普通键槽铣刀 b) 半圆键槽铣刀

（6）键槽铣刀 普通键槽铣刀如图2-43a所示，主要用来铣轴上的键槽。它的外形与立铣刀相似，不同的是它在圆周上只有两个螺旋刀齿，其端面刀齿的切削刃延伸至中心，因此在铣两端不通的键槽时，可以做适量的轴向进给。还有一种半圆键槽铣刀，如图2-43b所示，专用于铣轴上的半圆键槽。

除以上几种铣刀外，还有角度铣刀、成形铣刀、T形槽铣刀、燕尾槽铣刀、仿形铣用的指形齿轮铣刀等，它们统称为特种铣刀，如图2-44所示。

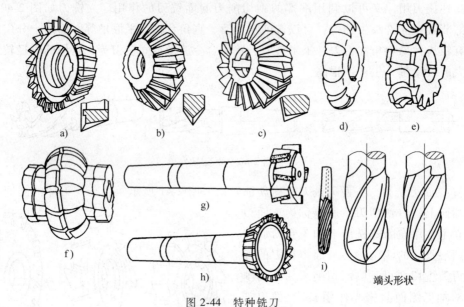

图 2-44 特种铣刀

a)、b)、c)角度铣刀　d)、e)、f)成形铣刀　g)T形槽铣刀　h)燕尾槽铣刀　i)指形齿轮铣刀

3. 铣削方式

（1）周铣和端铣 用铣刀的圆周刀齿进行切削称为周铣，用铣刀的端面齿加工垂直于铣刀轴线的表面称为端铣，如图2-45所示。

周铣对被加工表面的适应性较强，不但适于铣狭长的平面，还能铣削台阶面、沟槽和成形表面等。周铣时，由于同时参加切削的刀齿数较少，切削过程中切削力变化较大，铣削的平稳性较差；刀齿刚刚切削时，切削厚度为零，刀尖与工件表面强烈摩擦（用圆柱铣刀逆铣），降低了刀具寿命。同时，周铣时只有圆周切削刃进行铣削，已加工表面实际上是由无数浅的圆沟组成，表面粗糙度值较大。

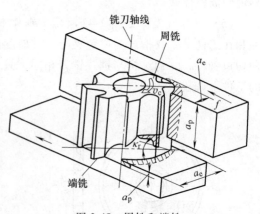

图 2-45 周铣和端铣

a_p—背吃刀量　a_e—侧吃刀量

端铣时，同时参加切削的刀齿数较多，铣削过程中切削力变化比较小，铣削比较平稳；端铣的刀齿刚刚切削时，切削厚度虽小，但不等于零，这就可以减轻刀尖与工件表面强烈摩擦，可以提高刀具寿命。端铣有副切削刃参加

切削,当副偏角 κ'_r 较小时,对加工表面有修光作用,使加工质量好,生产率高。在大平面的铣削中,大多采用端铣。

(2) 顺铣和逆铣 如前所述,铣床在进行切削加工时,进给方向与铣削力 F 的水平分力 F_x 方向相反,称为逆铣;进给方向与铣削力 F 的水平分力 F_x 方向相同,称为顺铣,如图 2-46 所示。顺铣和逆铣的切削过程有不同特点,现以周铣分析它们的区别。

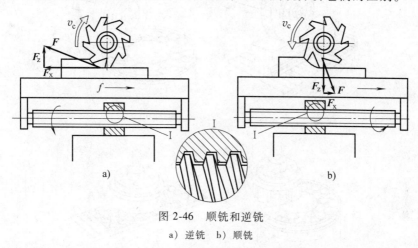

图 2-46 顺铣和逆铣
a) 逆铣 b) 顺铣

1) 铣削厚度的变化。逆铣时刀齿的切削厚度是由薄到厚,开始时侧吃刀量几乎等于零,刀齿不能立刻切入工件,而是在已加工表面上滑行,待侧吃刀量达到一定数值时,才真正切入工件。由于刀齿滑行时对已加工表面的挤压作用,使工件表面的硬化现象严重,影响了表面质量,也使刀齿的磨损加剧。顺铣时刀齿的切削厚度则是从厚到薄,没有上述缺点,但刀齿切入工件时的冲击力很大,尤其工件待加工表面是毛坯或者有硬皮时,更加显著。

2) 切削力方向的影响。逆铣时作用于工件上的垂直切削分力 F_z 向上,有将工件从工作台上挑起的趋势,影响工件的夹紧,铣薄工件时影响更大。顺铣时作用于工件上的垂直切削分力 F_z 向下,将工件压向工作台,对工件的夹紧有利。

逆铣时工件受到的水平分力 F_x 与进给方向相反,丝杠与螺母的传动工作面始终接触,由螺纹副推动工作台运动。顺铣时工件受到水平分力 F_x 与进给方向相同。当铣刀切到材料上的硬点或因切削厚度变化等原因,引起水平分力 F_x 增大,超过工作台进给摩擦阻力时,原是螺纹副推动的运动形式变成了由铣刀带动工作台窜动的运动形式,引起进给量突然增加。这种窜动现象不但会引起啃刀,损坏加工表面,严重时还会使刀齿折断、刀杆弯曲或使工件与夹具移位,甚至损坏机床,而使用有间隙机构的铣床,如 X6132 型卧式万能升降台铣床,就不会出现上述现象。

综上所述,若切削用量较小,工件表面没有硬皮,铣床有间隙调整机构,采用顺铣较有利。但一般情况下,由于很多铣床没有间隙调整机构,还是采用逆铣为宜。

2.4.4 平面的精密加工

当平面加工尺寸公差等级在 IT5~IT7 范围内,直线度精度为 0.01~0.03mm,表面粗糙度值低于 $Ra0.8\mu m$ 时,就属于平面的精密加工范围。常见的平面精密加工方法有平面磨削、平面刮研、平面研磨及平面抛光等。

1. 平面磨削

平面磨削加工尺寸公差等级可达 IT5~IT7，表面粗糙度值为 $Ra0.2~0.8\mu m$。

（1）平面磨削方式　常见的平面磨削方式有四种，如图 2-47 所示。

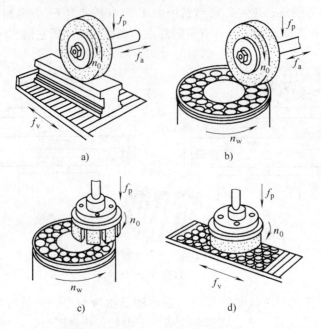

图 2-47　平面磨削方式
a）卧轴矩台平面磨床磨削　b）卧轴圆台平面磨床磨削
c）立轴圆台平面磨床磨削　d）立轴矩台平面磨床磨削

图 2-47a、b 所示为利用砂轮的圆柱面进行磨削（即周磨）。图 2-47c、d 所示为利用砂轮的端面进行磨削（即端磨），砂轮直径通常大于矩形工作台的宽度和圆形工作台的半径，所以无须横向进给。

周磨时，砂轮与工件的接触面积小，且排屑和冷却条件好，工件发热小，磨粒与磨屑不易落入砂轮与工件之间，因而能获得较高的加工质量，适合于工件的精磨。但因砂轮主轴悬伸，刚性差，不能采用较大的磨削用量，且周磨过程中同时参加磨削的磨粒少，所以生产率较低。

端磨时，磨床主轴受压力，刚性好，可以采用较大的磨削用量。另外，砂轮与工件的接触面积大，同时参加切削的磨粒多，因而生产率高。但由于端磨过程中发热量大，冷却、散热条件差，排屑困难，所以加工质量较差。端磨适于粗磨。

（2）平面磨床　图 2-48 所示为卧轴矩台平面磨床。其中，图 2-48a 所示为砂轮架移动式，工作台只做纵向往复运动，而由砂轮架沿床鞍上的燕尾形导轨移动来实现周期的横向进给运动；床鞍和砂轮架一起可沿立柱的导轨垂直移动，完成周期的垂直进给运动。图 2-48b 所示为十字导轨式，工作台安装在床鞍上。工作台除了做纵向往复运动外，还随床鞍一起沿床身的导轨做周期的横向进给运动，而砂轮架只做垂直周期进给运动。在这类平面磨床上，工作台的纵向往复运动和砂轮架的横向周期进给运动一般都采用液压传动，而砂轮架的垂直进给运动通常是手动的。为了减轻工人的劳动强度和节省辅助时间，有些机床配有快速升降机构，用以实现砂轮架的快速机动调位运动。砂轮主轴采用内连电动机直接传动。

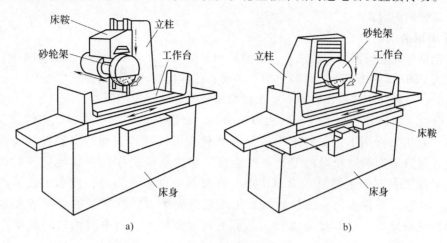

图 2-48 卧轴矩台平面磨床

（3）平面磨削的工艺特点及应用　和外圆磨床、内圆磨床相比，平面磨床的工作运动简单，机床结构简单，加工系统刚性好，容易保证加工精度。与铣平面、刨平面相比，平面磨削更适合于精加工。它能加工淬硬工件，以修正热处理变形，且能以最小限度的余量加工带黑皮的平面，而铣、刨、拉带硬皮表面的工件，其切削深度都必须大于黑硬皮的深度。

2. 平面刮研

刮研是利用刮刀在工件表面刮去一层很薄金属的一种光整加工方法，一般在精刨之后进行。刮研平面的直线度精度可达 0.01mm/m，甚至可达 0.0025~0.005mm/m，表面粗糙度值为 $Ra0.1~0.8\mu m$。

（1）平面刮研的方法　刮研时，先将工件均匀涂上一层红丹油（极细的氧化铁或氧化铝与机油的调和剂），然后与标准平板或平尺贴紧推磨，将工件上显示出的高点用刮刀逐一刮去。重复多次即可使工件表面的接触点增多，并均匀分布，从而获得较高的形状精度和较小的表面粗糙度值。

刮研可分为粗刮研、细刮研和精刮研。粗刮研主要是为除去铁锈、加工痕迹，以免推磨时刮伤标准平板或平尺，粗刮研一般要求每 25mm×25mm 面积上显示 4~5 个高点；细刮研一般要求每 25mm×25mm 面积上显示 12~13 个高点；精刮研则要求显示出 20~25 个高点。刮研余量一般为 0.1~0.4mm，面积小的取小值，面积大的取大值。当工件刚性差、易变形时，刮研余量可取大些。

（2）平面刮研的工艺特点及应用

1) 刮研精度高，方法简单，不需复杂的设备和工具，常用于加工各种机床的导轨面及检验平板。

2) 刮研劳动强度大，操作技术高，生产率低，常用于单件小批生产及修理车间。在批量生产中刮研多被磨削所代替，但对于难以用上述方法达到的高精度平面或者是需要良好润滑条件的平面，如精密机床导轨、标准平板、平尺等，仍需采用刮研。

3) 刮研后的表面实际由许多微小凸面（点）所组成，其凹部可储存润滑油，使滑动配合面具有良好的润滑条件。

3. 平面研磨

研磨也是平面光整加工方法之一。研磨后两平面间的尺寸公差等级可达 IT4~IT5，表面粗糙度值为 $Ra0.025~0.4\mu m$。研磨小型平面后，还可提高其形状精度。

研磨时，一般使用铸铁、青铜等比工件材料软的金属制成的研具，研具工作面应与工件表面形状吻合，在研具和加工表面间加以研磨剂。研磨剂由很细的磨料、润滑油及化学添加剂组成。在压力作用下，研磨剂中的部分磨粒会嵌入研具表面，当研具与工件相对运动时，嵌入研具表面的磨粒对加工表面产生挤压和微量切削作用。其他呈游离状态的磨料微粒则对加工表面产生刮研、滚擦作用。研磨剂中含有硬脂酸，使加工表面产生很薄的较软的氧化膜，工件表面上凸起处的氧化膜被首先磨去，然后新的金属表面很快又被氧化，继而又被磨掉。如此反复进行，凸起处被逐渐磨平。研磨时的这一化学作用加快了研磨过程。

研磨常用来加工小型平板、平尺及量块的精密测量平面。在单件小批生产中常用手工研磨，在大批量生产中则采用机器研磨。

4. 平面抛光

抛光是利用高速旋转的、涂有抛光膏的软质抛光轮对工件进行光整加工的方法。

抛光轮用帆布、皮革、毛毡制成，工作时线速度达 30~50m/s。根据被加工工件的材料在抛光轮上涂以不同的抛光膏。抛光膏中的硬脂酸使加工表面生成较软的氧化膜，可加速抛光过程。

抛光设备简单，生产率高，由于抛光轮是弹性体，因此还可用于抛光曲面。通过抛光加工，使加工表面可获得表面粗糙度值为 $Ra0.01~0.1\mu m$，光亮度也明显提高。但是抛光不能改善加工表面的尺寸精度。

2.5 齿轮加工

齿轮加工的关键是齿轮轮齿齿形的加工，可分为切削加工和无切屑加工。无切屑加工生产率高，材料消耗少，成本低，但受材料塑性和加工精度影响。无切屑加工的方法主要有热轧（冷轧）、浇铸、精锻、粉末冶金、冷挤、注塑等。而齿轮的切削加工能得到较高的齿形精度和较小的轮齿表面粗糙度值，是目前齿轮加工的主要方法。尽管齿轮的切削加工方法很多且各有特点，但就其加工原理而言，只有成形法和展成法两类。

2.5.1 齿轮加工的特点和应用

按成形法原理加工圆柱齿轮时，切削刃的形状与被加工齿轮的齿槽横截面积形状相同。这种成形刀具一般有单齿廓成形铣刀和多齿廓齿轮推刀或齿轮拉刀几种。

展成法加工是把刀具与工件模拟一对齿轮或齿轮与齿条啮合运动（展成运动），在啮合过程中，刀具齿形的运动轨迹逐步包络出工件的齿形。刀具切削刃的形状与被加工齿轮的齿槽横截面形状并不相同，其切削刃渐开线廓形仅与刀具本身的齿数有关，与被加工齿轮的齿数无关。因此，可用同一把刀具加工相同模数、相同压力角而不同齿数的齿轮，还可以加工变位齿轮。展成法加工齿轮的精度较高、生产率也较高，但需要有专用的机床设备和专用刀具。一般加工齿轮的专用机床构造较复杂，传动机构较多，设备费用高。

利用展成法原理加工齿形的方法很多，各种方法所使用的刀具及机床均不相同，其加工齿轮的精度及适用范围也不相同。最常用的齿轮加工方法为滚齿和插齿。滚齿通常用的刀具为齿轮滚刀，机床为滚齿机，能加工6~8级精度的齿轮，生产率较高，通用性较大，除加工直齿、斜齿的外啮合圆柱齿轮外，还可加工蜗轮。插齿用刀具为插齿刀，机床为插齿机，通常能加工7~9级精度的齿轮。生产率较高，通用性大，适于加工内、外啮合的直齿圆柱齿轮、多联齿轮、齿条等。齿轮的精加工常用剃齿、珩齿和磨齿，齿轮精度可达4~7级，甚至更高，其中磨齿生产率较低，加工成本较高，但能达到的齿轮精度最高。

展成法加工齿轮适用于各种生产类型中加工精度要求较高的齿轮，是目前齿轮加工的主要方法。下面分别介绍常用的展成法加工齿轮的原理、设备、刀具和加工方法。

2.5.2 滚齿加工

滚齿是齿轮加工方法中应用最广泛的一种，因为它具有通用性好、生产率高、加工质量好等优点，目前往往为工艺人员首选的齿轮加工方法。

1. 滚齿加工原理

图2-49a所示为滚齿加工示意图。滚齿加工时，齿轮滚刀所做的高速旋转运动B_{11}为主运动，工件与齿轮滚刀按一定严格比例所做的旋转运动B_{12}为展成运动。此外，齿轮滚刀还要沿工件的轴向做垂向进给运动A_2。

滚切过程中，工件上的渐开线齿形是由齿轮滚刀参与切削的若干刀齿连续位置的包络线形成的，如图2-49b所示。由于在形成一个齿槽的过程中，参与切削的刀齿数是有限的，因此构成的渐开线不是一条光滑的曲线，而是由若干条折线组成的。与理想的渐开线相比，工件存在着齿形包络误差e，参与切削的刀齿数越多，包络误差的值越小。从图中可以看出参与切削的各刀齿切下的切屑的大小、形状均不相同，各刀齿上的顶刃和侧刃的切削面积与载荷也各不相同。

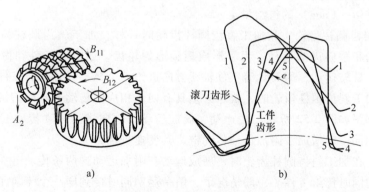

图2-49 滚齿加工示意图及齿形曲线的形成
a) 滚齿加工示意图　b) 齿形曲线的形成

用齿轮滚刀加工齿轮的原理，相当于假想齿条与齿轮相啮合。将其中的齿条做成具有切削能力的齿条刀具，而被切齿轮毛坯作为与齿条刀具相啮合的齿轮。齿条与齿轮啮合传动要求齿条每移动一个齿距$p=\pi m$时，齿轮毛坯的分度圆也相应转过一个齿距为p的弧长。实际上，齿条刀具长度有限，不能完成全部齿的加工，因此采用类似蜗杆形齿轮滚刀。

齿轮滚刀在其螺旋线法向剖面上的刀齿相当于一根齿条。当滚刀连续转动时，就相当于齿条刀具在连续移动。滚刀转一转，相当于齿条刀具移动一个齿距，使齿轮毛坯相应地转过一个齿距，如图 2-50 所示。

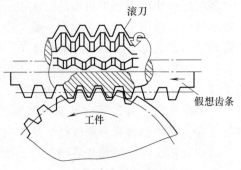

图 2-50　滚刀切齿原理

（1）加工直齿圆柱齿轮　根据展成法滚齿的原理，用滚刀加工齿轮时，除具有切削工作所需的运动外，还必须严格保持滚刀与工件之间的运动关系，这是切制出正确齿形的必要条件。因此，滚齿机在加工直齿圆柱齿轮时的工作运动有：

1）主运动。即滚刀的旋转运动 $n_刀$（r/min），它取决于合理的切削速度 v_c（m/min）和滚刀直径 $D_刀$（mm）。当已知切削速度 v_c 和滚刀直径 $D_刀$ 时，可确定滚刀的转速 $n_刀$ 为

$$n_刀 = \frac{1000v_c}{\pi D_刀}$$

2）展成运动。即滚刀与工件之间的啮合运动。两者应准确地保持一对啮合齿轮的传动比关系。如果滚刀头数为 k，工件齿数为 z，则滚刀转一转，工件应转过 k/z 转。

3）垂向进给运动。即滚刀沿工件轴线方向做连续的进给运动，进而在工件整个齿宽上切出齿形。其传动关系是工件每转一转，滚刀沿工件轴线方向进给 f（mm/r）。

除上述三种运动外，还需沿工件径向手动调整切齿深度，以便切出齿形全齿高。

滚齿机加工直齿圆柱齿的传动原理图如图 2-51 所示。主运动传动链的两端件为电动机和滚刀，滚刀的转速可通过改变 u_v 的传动比进行调整。展成运动传动链两端件为滚刀和工作台（工件），通过调整 u_c 的传动比，保证滚刀转一转，工件转 k/z 转，以便实现展成运动。垂向进给传动链的两端件为工件和滚刀，通过调整 u_f 的传动比，使工件转一转时，滚刀沿工件轴向进给 f（mm）的进给量。

（2）加工斜齿圆柱齿轮　和加工直齿圆柱齿轮时一样，加工斜齿圆柱齿轮同样需要主运动、展成运动和垂向进给运动。为了形成螺旋形的轮齿，还需要工件在做展成运动的同时，再附加一个旋转运动，即刀具沿工件轴线方向进给一个螺旋线导程，工件应均匀地转一转。所以，在加工斜齿圆柱齿轮时，机床必须具有四条相应的传动链。滚齿机加工斜齿圆柱齿轮的传动原理图如图 2-52 所示，主运动、展成运动、垂向进给运动传动链与加工直齿圆柱齿轮时基本相同，但增加了附加运动传动链，其变速机构为 u_t。

应当指出，在加工斜齿圆柱齿轮时，展成运动和附加运动这两条传动链需要将两种不同要求的旋转运动同时传给工件。一般情况下，两个运动同时传到同一个传动元件上，运动会发生干涉而破坏该传动元件。所以，在滚齿机上没有把两个任意方向和大小的转动同时传给工作台，而是经运动合成机构（见图 2-52 中 Σ）进行合成后才传给工作台。

2. Y3150E 型滚齿机

滚齿机的型号很多，其中 Y3150E 型滚齿机是应用较为普遍的一种，它适用于加工直齿和斜齿圆柱齿轮，并可用于手动径向进给加工蜗轮等。

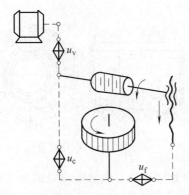
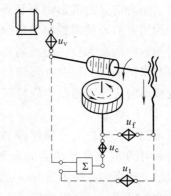

图 2-51　滚齿机加工直齿圆柱齿轮的传动原理图　　图 2-52　滚齿机加工斜齿圆柱齿轮的传动原理图

Y3150E 型滚齿机的外形如图 2-53 所示，机床主要由床身、前立柱、刀架溜板、刀架体、后立柱和工作台等部件组成。前立柱固定在床身上。刀架溜板带动刀架体可沿立柱导轨做垂向进给运动或快速移动。滚刀安装在刀杆上，由刀架体的主轴带动做旋转主运动。滚刀架绕自己的水平轴线转动，以便调整滚刀的安装角度。工件装夹在工作台的心轴上或直接装夹在工作台上，随同工作台上一起做旋转运动。工作台和后立柱装在床鞍上，可沿床身的水平导轨移动，以便调整工件的径向位置或作手动径向进给运动。后立柱上的支架可通过轴套或顶尖支承心轴的上端，以便提高滚切工作的平稳性。

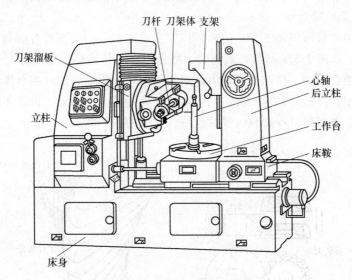

图 2-53　Y3150E 型滚齿机的外形

3. 齿轮滚刀

齿轮滚刀是一个蜗杆状刀具，在其圆周上等分地开有若干垂直于蜗杆螺旋线方向（或平行于滚刀轴线方向）的沟槽，经过齿形铲背，使刀齿具有正确的齿形和后角 α_o，再加以淬火和刃磨前面，就形成了一把齿轮滚刀，如图 2-54 所示。

齿轮滚刀由若干圈齿组成，每个刀齿都有一个顶刃和左右两个侧刃，顶刃和侧刃都具有一定的后角。刀齿的两个侧刃分布在螺旋面上，这个螺旋面所构成的螺杆称为滚刀的基本蜗杆。

加工渐开线齿轮所用的滚刀，其基本蜗杆理应是渐开线基本蜗杆，但由于渐开线基本蜗杆的轴向、法向剖面的齿形都不是直线形状的,这给滚刀的加工制造及精度控制带来困难。实际生产中,需采用轴向剖面为直线形的阿基米德基本蜗杆滚刀即阿基米德滚刀,以及在齿形任意法向剖面中具有直线齿形的法向直廓基本蜗杆滚刀即法向直廓滚刀。

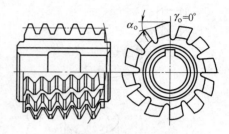

图 2-54 齿轮滚刀

阿基米德蜗杆和法向直廓蜗杆的制造及检验都比渐开线蜗杆方便,虽然两者的齿形有造形偏差,使用它们加工出来的齿轮齿形有一定的误差,但这一误差很小,不致影响齿轮的加工精度。

标准的齿轮滚刀一般采用阿基米德滚刀。模数为 1~10mm 的标准齿轮滚刀一般用高速工具钢整体制造,均用零度前角直槽,它的主要优点是制造、刃磨、检验方便。大模数的标准齿轮滚刀一般可用镶齿式结构,可节省高速工具钢材料,并且因为镶齿滚刀刀片锻造方便,金相组织细化、热处理易于保证质量,因而这种滚刀切削性能好,刀具寿命高。

齿轮滚刀有 AA、A、B、C 四种精度等级。大致上 AA 级滚刀可用于加工 6~7 级精度的齿轮;A 级滚刀可加工 7~8 级精度的齿轮;B、C 级滚刀分别用于加工 8~9 级和 9~10 级精度的齿轮。

2.5.3 插齿加工

插齿主要用于加工直齿圆柱齿轮,尤其适用于加工不能滚齿加工的内齿轮和多联齿轮。

1. 插齿原理及所需运动

插齿也是按展成法原理加工齿轮的。插齿刀实质上是一个端面磨有前角,齿顶及齿侧均磨有后角的齿轮,如图 2-55a 所示。插齿时,插齿刀沿工件轴向做直线往复运动,刀具和工件毛坯做无间隙啮合运动,在工件毛坯上渐渐切出齿轮的齿形,这一啮合传动过程称为展成运动。加工过程中,刀具每往复一次,仅切出工件齿槽的一小部分,齿形曲线是在插齿刀切削刃多次切削中,由切削刃各瞬时位置的包络线形成的,如图 2-55b 所示。

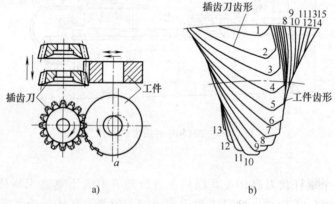

图 2-55 插齿加工原理示意图及齿形曲线的形成
a) 插齿加工 b) 齿形曲线的形成

加工直齿圆柱齿时,插齿加工应具如下的运动:

(1) 主运动 插齿加工的主运动是插齿刀沿工件轴线所做的直线往复运动。刀具垂直向下运动为工作行程，向上运动为空行程。主运动以插齿刀每分钟的往复行程次数表示，即双行程次数/min。

（2）圆周进给运动 圆周进给运动是插齿刀绕自身轴线的旋转运动，旋转速度的快慢决定了工件转动的快慢，也直接关系到插齿刀的切削载荷、被加工齿轮的表面质量、生产率和插齿刀的使用寿命等。圆周进给量用插齿刀每往复行程一次、刀具在分度圆上所转过的弧长表示，单位为 mm/一次双行程。

（3）展成运动 加工过程中，插齿刀和工件必须保持一对圆柱齿轮的无间隙运动的啮合关系，即插齿刀转过一个齿时，工件也必须转过一个齿。工件与插齿刀所做的啮合旋转运动即为展成运动。

（4）径向切入运动 为了避免插齿刀因切削载荷过大而损坏刀具和工件，工件应逐渐地向插齿刀做径向切入。当工件被插齿刀切入全齿深时，径向切入运动停止，工件再旋转一整转，便能加工出全部完整的齿形。径向进给量是以插齿刀每往复行程一次、工件径向切入的距离来表示的，单位为 mm/一次双行程。

（5）让刀运动 插齿刀空程向上运动时，为了避免擦伤工件齿面和减少刀具磨损，刀具和工件间应让开约 0.5mm 的距离，而在插齿刀向下开始工作行程之前，又迅速恢复到原位，以便刀具进行下一次切削，这种让开和恢复原位的运动称为让刀运动。让刀运动可以由装夹工件的工作台移动来实现，也可由刀具主轴摆动得到。由于工作台的惯量比刀具主轴大，让刀运动产生的振动大，不利于提高切削速度，所以普遍采用刀具主轴摆动来实现让刀运动。

2. Y5132 型插齿机

Y5132 型插齿机的外形如图 2-56 所示。它主要由床身、立柱、刀架、主轴、工作台、床鞍等部件组成。立柱固定在床身上，插齿刀安装在刀具主轴上，工件装夹在工作台上，床鞍可沿床身导轨做工件径向切入进给运动及快速接近或快退运动。

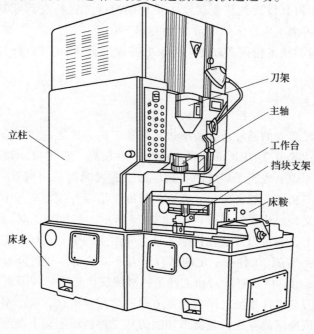

图 2-56 Y5132 型插齿机的外形

3. 插齿加工方法

用 Y5132 型插齿机加工直齿圆柱齿轮时，插齿刀与工件一方面做展成运动，同时，工件要相对于插齿刀连续做径向切入运动，直至全齿深时刀具与工件再继续对滚至工件转完一转，全部轮齿就切削完毕，这种方法称为一次切入法。除此之外，也有采用二次或三次切入法的。用二次切入法时，第一次切入量为全齿深的 90%，在第一次切入结束时，径向切入运动停止，工作和插齿刀对滚至工件转完一转，完成粗插齿加工，再进行第二次切入，此时，径向切入运动连续进行，直到全齿深时，插齿刀和工件再对滚至工件转完一转，完成精插齿加工。三次切入法和二次切入法类似，只是第一次切入量为全齿深的 70%，第二次切入量为全齿深的 27%，第三次切入量为全齿深的 3%。

4. 插齿加工的特点

插齿加工和滚齿加工比较，有如下特点：

1）插齿刀的齿形没有近似造形偏差，刀齿可通过高精度的磨齿机磨削获得精确的渐开线齿形，因此，插齿加工的齿形精度高。

2）插齿时，插齿刀是沿轮齿的全长连续地切下切屑；而滚齿时，滚刀切削刃每次只在轮齿长度方向上切出一小段齿形，整个齿长是由滚刀多次断续切削而成。所以，插齿加工获得的表面粗糙度值较小。

3）滚齿时，工件同一齿廓的渐开线是由较少数目（滚刀圆周齿数）的折线包络而成的，齿形精度不高。而插齿时，可通过减少圆周进给量来增加形成渐开线齿形包络线的折线数量，从而提高工件的齿形精度及减小表面粗糙度值。

4）由于插齿刀本身制造时的齿距累积误差、刀具的安装误差及插齿机上带动插齿刀旋转的蜗轮的齿距误差，使插齿刀旋转时会出现较大的转角误差。因此，插齿加工的公法线长度变动量比滚齿加工要大。

5）插齿时，由于刀具做直线往复运动，使切削速度的提高受到限制，并且有空行程，因此一般情况下，插齿加工生产率低于滚齿加工生产率。

6）插齿加工斜齿圆柱齿轮很不方便，必须更换成倾斜导轨，辅助时间较长，并且插齿不能加工蜗轮。

2.5.4 剃齿加工

剃齿加工是对未经淬火的圆柱齿轮齿形进行精加工的方法之一。剃齿精度一般可达 6~7 级，表面粗糙度值可达 $Ra0.2~0.8\mu m$。剃齿的生产率很高，在成批、大量生产中得到广泛的应用。剃齿加工在原理上也属于展成法。剃齿加工的展成运动相当于一对螺旋齿轮啮合。剃齿刀实质上是一个高精度的螺旋齿轮。在它的齿面上沿渐开线方向开出一些梳形槽，这些梳形槽侧面与齿面的交棱形成了切削刃，如图 2-57a 所示。剃齿加工时，工件装夹在机床上的两顶尖之间的心轴上，剃齿刀安装在机床主轴上并由主轴带动旋转，实现主运动。剃齿刀轴线与工件轴线成一夹角 β，工件在一定的啮合压力下被带动，与剃齿刀做无侧隙的自由啮合运动，如图 2-57b 所示。由于剃齿刀和工件是一对螺旋齿轮啮合，因而在啮合点处的速度方向不一致，使剃齿刀与工件齿面之间沿齿宽方向产生相对滑动，这个滑动速度 $v_{At}=v_A sin\beta$ 就是切削速度，由于该速度的存在，使梳形切削刃从工件齿面上切下微细的切屑。为了使工件齿形的两侧能获得相同的剃削效果，剃齿刀在剃齿过程中，应交替变换转动方向。

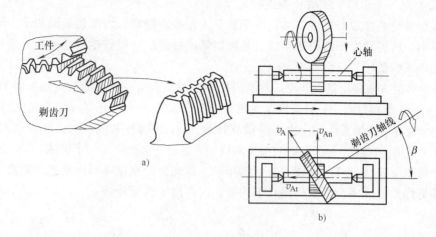

图 2-57 剃齿刀及剃齿原理
a) 剃齿刀　b) 剃齿原理

剃齿加工时，为了剃齿形的全宽，工作台必须做纵向往复运动。工作台每次单向行程后，剃齿刀反转，工作台反向，剃削齿轮的另一侧面。工作台双向行程后，剃齿刀沿工件径向间歇进给一次，逐渐剃去齿面的余面。

剃齿可加工直齿、斜齿圆柱齿轮，也可以加工多联齿轮。

2.5.5 磨齿加工

磨齿加工主要用于高精度齿轮或淬硬齿轮齿形的精加工，齿轮的精度可达 6 级以上。按齿形的形成方法，磨齿也有成形法和展成法两种，但大多数磨齿均为展成法。

1. 连续分度展成法磨齿原理

连续分度展成法磨齿是利用蜗杆形砂轮来磨削齿轮轮齿的，其工作原理和滚齿相同，如图 2-58 所示，其轴向进给运动一般由工件完成。由于在加工过程中，蜗杆形砂轮是连续地磨削工件的齿形，所以其生产率是最高的。这种磨齿方法的缺点是砂轮修磨困难，不易达到较高的精度，磨削不同模数的齿轮时需要更换砂轮；各传动件转速很高，机械传动易产生噪声，磨损较快。连续分度展成磨齿方法适用于中小模数齿轮的成批和大量生产。

2. 单齿分度展成法磨齿原理

单齿分度展成法磨齿根据砂轮形状不同有锥形砂轮磨齿和碟形砂轮磨齿两种方法。它们的工作原理都是利用齿条和齿轮的啮合原理来磨削齿轮的。磨齿时被加工齿轮每往复滚动一次，完成一个或两个齿面的磨削。因此，须经多次分度及加工才能完成全部齿轮齿面的加工。双片碟形砂轮磨齿是用两个碟形砂轮的端平面来形成假想齿条的两个齿侧面，如图 2-59a 所示，同时磨削齿槽的左右齿面。磨削过程中，主运动为砂轮的高速旋转运动 B_1；工件既做旋转运动 B_{31}，同时又做直线往复移动 A_{32}，工件的这两个运动就是形成渐开线齿形所需的展成运动。为了磨削整个齿轮宽度，工件还需要做轴向进给运

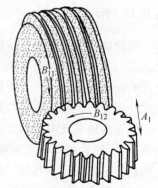

图 2-58 蜗杆形砂轮磨齿

动 A_2；在每磨完一个齿后，工件还需进行分度。

双片碟形砂轮磨齿加工精度较高，由于砂轮工作棱边很窄，磨削接触面积小，磨削力和磨削热都很小，磨齿精度最高可达 4 级，是磨齿精度最高的。但砂轮刚性较差，磨削用量受到限制，生产率较低。

锥形砂轮磨齿方法是用锥形砂轮的两侧面来形成假想齿条一个齿的两齿侧来磨削齿轮的，如图 2-59b 所示。磨削过程中，砂轮除了做高速旋转主运动 B_1 外，还做纵向直线往复运动 A_2，以便磨出整个齿宽。其展成运动是由工件做旋转运动 B_{31} 的同时又做直线往复运动 A_{32} 来实现的。工件往复滚动一次磨完一个齿槽的两侧面后，再进行分度磨削下一个齿槽。

锥形砂轮刚度较高，可选用较大的切削用量，因此生产率比碟形砂轮磨齿要高。但锥形砂轮形状不易修整得准确，磨损较快且不均匀，因而加工精度较低。

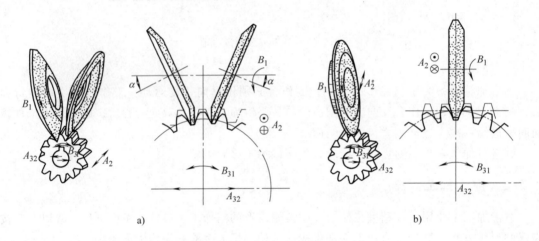

图 2-59　单齿分度展成法磨齿原理
a) 碟形砂轮磨齿原理　b) 锥形砂轮磨齿原理

2.5.6　珩齿加工

珩齿加工是对淬硬齿轮齿形进行精加工的一种方法。它主要用于去除热处理后齿面上的氧化皮、减小轮齿表面粗糙度值，从而降低齿轮传动的噪声。

珩齿所用的刀具——珩轮是一个含有磨料的螺旋齿轮。珩齿的运动与剃齿相同。珩齿加工时，珩轮与工件在自由啮合中，靠齿面间的压力和相对滑动，由磨料进行切削。

珩轮由轮坯及齿圈构成，如图 2-60 所示。轮坯为钢质，齿圈部分是用磨料（氧化铝、碳化硅）、结合剂（环氧树脂）和固化剂（乙二胺）浇注而成的，结构与磨具相似，只是珩齿的切削速度远低于磨削，但大于剃齿。因此，珩齿过程实际上是低速磨削，修正误差的能力较差。珩齿后的表面粗糙度值为 $Ra0.16 \sim 1.25 \mu m$。

在大批量生产中，广泛应用蜗杆形珩轮珩齿，如图 2-61 所示。珩轮外形类似于一个大直径蜗杆，其直径为 $\phi 200 \sim \phi 500mm$，齿形在螺纹磨床上精磨到 5 级以上。由于其齿形精度高，珩削速度高，所以对工件误差的修正能力较强，特别是对工件的齿形误差、基节偏差及齿圈径向跳动误差都能进行较好的修正。可将齿轮从 8~9 级精度直接珩齿到 6 级精度，因此有可能取消珩前剃齿工序。

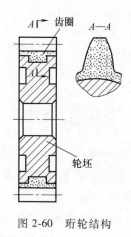

图 2-60 珩轮结构

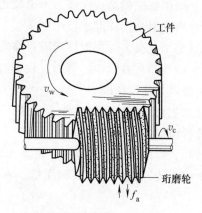

图 2-61 蜗杆形珩轮珩齿

2.6 磨削加工

2.6.1 磨削的特点与应用

所有以磨料磨具如砂轮、砂带、磨石、研磨剂等为工具进行切削加工的机床都属于磨削类机床，凡是在磨床上用砂轮等磨具磨料对工件进行切削，使其在形状、精度和表面粗糙度等方面能满足预定要求的加工方法统称为磨削加工。

磨削加工方式很多，如外圆磨削、内孔磨削、平面磨削、成形磨削、螺纹磨削、齿轮磨削等，如图 2-62 所示。几乎各种表面都可用磨削进行加工。

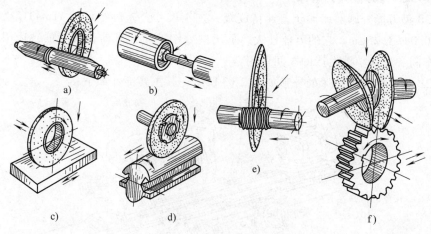

图 2-62 磨削加工方式

a）外圆磨削 b）内孔磨削 c）平面磨削 d）成形磨削 e）螺纹磨削 f）齿轮磨削

磨削加工与其他切削方法如车削、铣削等比较，具有以下一些特点：

1）能获得很高的加工精度，通常尺寸公差等级可达 IT5~IT6，表面粗糙度值可达 $Ra0.32~1.25\mu m$；高精度外圆磨床的精密磨削尺寸精度可达 $0.2\mu m$，圆度精度可达 $0.1\mu m$，表面粗糙度值可控制到 $Ra0.01\mu m$。

2）磨削加工的适应性强，不论软硬材料均能磨削。

3）磨削时切削深度小，切削量小，但径向切削力较大，影响加工精度。

4）磨削速度大，磨削区温度可高达 800~1000℃，易引起零件的变形和组织的变化。

5）砂轮具有自锐性。磨削过程中磨钝的磨粒在磨削力的作用下会不断破碎并脱落，露出锋利刃口并继续切削。

磨削主要用于对机器零件、刀具、量具等进行精加工。经过淬火的零件，一般只能用磨削来进行精加工。

另外，磨削加工也可以用于粗加工，如粗磨工件表面，切除钢锭和铸件上的硬皮，清理锻件上的飞边，打磨铸件上的浇口、冒口等；也可以用薄片砂轮切断管料及各种硬度高的型材。

由于现代机器上零件的精度要求不断提高，表面粗糙度值要求越来越低，很多零件必须用磨削来进行最后精加工，所以磨削在现代机器制造中占有很大比重。而且随着精密毛坯制造技术的发展和高速磨削方法的应用，使某些零件不需经其他切削加工，而直接由磨削加工完成，这将使磨削加工在大批量生产中得到广泛的应用。

2.6.2 磨床

磨床的种类很多，根据用途不同，可分为外圆磨床、内圆磨床、平面磨床、螺纹磨床、齿轮磨床、导轨磨床和工具磨床等。以上各类磨床，由于磨削方式及使用上的万能性不同，每一类还可分为很多品种，如外圆磨床还可细分为万能外圆磨床、普通外圆磨床、无心外圆磨床等。此外，还有为数很多的专门化磨床，如花键轴磨床、曲轴磨床、轧辊磨床等，它们只能加工一种类型的零件。磨床的详细分类可参阅机床型号编制表。

1. M1432B 型万能外圆磨床

M1432B 型万能外圆磨床属于普通精度级，加工尺寸公差等级可达 IT6~IT7，表面粗糙度值达 $Ra0.08~1.25\mu m$。它的万能性大，但磨削效率不高，自动化程度低，适用于工具车间、机修车间和单件小批生产的车间使用。

M1432B 型万能外圆磨床的外形如图 2-63 所示，其主要部件如下：

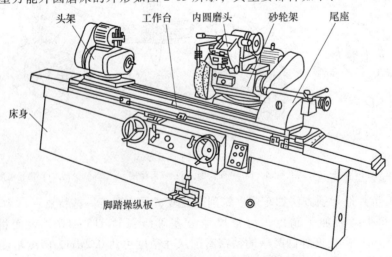

图 2-63　M1432B 型万能外圆磨床的外形

（1）床身　床身是磨床的基础支承件，用以支承机床的各部件，使它们在工作时保持准确的相对位置。

（2）头架　头架用于装夹工件并带动工件转动。

（3）砂轮架　砂轮架用以支承并传动砂轮主轴高速旋转，装在床鞍上，可回转角度范围为±30°。当需要磨削短圆锥面时，砂轮架可调至一定的角度位置。

（4）内圆磨具　它用于支承磨内孔的砂轮主轴。内圆磨具主轴由单独的内圆砂轮电动机驱动。

（5）尾座　尾座上的后顶尖和头架前顶尖一起，用于支承工件。

（6）工作台　工作台由上、下工作台两部分组成，上工作台可绕下工作台的心轴在水平面内转动比较小的角度，以便磨削锥度较小的长圆锥面。工作台台面上装有头架和尾座，它们一起随工作台做纵向往复运动。

2. 普通外圆磨床

普通外圆磨床与万能外圆磨床的结构基本相同，所不同的是：普通外圆磨床的头架和砂轮架都不能绕垂直轴调整角度；头架主轴固定不动；没有内圆磨具。因此，普通外圆磨床只能用于磨削外圆柱面和锥度较小的圆锥面。

普通外圆磨床的万能性虽不如万能外圆磨床，但是，部件的层次减少了，使机床的结构简化，刚性好，可采用较大的磨削用量，故生产率较高。另外，头架主轴用螺钉直接固定在箱壁上不动，工件支承在固定顶尖上，可以提高头架主轴部件的刚度和工件的旋转精度，易于保证磨削精度和表面粗糙度。

3. 内圆磨床

内圆磨床的类型有普通内圆磨床、半自动内圆磨床、无心内圆磨床等。

内圆磨床用于磨削各种圆柱孔（通孔、不通孔、阶梯孔和断续表面的孔等）和圆锥孔，其磨削方法有下列几种：

（1）普通内圆磨削（见图2-64a）　磨削时，工件用卡盘或其他夹具装夹在机床主轴上，由主轴带动旋转做圆周进给运动 n_w，砂轮高速旋转 n_t 为主运动，同时砂轮或工件往复移动做纵向进给运动 f_a，在每次（或几次）往复行程后，砂轮或工件做一次横向进给 f_r。这种磨削方法适用于形状规则、便于旋转的工件。

（2）无心内圆磨削（见图2-64b）　磨削时，工件支承在滚轮和导轮上，压紧轮使工件紧靠导轮，工件由导轮带动旋转，实现圆周进给运动 n_w。砂轮除了完成主运动 n_t 外，还做纵向进给运动 f_a 和周期横向进给运动 f_r。加工结束时，压紧轮沿箭头 A 方向摆开，以便装卸工件。这种磨削方式适用于大批量生产中外圆表面已精加工的薄壁工件，如轴承套等。

（3）行星内圆磨削（见图2-64c）　磨削时，工件固定不转，砂轮除了绕其自身轴线高速旋转实现主运动 n_t 外，同时还绕被磨内孔的轴线公转，以实现圆周进给运动 n_w。纵向往复运动 f_a 由砂轮或工件完成。周期性地改变与被磨内孔轴线间的偏心距，即增大砂轮公转运动的旋转半径，可实现横向进给运动 f_r。这种磨削方式适用于磨削大型或形状不对称且不便于旋转的工件。

4. 平面磨床

平面磨床用于磨削各种零件的平面（详见2.4.4）。在机械制造企业中，用得较多的是卧轴矩台平面磨床和立轴圆台平面磨床。

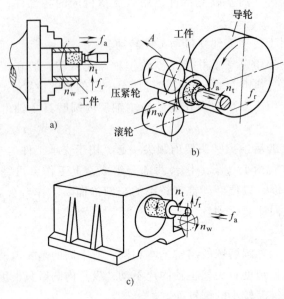

图 2-64 内圆磨削方式

2.6.3 砂轮

砂轮是磨削加工的主要工具,它是由磨料和结合剂构成的疏松多孔物体。磨粒、结合剂、网状空隙构成砂轮结构的三要素。

1. 砂轮的特性与选用

砂轮的特性包括以下几个方面:磨料、粒度、结合剂、硬度、组织、强度等。每一种砂轮根据其本身的特性都只有一定的适用范围。在进行任何一项磨削加工时都要根据具体条件(如工件材料、形状、热处理方法、加工要求等)选用砂轮,以保证加工质量、降低成本和提高生产率。

(1) 磨料 砂轮中磨削的材料称为磨料。在磨削过程中,磨料担负着切削工作,它要经受剧烈的挤压、摩擦以及高温的作用,因此磨料必须具备很高的硬度、耐热性和一定的韧性,同时还要具有比较锋利的几何形状,以便切入金属。

磨料分天然磨料和人造磨料两大类。天然磨料有刚玉类、金刚石等。天然刚玉含杂质多且不稳定,而天然金刚石价格却昂贵。因此,天然磨料很少采用。目前制造砂轮用的磨料主要是人造磨料,其种类特性如下:

1) 刚玉类。刚玉类磨料的主要成分是氧化铝(Al_2O_3),适合磨削抗拉强度较高的材料,如各种钢材。

2) 碳化硅类。碳化硅类磨料的硬度和脆性比刚玉类磨料高,磨粒也更锋利,适用于磨削脆性材料,如铸铁、硬质合金等。

3) 高硬类。高硬类磨料是近年来发展起来的新型磨料,如人造金刚石、立方氮化硼等。此类磨料硬度高,主要用于高硬度材料的磨削。

磨料的选择,主要按工件材料及其热处理方法进行。一般选择原则为:工件材料为一般钢材,可选用棕刚玉;工件材料为淬火钢、高速工具钢,可选用白刚玉;工件材料为硬质合金，可选用人造金刚石或绿色碳化硅；工件材料为铸铁、黄铜，可选用黑色碳化硅。

（2）粒度 粒度是表示磨粒尺寸大小的参数，对磨削的表面粗糙度和磨削效率有很大影响。粒度粗，即磨粒大，磨削深度可以增加，效率高，但磨削的表面质量差；反之粒度细，磨粒小，在砂轮工作表面上的单位面积上的磨粒多，磨粒切削刃的等高性好，可以获得表面粗糙度值小的表面，但磨削效率比较低。另外，粒度细，砂轮与工件表面之间的摩擦大，发热量大，易引起工件烧伤。

粒度有两种表示方法，颗粒尺寸大于 $63\mu m$ 的磨粒，称为粗磨粒，用筛网筛分的方法测定，根据 GB/T 2481.1—1998 磨料标准规定，粗磨粒标示为 F4~F220 共 26 级。对于颗粒尺寸小于 $63\mu m$ 的磨粒，称为微粉。根据 GB/T 2481.2—2009 磨料标准规定，微粉包括 F 系列微粉和 J 系列微粉两个系列，粒度号前分别冠以字母"F"和字符"#"，用沉降法或电阻法进行分级检验。F 系列若按光电沉降法测量分为 13 个粒度号（F230~F2000），若按沉降管法测量可分为 F230~F1200 共 11 级。

粒度的选择一般按工件表面粗糙度和加工精度选择。细粒度的砂轮可磨出光洁的表面，粗粒度砂轮则相反，但由于其颗粒粗大，砂轮的磨削效率高。粗磨时选用粗粒度砂轮，精磨时则选用细粒度砂轮，见表 2-4。

表 2-4 常用磨料的粒度及应用范围

粒度标示	适用范围
F4~F14	荒磨、重载荷磨钢锭、磨皮革、磨地板、喷沙除锈等
F16~F30	粗磨钢锭、打毛刺、切断钢坯、粗磨平面、磨大理石及耐火材料
F36~F60	平面磨、外圆磨、无心磨、内圆磨、工具磨等粗磨工序
F70~F100	平面磨、外圆磨、无心磨、内圆磨、工具磨等半精磨工序，工具刃磨、齿轮磨削
F120~F220	刀具刃磨、精磨、粗研磨、粗珩磨、螺纹磨等
F230~F360	精磨、珩磨、精磨螺纹磨、仪器仪表零件及齿轮精磨等
F400~F1200	超精密加工、镜面磨削、精细研磨、抛光等

（3）结合剂 结合剂是将磨粒粘结成各种砂轮的材料。结合剂的种类及其性质，决定了砂轮的硬度、强度以及耐腐蚀的能力。常用的结合剂分有机结合剂和无机结合剂两大类。其中无机结合剂最常用的是陶瓷结合剂，目前应用最广。有机结合剂最常用的有树脂结合剂和橡胶结合剂两种。

（4）硬度 砂轮的硬度是指结合剂粘结磨粒的牢固程度，也就是磨粒从砂轮表面上脱落下来的难易程度。磨粒不易脱落的，称为硬砂轮，易脱落的称为软砂轮。

砂轮的硬度对磨削生产率和加工的表面质量影响极大。如果太软，磨粒还很锋利就脱落，加快了砂轮的损耗。如果太硬，磨粒变钝后仍不能脱落，磨削力和磨削热会显著增加。

为了适应不同的加工需要，砂轮硬度分为极软、很软、软、中极、硬、很硬、极硬七级，分别用不同的字母表示，见表 2-5。

表 2-5 砂轮的硬度等级及代号

A	B	C	D	极软
E	F	G	—	很软
H	—	J	K	软
L	M	N	—	中级
P	Q	R	S	硬
T	—	—	—	很硬
—	Y	—	—	极硬

注：硬度等级用英文字母标记，"A"到"Y"由软至硬。

砂轮硬度的选择，取决于工件材料、磨削方式和性质等因素。选择主要原则如下：

1）工件材料硬度高，磨料易磨钝，为使磨钝的磨粒及时脱落，应选较软的砂轮；反之，软材料应选较硬的砂轮，但是磨削很软很韧的材料时，如铜、铝、韧性黄铜、软钢等，为了避免砂轮堵塞，砂轮的硬度也应软一些。磨削硬度很高的零件，砂轮的硬度也不能太低，否则磨粒容易脱落，切削能力降低，也不易保证表面粗糙度要求。通常磨削淬火的碳素钢、合金钢、高速工具钢，可选砂轮硬度 H~K，磨未淬火的钢，可用硬度为 K~L 的砂轮。

2）磨削容易烧伤、变形的工件，如导热性差的工件、薄壁薄片工件等，应选较软砂轮。

3）砂轮与工件接触面积较大时，因发热量多，冷却条件差，为了避免工件烧伤或变形，应选用较软的砂轮。例如内圆磨削、平面磨削比外圆磨削的接触面积大，选用砂轮时应有所区别。

4）精磨时的硬度应比粗磨时的硬度适当高一些，成形磨削为了较好地保持砂轮外形轮廓，应该用较硬砂轮。

5）磨断续表面，如花键轴、有键槽的外圆等，由于有撞击作用容易使磨粒脱落，应选较硬砂轮。

（5）组织 组织是表示砂轮内部结构松紧程度的参数。砂轮的松紧程度与磨粒、结合剂和气孔三者的体积比例有关。砂轮组织号是以磨粒占砂轮体积的百分比划分的，共分十五级。砂轮组织号数越低，组织越紧密，磨粒占砂轮体积的百分比也越大，因而磨粒与磨粒之间的空隙越小。一般外圆磨、内圆磨、平面磨、无心磨以及刃磨用砂轮都采用组织中等的砂轮。砂轮的组织号及使用范围详见表 2-6。

表 2-6 砂轮的组织号

组织号	0	1	2	3	4	5	6	7	8	9	10	11	12	13	14
磨粒率(%)	62	60	58	56	54	52	50	48	46	44	42	40	38	36	34
疏密程度	紧密				中等				疏松				大气孔		
适用范围	重载、成形、精密磨削，加工脆硬材料				外圆磨、内圆磨、无心磨及工具磨，淬硬工件及刀具刃磨等				粗磨及磨削韧性大、硬度低的工件，适合磨削薄壁、细长工件，或砂轮与工件接触面大，以及平面磨削等				非铁金属及塑料、橡胶等非金属，以及热敏合金		

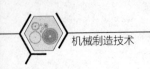

2. 砂轮的形状、型号和标记

常用砂轮的名称、型号及用途见表2-7。

表 2-7 常用砂轮的名称、型号及用途

砂轮名称	型号	断面简图	基本用途	砂轮名称	型号	断面简图	基本用途
平形砂轮	1		根据不同尺寸,分别用于外圆磨、内圆磨、平面磨、无心磨、工具磨、螺纹磨和砂轮机上	筒形砂轮	2		用于立式平面磨床上
双斜边砂轮	4		主要用于磨齿轮齿面和磨单线螺纹	杯形砂轮	6		主要用其端面刃磨刀具,也可用圆周刃磨平面和内孔
双面凹一号砂轮	7		主要用于外圆磨削和刃磨刀具,还用作无心磨的磨轮和导磨	碗形砂轮	11		通常用于刃磨刀具,也可用于导轨磨上磨机床导轨
平形切割砂轮	41		主要用于切断和开槽等	碟形一号砂轮	12a		适于磨铣刀、铰刀、拉刀等,大尺寸的砂轮一般用于磨齿轮的齿面

砂轮的标记一般印在砂轮的端面上,其顺序为:砂轮、对应标准号、型号、圆周型面、尺寸、磨料、粒度、硬度、组织号、结合剂、最高工作线速度。例如,外径为300mm,厚度为50mm,孔径为75mm,棕钢玉,粒度为F60,硬度等级为L,5号组织,陶瓷结合剂,最高工作线速度35m/s的平形砂轮,其标记为:

砂轮 GB/T 4127 1-300×50×75-A/F60 L 5 V-35m/s

3. 砂轮的安装、平衡与修整

(1) 砂轮的安装 安装砂轮时,应根据砂轮形状、尺寸的不同而采用不同的安装方法,同时注意检查砂轮的外形,不允许砂轮有裂纹和损伤。

1) 砂轮直接装在主轴上,砂轮内孔与砂轮轴配合间隙要合适,一般为0.1~0.8mm。

2) 砂轮用法兰盘与螺母紧固,在砂轮与法兰盘之间垫以0.3~3mm厚的皮革或耐油橡胶垫片。如图2-65所示。

3) 大内孔的平形砂轮,先用带台阶的法兰盘安装好后,再装在磨床主轴上。

(2) 砂轮的平衡 砂轮的重心与旋转中心不重合称为砂轮的不平衡。在高速旋转时,砂轮的不平衡会使主轴振动,从而影响加工质量,严重时甚至使砂轮碎裂。因此砂轮安装后,首先要对砂轮进行平衡调整。砂轮的平衡是通过调整砂轮法兰盘上环形槽内的平衡块的位置来实现的,如图2-66所示。

(3) 砂轮的修整 新砂轮工作一段时间后,磨粒逐渐磨钝,砂轮工作表面空隙被磨屑堵塞,砂轮几何形状也失准,使磨削质量和生产率下降,此时需对砂轮进行修整。修整时金刚石笔应与水平面倾斜5°~15°,与垂直面成20°~30°,金刚石笔尖低于砂轮中心1~2mm,

如图 2-67 所示。

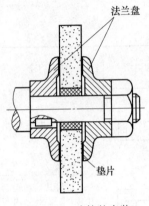

图 2-65 砂轮的安装

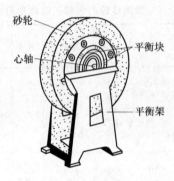

图 2-66 砂轮的静平衡调整

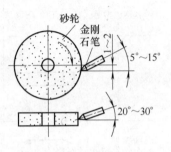

图 2-67 砂轮的修整

习　题

2-1　解释下列机床型号：X4325、CM6132、CG1107、C1336、Z5140、TP619、B2021A、Z3140×16、MGK1320A、X62W、T68、Z35。

2-2　什么是表面成形运动？什么是辅助运动？各有何特点？

2-3　外圆表面常用的加工方法有哪些？如何选用？

2-4　可转位车刀有何特点？

2-5　细长轴加工的难点是什么，如何解决？

2-6　什么是砂轮的硬度？应如何选择？

2-7　标准高速工具钢麻花钻由哪几部分组成的？切削部分包括哪些几何参数？

2-8　试分析钻孔、扩孔和铰孔三种孔加工方法的工艺特点，并说明这三种孔加工工艺之间的联系。

2-9　为什么牛头刨床很少使用硬质合金刀具？若使用硬质合金刀具，可否实现高速刨削，为什么？

2-10　何谓逆铣和顺铣？各有何特点？各应用在何种条件下？

2-11　周磨和端磨相比，哪种方法的加工质量较高？为什么？

2-12　试述齿轮滚刀的切削原理。

2-13　滚齿和插齿各有何特点？

2-14　剃齿、珩齿、磨齿各有何特点？各用于什么场合？

第3章 机械加工工艺规程的制订

机械加工工艺规程是机械制造企业生产管理的重要技术文件，对零件的加工质量、生产成本和生产率有很大的影响。企业中生产规模的大小、工艺水平的高低以及解决各种工艺问题的方法和手段都要通过机械加工工艺规程来体现。制订机械加工工艺规程，是一项重要而又严肃的工作，是机械企业工艺技术人员的一个主要工作内容，也是本课程的一个重点内容。在现有的生产条件下，如何采用经济、有效的加工方法，并经过合理的加工路线加工出符合技术要求的零件，是本章要解决的主要问题。

3.1 基本概念

3.1.1 生产过程和工艺过程

1. 生产过程

生产过程是指将原材料转变为成品的全过程。这种成品可以是一台机器、一个部件，也可以是一种零件。对于机器的制造而言，其生产过程包括：

1）原材料和成品的运输与保管。
2）生产技术准备工作。如产品的开发和设计、工艺规程的编制、专用工装设备的设计和制造、各种生产资料的准备和生产组织等方面的工作。
3）毛坯的制造。
4）零件的机械加工、热处理和其他表面处理。
5）产品的装配、调试、检验、涂装和包装等。

在现代工业生产组织中，一台机器的生产往往是由许多工厂以专业化生产的方式合作完成的，一个工厂所用的原材料往往是另一个工厂的产品。例如，机床的制造就是利用轴承厂、电机厂、液压元件厂等许多专业厂的产品，由机床厂完成关键零部件的生产，并装配而成的。采用专业化生产有利于零部件的标准化、通用化和产品系列化，从而能有效地保证产品质量、提高生产率和降低成本。

2. 工艺过程

改变生产对象的形状、尺寸、相对位置或性质等，使其成为成品或半成品的过程称为工艺过程，如毛坯制造、零件的机械加工与热处理、装配等。工艺过程是生产过程的主要部分，其中，采用机械加工的方法直接改变毛坯的形状、尺寸和表面质量，使其成为零件的过程，称为机械加工工艺过程（为叙述方便，以下将机械加工工艺过程简称为工艺过程）。

3.1.2 工艺过程的组成

在机械加工工艺过程中，针对零件的结构特点和技术要求，需要采用不同的加工方法和多种装备，按照一定的顺序依次进行加工才能完成由毛坯到零件的过程。因此，工艺过程是由一系列顺序排列的加工方法即工序组成的。工序又可细分为安装、工位、工步和进给。

1. 工序

一个或一组工人在一个工作地点或一台机床上，对同一个或几个零件进行加工所连续完成的那部分工艺过程，称为工序。判断是否为同一个工序的主要依据有两个：工作地点（或机床）是否变动以及加工是否连续。例如图 3-1 所示的阶梯轴，当单件小批生产时，其工艺过程及工序的划分见表 3-1，由于加工不连续和机床变换而分为三个工序。当大批大量生产时，其工艺过程及工序的划分见表 3-2，共有五个工序。

工序是组成工艺过程的基本单元，也是生产计划和经济核算的基本单元。

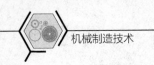

图 3-1 阶梯轴

在零件的加工工艺过程中，有一些工作并不改变零件的形状、尺寸和表面质量，但却直接影响工艺过程的完成，如检验、打标记等，一般称完成这些工作的工序为辅助工序。

表 3-1 单件小批生产的工艺过程

工序号	工 序 内 容	设备
1	车一端面,钻中心孔;调头车另一端面,钻中心孔	车床
2	车大外圆及倒角;调头车小外圆及倒角	车床
3	铣键槽 去毛刺	铣床

表 3-2 大批大量生产的工艺过程

工序号	工 序 内 容	设备
1	铣端面、钻中心孔	机床
2	车大外圆及倒角	车床
3	车小外圆及倒角	车床
4	铣键槽	键槽铣床
5	去毛刺	钳工台

2. 安装

在加工前，先要把工件位置放准确，使其在机床上或夹具中占有正确位置的过程称为定位。定位后将工件固定住，使其在加工过程中的位置保持不变的操作称为夹紧。将工件在机床上或夹具中定位后加以夹紧的过程称为安装。在一道工序中，要完成加工，工件可能只需安装一次，也可能需要安装几次。表 3-1 中的工序 1 和工序 2 均有两次安装，而表 3-2 中的工序只有一次安装。

在加工工件时，应尽量减少安装次数，因为多一次安装，就会增加安装工件的时间，同时也加大加工误差。

3. 工位

为了减少由于多次安装而带来的误差及时间损失，常采用回转工作台、回转夹具或移动夹具，使工件在一次安装中，先后处于几个不同的位置进行加工。工件在机床上所占据的每一个位置称为工位。图 3-2 所示为一个利用回转工作台，在一次安装中依次完成装卸工件、钻孔、扩孔、铰孔四个工位加工的例子。采用多工位加工方法，既可减少安装次数，又可使各工位的加工与工件的装卸同时进行，从而提高加工精度和生产率。

4. 工步

在加工表面不变、加工工具不变、切削用量中的进给量和切削速度不变的情况下所完成的那部分工序内容，称为工步。以上三种因素中任一因素改变，即成为新的工步。一个工序含有一个或几个工步，如表 3-1 中的工序 1 和工序 2 均加工四个表面，所以各有四个工步，表 3-2 中的工序 4 只有一个工步。

为提高生产率，采用多刀同时加工一个零件的几个表面，此时可将其看作一个工步，并称为复合工步，如图 3-3 所示。另外，为简化工艺文件，对于那些连续进行的若干相同的工步，通常也看作为一个工步，如图 3-4 所示，在一次安装中，用一把钻头连续钻削 4 个 $\phi15mm$ 的孔，则可算作一个钻 $4\times\phi15mm$ 孔工步。

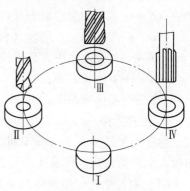

图 3-2 多工位加工

工位 I —装卸工件　工位 II —钻孔

工位 III —扩孔　工位 IV —铰孔

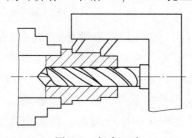

图 3-3 复合工步

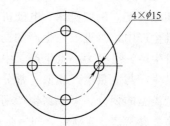

图 3-4 加工四个相同表面的工步

5. 进给

在一个工步内，若被加工表面需切除的余量较大，一次切削无法完成，则可分几次切削，每一次切削就称为一次进给。进给是构成工艺过程的最小单元。

图 3-5 所示为工序、安装、工位之间和工序、工步、进给之间的关系。

3.1.3 生产纲领与生产类型及其工艺特征

不同的机械产品，其结构、技术要求不同，但它们的制造工艺却存在着很多共同的特征。这些共同的特征取决于企业的生产类型，而企业的生产类型又由企业的生产纲领来决定。

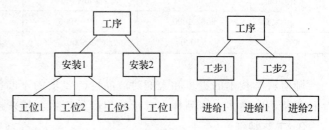

图 3-5 工序、安装、工位和工序、工步、进给之间的关系

1. 生产纲领

生产纲领是指企业在计划期内应生产的产品产量。计划期通常定为 1 年。对于零件而言，产品的产量除了制造机器所需要的数量以外，还要包括一定的备品和废品，所以，零件的生产纲领是指包括备品和废品在内的年产量，可按下式计算

$$N = Qn(1+a\%)(1+b\%)$$

式中　　N——零件的生产纲领（件/年）；

　　　　Q——产品的生产纲领（台/年）；

　　　　n——每台产品中含该零件的数量（件/台）；

　　　　$a\%$——零件备品率；

　　　　$b\%$——零件废品率。

2. 生产类型

生产类型是指企业（或车间、工段、班组等）生产专业化程度的分类。根据生产纲领和投入生产的批量，可将生产分为单件生产、成批生产、大量生产三大类。

（1）单件生产　单件生产是指单个生产不同结构和尺寸的产品，很少重复或不重复的生产类型。例如重型机械、专用设备制造和新产品试制等均属于单件生产。

（2）大量生产　大量生产是指产品数量很大，大多数工作地点重复地进行某一零件的某一道工序的加工。例如汽车、拖拉机、轴承、自行车等的生产就属于大量生产。

（3）成批生产　成批生产是指一年中分批轮流制造几种不同的产品，工作地点的加工对象周期地重复。例如机床、电动机的生产就属于成批生产。

成批生产中，每批投入生产的同一种产品（或零件）的数量称为批量。按照批量的大小，成批生产又可分为小批生产、中批生产和大批生产。小批生产的工艺特点与单件生产相似，大批生产与大量生产相似，常分别合称为单件小批生产和大批大量生产。

生产类型的划分，可根据生产纲领和产品的特点及零件的重量，或根据工作地点每月担负的工序数参考表 3-3 确定。同一企业或车间可能同时存在几种生产类型，判断企业或车间的生产类型，应根据其主导产品的生产类型来确定。

表 3-3　生产类型与生产纲领的关系

生产类型		生产纲领/(台/年)或(件/年)			工作地每月担负的工序数（工序数/月）
		重型机械或重型零件（>100kg）	中型机械或中型零件（10~100kg）	小型机械或轻型零件（<10kg）	
单件生产		5	10	100	不作规定
成批生产	小批	5~100	10~200	100~500	>20~40
	中批	100~300	200~500	500~5000	>10~20
	大批	300~1000	500~5000	5000~50000	>1~10
大量生产		>1000	>5000	>50000	>1

随着科学技术的进步和人们对产品性能要求的不断提高，产品更新换代周期越来越短，品种规格不断增多，多品种小批量的生产类型将会越来越多。

3. 工艺特征

不同的生产类型具有不同的工艺特点，即在毛坯制造、机床及工艺装备的选用、经济效果等方面均有明显区别。表 3-4 列出了各种生产类型的工艺特点。

表 3-4　各种生产类型的工艺特点

特点	单件生产	成批生产	大量生产
工件的互换性	一般是配对制造，缺乏互换性，广泛用钳工修配	大部分有互换性，少数用钳工修配	全部有互换性。某些精度较高的配合件用分组选择装配法

(续)

特点	单件生产	成批生产	大量生产
毛坯的制造方法及加工余量	铸件用木模手工造型；锻件用自由锻。毛坯精度低，加工余量大	部分铸件用金属型；部分锻件用模锻。毛坯精度中等，加工余量中等	铸件广泛采用金属型机器造型；锻件广泛采用模锻，以及其他高生产率的毛坯制造方法。毛坯精度高，加工余量小
机床设备	通用机床。按机床种类及大小采用"机群式"排列	部分通用机床和部分高生产率机床。按加工零件类别分工段排列	广泛采用高生产率的专用机床及自动机床。按流水线形式排列
夹具	多用标准附件，极少采用夹具，靠划线及试切法达到精度要求	广泛采用夹具，部分靠划线法达到精度要求	广泛采用高生产率夹具及调整法达到精度要求
刀具与量具	采用通用刀具和万能量具	较多采用专用刀具及专用量具	广泛采用高生产率刀具和量具
对工人的要求	需要技术熟练的工人	需要一定熟练程度的工人	对操作工人的技术要求较低，对调整工人的技术要求较高
工艺规程	有简单的工艺路线卡	有工艺规程，对关键零件有详细的工艺规程	有详细的工艺规程
生产率	低	中	高
成本	高	中	低
发展趋势	箱体类复杂零件采用加工中心加工	采用成组技术、数控机床或柔性制造系统等进行加工	在计算机控制的自动化制造系统中加工，并可能实现在线故障诊断、自动报警和加工误差自动补偿

3.1.4 获得加工精度的方法

零件的机械加工有许多方法，加工的目的是使零件获得一定的加工精度和表面质量。零件加工精度包括尺寸精度、形状精度和表面相互位置精度。

1. 获得尺寸精度的方法

(1) 试切法 通过试切出一小段—测量—调刀—再试切，反复进行，直到达到规定尺寸再进行加工的方法称为试切法。图 3-6 所示为一个车削的试切法示例。试切法的生产率低，加工精度取决于工人的技术水平，故常用于单件小批生产。

(2) 调整法 先调整好刀具的位置，然后以不变的位置加工一批零件的方法称为调整法。图 3-7 所示为铣削时的调整法对刀。调整法加工生产率较高，精度较稳定，常用于成批、大量生产。

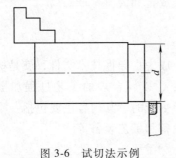

图 3-6 试切法示例

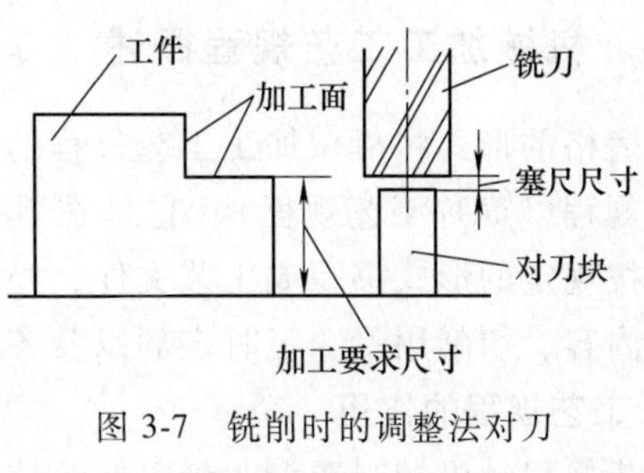

图 3-7 铣削时的调整法对刀

(3) 定尺寸刀具法 通过刀具的尺寸来保证加工表面的尺寸精度，这种方法称为定尺寸刀具法。例如用钻头、铰刀、拉刀加工孔均属于定尺寸刀具法。这种方法操作简便，生产率较高,加工精度也较稳定。

(4) 自动控制法 自动控制法是通过自动测量和数字控制装置,在达到尺寸精度时自动停止加工的一种尺寸控制方法。这种方法加工质量稳定,生产率高,是机械制造业的发展方向。

2. 获得形状精度的方法

(1) 刀尖轨迹法 通过刀尖的运动轨迹来获得形状精度的方法称为刀尖轨迹法。刀尖轨迹法所获得的形状精度取决于刀具和工件间相对成形运动的精度。车削、铣削、刨削等均属于刀尖轨迹法。

(2) 仿形法 刀具按照仿形装置进给对工件进行加工的方法称为仿形法。仿形法所得到的形状精度取决于仿形装置的精度以及其他成形运动的精度。仿形铣、仿形车均属仿形法加工。

(3) 成形法 利用成形刀具对工件进行加工获得形状精度的方法称为成形法。成形刀具替代一个成形运动,所获得的形状精度取决于成形刀具的形状精度和其他成形运动精度。

(4) 展成法 利用刀具和工件做展成切削运动形成包络面,从而获得形状精度的方法称为展成法(或称包络法)。例如滚齿、插齿就属于展成法。

3. 获得位置精度的方法(工件的安装方法)

当零件较复杂、加工面较多时,需要经过多道工序的加工,其位置精度取决于工件的安装方式和安装精度。工件安装常用的方法如下:

(1) 直接找正安装 用划针、百分表等工具直接找正工件位置并加以夹紧的方法称为直接找正安装法。如图 3-8 所示,用单动卡盘安装工件,要保证加工后的 B 面与 A 面的同轴度要求,先用百分表按外圆 A 进行找正,夹紧后车削外圆 B,从而保证 B 面与 A 面的同轴度要求。此法生产率低,精度取决于工人技术水平和测量工具的精度,一般只用于单件小批生产。

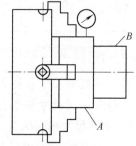

图 3-8 直接找正定位安装

(2) 按划线找正安装 先用划针画出要加工表面的位置,再按划线用划针找正工件在机床上的位置并加以夹紧。由于划线既费时,又需要技术高的划线工,所以一般用于批量不大、形状复杂而笨重的工件或低精度毛坯的加工。

(3) 用夹具安装 将工件直接安装在夹具的定位元件上进行加工。这种方法安装迅速方便,定位精度较高而且稳定,生产率较高,广泛应用于成批和大量生产。

3.1.5 机械加工工艺规程概述

用表格的形式将机械加工工艺过程的内容书写出来,成为指导性技术文件,就是机械加工工艺规程(简称工艺规程)。它是在具体的生产条件下,以较合理的工艺过程和操作方法,并按规定的形式书写成工艺文件,经审批后用来指导生产的。其内容主要包括:零件加工工序内容、切削用量、工时定额以及各工序所采用的设备和工艺装备等。

1. 工艺规程的作用

工艺规程是机械制造企业最主要的技术文件之一,是企业规章条例的重要组成部分。其具体作用如下:

(1) 它是指导生产的主要技术文件 工艺规程是最合理的工艺过程的表格化,是在工艺理论和实践经验的基础上制订的。生产人员只有按照工艺规程进行生产,才能保证产品质量和较高的生产率,以及较好的经济效果。

(2)它是组织和管理生产的基本依据　在产品投产前,要根据工艺规程进行有关的技术准备和生产准备工作,如安排原材料的供应、通用工装设备的准备、专用工装设备的设计与制造、生产计划的编排、经济核算等工作。对生产人员业务的考核也是以工艺规程为主要依据的。

(3)它是新建和扩建工厂的基本资料　新建或扩建厂房或车间时,要根据工艺规程来确定所需要的机床设备的品种和数量、机床的布置、占地面积、辅助部门的安排等。

2．工艺规程的格式

将工艺规程的内容填入一定格式的卡片,即成为工艺文件。目前,工艺文件还没有统一的格式,各企业都是按照一些基本的生产内容,根据具体情况自行确定。常用的工艺文件的基本格式如下:

(1)机械加工工艺过程卡片　机械加工工艺过程卡片主要列出了零件加工所经过的整个路线(称为工艺路线),以及工装设备和工时等内容。由于各工序的说明不够具体,故一般不能直接指导生产人员操作,而多用于生产管理。在单件小批生产中,通常不编制其他较详细的工艺文件,而是以这种卡片指导生产,这时应编制得详细些。机械加工工艺过程卡片的基本格式见表3-5。

表3-5　机械加工工艺过程卡片

(企业名称)		机械加工工艺过程卡片		产品型号		零(部)件图号			共　页
				产品名称		零(部)件名称			第　页
材料牌号		毛坯种类		毛坯外形尺寸		每毛坯件数		每台件数	备注
工序号	工序名称	工序内容		车间	工段	设备	工艺装备	工时	
								准终	单件
					编制(日期)	审核(日期)	会签(日期)		
标记	处记	更改文件号	签字	日期	标记	处记	更改文件号	签字	日期

(2)机械加工工艺卡片　机械加工工艺卡片是以工序为单位,详细说明零件工艺过程的工艺文件。它用来指导生产人员操作,帮助管理人员及技术人员掌握零件加工过程,广泛

用于成批生产的零件和小批生产的重要零件。机械加工工艺卡片的基本格式见表 3-6。

表 3-6 机械加工工艺卡片

（企业名称）	机械加工工艺卡片		产品型号		零（部）件图号		共 页
			产品名称		零（部）件名称		第 页
材料牌号		毛坯种类		毛坯外形尺寸	每毛坯件数	每台件数	备注
工序	装夹	工步	工序内容	同时加工零件数	切削用量	设备名称及编号	工艺装备名称及编号	技术等级	工时定额
					切削深度 /mm	切削速度 /(m/min)	每分钟转数或往复次数	进给量/（mm/r 或 mm/双行程）			夹具 刀具 量具		单件	准终
					编制（日期）	审核（日期）	会签（日期）		
标记 处记 更改文件号 签字 日期	标记 处记 更改文件号 签字 日期								

（3）机械加工工序卡片 机械加工工序卡片是用来具体指导生产人员操作的一种最详细的工艺文件。在这种卡片上，要画出工序简图，注明该工序的加工表面及应达到的尺寸精度和表面粗糙度要求、工件的安装方式、切削用量、工装设备等内容。在大批、大量生产时都要采取这种卡片，其基本格式见表 3-7。

工序简图的绘制方法是：按比例绘制，以最少的视图表达，视图中除轮廓表面及主要表面外，与本工序无关的次要结构和线条略去不画，主视图的方向与工件在机床上的安装方向一致，本工序加工表面用粗实线表示，其他表面用细实线表示，图中要标注本工序加工后的表面尺寸、精度和表面粗糙度，用规定的符号表示出工件的定位和夹紧情况。要注意的是，后面工序才加工出的结构形状不能提前反映出来。

3. 制订工艺规程的原则

工艺规程的制订原则是：所制订的工艺规程，能在一定的生产条件下，以最快的速度、最少的劳动量和最低的费用，可靠地加工出符合要求的零件。同时，还应在充分利用本企业现有生产条件的基础上，尽可能采用国内外先进工艺技术和经验，并保证有良好的劳动条件。

工艺规程是直接指导生产和操作的重要文件，在编制时还应做到正确、完整、统一和清晰，所用术语、符号、计量单位和编号都要符合相应标准。

4. 制订工艺规程的原始资料

在制订工艺规程时，必须有下列原始资料：

表 3-7　机械加工工序卡片

(企业名称)	机械加工工序卡片	产品型号		零(部)件图号		共　页
		产品名称		零(部)件名称		第　页
材料牌号		毛坯种类		毛坯外形尺寸		每毛坯件数		每台件数		备注	

				车间	工序号	工序名称	材料牌号
				毛坯种类	毛坯外形尺寸	每坯件数	每台件数
				设备名称	设备型号	设备编号	同时加工件数
(工序图)							
				夹具编号		夹具名称	切削液
						工序工时	
						准终	单件

工步号	工步内容	工艺装备	主轴转速 /(r/min)	切削速度 /(m/min)	进给量 /(mm/r)	切削深度 /mm	进给次数	工时定额	
								机动	辅助
						编制(日期)	审核(日期)	会签(日期)	
标记 处记	更改文件号	签字 日期	标记 处记	更改文件号	签字 日期				

1）产品的全套装配图和零件图。
2）产品验收的质量标准。
3）产品的生产纲领。
4）产品零件毛坯生产条件及毛坯图等资料。
5）企业现有生产条件。为了使制订的工艺规程切实可行，一定要结合现场的生产条件。因此要深入实际，了解加工设备和工艺装备的规格及性能、生产人员的技术水平，以及专用设备和工艺装备的制造能力等。
6）国内外新技术、新工艺及其发展前景。工艺规程的制订，既应符合生产实际，也不能墨守成规，要研究国内外有关先进的工艺技术资料，积极引进适用的先进工艺技术，不断提高工艺技术水平。
7）有关的工艺手册及图册。

5. 制订工艺规程的步骤

1）分析零件图和产品装配图。
2）选择毛坯。
3）选择定位基准。
4）拟订工艺路线。
5）确定加工余量和工序尺寸。
6）确定切削用量和工时定额。
7）确定各工序的设备、刀夹量具和辅助工具。
8）确定各工序的技术要求及检验方法。
9）填写工艺文件。

3.2 零件图的工艺分析

零件图是制订工艺规程最主要的原始资料，在制订工艺规程时，必须首先认真分析零件图。要通过研究产品的总装图和部件装配图，了解产品的用途、性能及工作条件，熟悉零件在产品中的功能、零件上各表面的功用、主要技术要求制订的依据，以及材料的选择是否合理等。对零件图进行工艺分析，还包括以下内容：

1. 检查零件图的完整性和正确性

在了解零件的形状和结构之后，应检查零件视图是否正确、足够，表达是否直观、清楚，绘制是否符合国家标准，尺寸、公差以及技术要求的标注是否齐全、合理等。

2. 零件的技术要求分析

零件的技术要求包括下列几个方面：
1）加工表面的尺寸精度。
2）主要加工表面的形状精度。
3）主要加工表面之间的相互位置精度。
4）加工表面的表面粗糙度以及表面质量方面的其他要求。
5）热处理要求。
6）其他要求（如动平衡、未注圆角或倒角、去毛刺、毛坯要求等）。

要注意分析这些要求在保证使用性能的前提下是否经济合理,在现有生产条件下能否实现。特别要分析主要表面的技术要求,因主要表面的加工确定了零件工艺过程的大致轮廓。

3. 零件的结构工艺性分析

零件结构工艺性好还是差对其工艺过程的影响非常大,不同结构的两个零件尽管都能满足使用性能要求,但它们的加工方法和制造成本却可能有很大的差别。良好的结构工艺性就是指在满足使用性能的前提下,能以较高的生产率和最低的成本方便地加工出产品。零件结构工艺性审查是一项复杂而细致的工作,要凭借丰富的实践经验和理论知识。审查时,发现问题应向设计部门提出修改意见加以改进。表 3-8 列出了部分零件结构工艺性改进前后的对比示例。

表 3-8 部分零件结构工艺性改进前后的对比示例

序号	结构改进前	结构改进后
1	孔距箱壁太近:①需加长钻头才能加工;②钻头在圆角处容易引偏	①加长箱耳,不需加长钻头即可加工;②结构上允许的前提下,将箱耳设计在某一端,不需加长箱耳
2	车螺纹时,螺纹根部不易清根,且工人操作难度较大,易打刀	留有退刀槽,可使螺纹清根,工人操作相对容易,可避免打刀
3	插键槽时,底部无退刀空间,易打刀	留出退刀空间,可避免打刀
4	插齿无退刀空间,小齿轮无法加工	留出退刀空间,小齿轮可以插齿加工
5	两端轴颈需磨削加工,因砂轮圆角不能清根	留有退刀槽,磨削时可以清根

(续)

序号	结构改进前	结构改进后
6	锥面磨削加工时易碰伤圆柱面,且不能清根	留出砂轮越程槽,可方便地对锥面进行磨削加工
7	斜面钻孔、钻头易引偏	只要结构允许,留出平台,钻头不易偏斜
8	孔壁出口处有台阶面,钻孔时钻头易引偏,易折断	只要结构允许,内壁出口处做成平面,钻孔位置容易保证
9	钻孔过深,加工量大,钻头损耗大,且钻头易偏斜	钻孔一端留空刀,减小钻孔工作量
10	加工面高度不同,需两次调整加工,影响加工效率	加工面在同一高度,一次调整可完成两个平面加工
11	三个空刀槽宽度不一致,需使用三把不同尺寸的刀具进行加工	空刀槽宽度尺寸相同,使用一把刀具即可加工

(续)

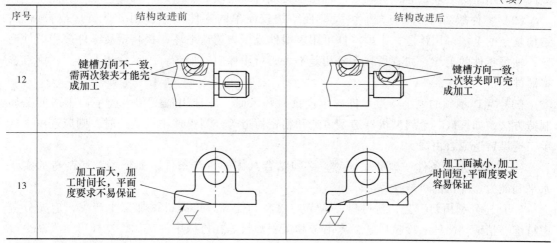

3.3 毛坯的选择

选择毛坯的基本任务是选定毛坯的制造方法及制造精度。毛坯的选择不仅影响毛坯的制造工艺和费用,而且影响零件机械加工工艺及其生产率与经济性。例如选择高精度的毛坯,可以减少机械加工劳动量和材料消耗,提高机械加工生产率,降低加工成本,但却提高了毛坯的费用。因此,选择毛坯要从机械加工和毛坯制造两方面综合考虑,以求得到最佳效果。

1. 毛坯的种类

(1) 铸件　铸件适用于形状较复杂的零件毛坯。其铸造方法有砂型铸造、精密铸造、金属型铸造、压力铸造等,较常用的是砂型铸造。当毛坯精度要求低、生产批量较小时,采用木模手工造型法;当毛坯精度要求高、生产批量很大时,采用金属型机器造型法。铸件材料有铸铁、铸钢及铜、铝等非铁金属。

(2) 锻件　锻件适用于强度要求高、形状比较简单的零件毛坯。其锻造方法有自由锻和模锻两种。自由锻毛坯精度低、加工余量大、生产率低,适用于单件小批生产以及大型零件毛坯。模锻毛坯精度高、加工余量小、生产率高,但成本也高,适用于中小型零件毛坯的大批大量生产。

(3) 型材　型材有热轧和冷拉两种。热轧型材适用于尺寸较大、精度较低的毛坯;冷拉型材适用于尺寸较小、精度较高的毛坯。

(4) 焊接件　焊接件是根据需要由型材或钢板焊接而成的毛坯件,它制造简单、方便,生产周期短,但需经时效处理后才能进行机械加工。

(5) 冲压件　冲压件毛坯可以非常接近成品要求,在小型机械、仪表、轻工电子产品方面应用广泛,但因冲压模具昂贵而仅用于大批大量生产。

2. 毛坯选择时应考虑的因素

在选择毛坯时应考虑下列一些因素:

(1) 零件的材料及力学性能要求　由于材料的工艺特性决定其毛坯的制造方法,当零件的材料选定后,毛坯的类型就大致确定了。例如,材料为灰铸铁的零件必用铸造毛坯;对于重要的钢质零件,为获得良好的力学性能,应选用锻件;在形状较简单及力学性能要求不太高时可用型材毛坯；非铁金属零件常用型材或铸造毛坯。

（2）零件的结构形状与大小　大型且结构较简单的零件毛坯多用砂型铸造或自由锻；结构复杂的毛坯多用铸造；小型零件可用模锻件或压力铸造毛坯；板状钢质零件多用锻件毛坯；轴类零件的毛坯，如直径和台阶相差不大，可用棒料；如各台阶尺寸相差较大，则宜选择锻件。

（3）生产纲领的大小　当零件的生产批量较大时，应选用精度和生产率均较高的毛坯制造方法，如模锻、金属型机器造型铸造和精密铸造等。当单件小批生产时，则应选用木模手工造型铸造或自由锻。

（4）现有生产条件　确定毛坯时，必须结合具体的生产条件，如现场毛坯制造的实际水平和能力、外协的可能性等。

（5）充分利用新工艺、新材料　为节约材料和能源，提高机械加工生产率，应充分考虑精炼、精锻、冷轧、冷挤压、粉末冶金和工程塑料等在机械中的应用，这样可大大减少机械加工量，甚至不需要进行加工，大大提高经济效益。

3. 毛坯的形状与尺寸的确定

实现少切屑、无屑加工，是现代机械制造技术的发展趋势之一。但是，由于受毛坯制造技术的限制，加之对零件精度和表面质量的要求越来越高，所以毛坯上的某些表面仍需留有加工余量，以便通过机械加工来达到质量要求。这样毛坯尺寸与零件尺寸就不同，其差值称为毛坯加工余量，毛坯制造尺寸的公差称为毛坯公差，它们的值可参本章加工余量的确定或有关工艺手册来确定。下面仅从机械加工工艺角度来分析在确定毛坯形状和尺寸时应注意的问题。

1）为了加工时安装工件的方便，有些铸件毛坯需铸出工艺凸台，如图 3-9 所示。工艺凸台在零件加工完毕后一般应切除，如对使用和外观没有影响也可保留在零件上。

2）装配后需要形成同一工作表面的两个相关零件，为保证加工质量并使加工方便，常将这些分离零件先做成一个整体毛坯，加工到一定阶段再切割分离。例如图 3-10 所示车床进给系统中的开合螺母外壳，其毛坯是两件合制的。

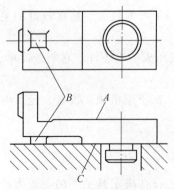

图 3-9　工艺凸台示例
A—加工面　*B*—工艺凸台　*C*—定位面

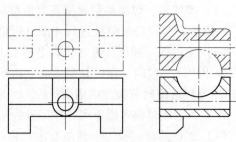

图 3-10　车床开合螺母外壳简图

3) 对于形状比较规则的小型零件，为了提高机械加工生产率和便于安装，应将多件合成一个毛坯，当加工到一定阶段后，再分离成单件。例如图 3-11a 所示的滑键，加工时应先对图 3-11b 所示毛坯的各平面加工好后切离为单件，再对单件进行加工。

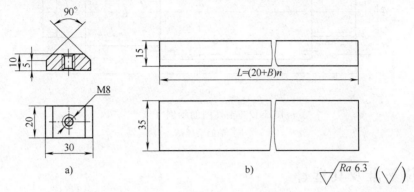

图 3-11　滑键的零件图与毛坯图
a）滑键零件图　b）毛坯图

4. 毛坯图

确定毛坯后，要绘制毛坯图。毛坯图的内容包括毛坯的结构形状、加工余量、尺寸及公差、机械加工的粗基准、毛坯技术要求等。具体绘制步骤为：

（1）绘制零件的简化图　将零件的外形轮廓和内部主要结构绘出，对一些次要表面，如倒角、螺纹、槽、小孔等经过加工出来的结构可不画出。在绘制时不需加工的表面用粗实线绘制，需要加工的表面用细双点画线绘制。

（2）附加余量层　将加工余量按比例用粗实线画在加工表面上，剖切处的余量打上网纹线，以区别剖面线。

要注意的是，毛坯图实际上就是毛坯的零件图，毛坯上的所有结构都必须在图上清楚地表示出来。

（3）标注尺寸和技术要求

1）尺寸标注。标出毛坯的所有表面的尺寸和需加工表面的毛坯余量。

2）技术要求标注。标注内容包括材料的牌号、内部组织结构、毛坯的精度等级、检验标准、对毛坯的质量要求、粗基准。

图 3-12 所示为毛坯图的示例。

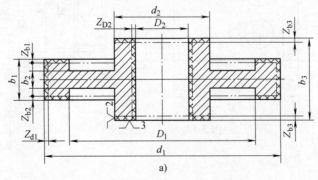

图 3-12　毛坯图的示例
a）套的毛坯图

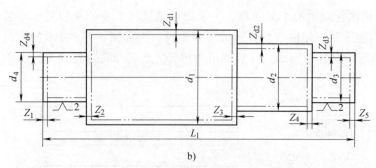

图 3-12 毛坯图的示例（续）
b) 轴的毛坯图

3.4 定位基准及其选择

在制订工艺规程时，定位基准选择是否合理，对能否保证零件的尺寸精度和相互位置精度要求，以及对零件各表面间的加工顺序安排都有很大影响。当用夹具安装工件时，定位基准的选择还会影响到夹具结构的复杂程度。因此，定位基准的选择是一个很重要的工艺问题。

3.4.1 基准的概念及其分类

基准是零件上用以确定其他点、线、面位置所依据的那些点、线、面。它往往是计算、测量或标注尺寸的起点。根据基准功用的不同，它可以分为设计基准和工艺基准两大类。

1. 设计基准

设计基准是在零件图上用以确定其他点、线、面位置的基准。它是标注设计尺寸的起点。如图 3-13a 所示的零件，平面 2、3 的设计基准是平面 1，平面 5、6 的设计基准均是平面 4，孔 7 的设计基准是平面 1 和平面 4；如图 3-13b 所示的齿轮，齿顶圆、分度圆和内孔直径的设计基准均是孔中心线。

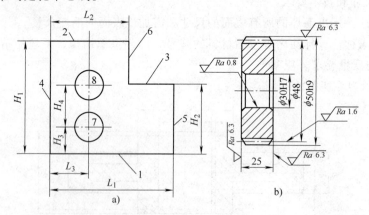

图 3-13 设计基准分析

2. 工艺基准

在零件加工、测量和装配过程中所使用的基准，称为工艺基准。按其用途不同，工艺基准又可分为定位基准、工序基准、测量基准和装配基准。

（1）定位基准　在加工时，用以确定零件在机床夹具中的正确位置所采用的基准，称为定位基准。它是工件上与夹具定位元件直接接触的点、线或面。如图3-13a所示零件，加工平面3和平面6时是通过平面1和平面4放在夹具上定位的，所以，平面1和平面4是加工平面3和平面6的定位基准。又如图3-13b所示的齿轮，加工齿形时是以内孔和一个端面作为定位基准的。

根据工件上定位基准的表面状态不同，定位基准又分为精基准和粗基准。精基准是指已经过机械加工的定位基准，而没有经过机械加工的定位基准则为粗基准。

（2）工序基准　在工序图上用来确定本工序所加工表面加工后的尺寸、形状、位置的基准，称为工序基准。如图3-13a所示零件，加工平面3时按尺寸H_2进行加工，则平面1即为工序基准，加工尺寸H_2称为工序尺寸。

（3）测量基准　零件检验时，用以测量已加工表面尺寸及位置的基准，称为测量基准。

（4）装配基准　装配时用以确定零件在机器中位置的基准，称为装配基准。

需要说明的是：作为基准的点、线、面，在工件上并不一定具体存在。例如中心线、对称平面等，它们是由某些具体存在的表面来体现的，用以体现基准的表面称为基面。例如图3-13b中齿轮的中心线是通过内孔表面来体现的，内孔表面就是基面。

3.4.2　定位基准的选择

选择定位基准时，是从保证工件加工精度要求出发的，因此应先选择精基准，再选择粗基准。

1. 精基准的选择原则

选择精基准时，主要应考虑保证加工精度和工件安装方便可靠。其选择原则如下：

（1）基准重合原则　即选用设计基准作为定位基准，以避免定位基准与设计基准不重合而引起的基准不重合误差。

例如图3-14a所示零件，调整法加工C面时以A面定位，定位基准A与设计基准B不重合，如图3-14b所示。此时尺寸c的加工误差不仅包含本工序所出现的加工误差（Δ_j），而且还包括由于基准不重合带来的设计基准和定位基准之间的尺寸误差，其大小为尺寸a的公差值（T_a），这个误差称为基准不重合误差，如图3-14c所示。从图3-14c中可看出，欲加工尺寸c的误差包括Δ_j和T_a，为了保证尺寸c的精度（T_c）要求，应使

$$\Delta_j + T_a \leq T_c$$

当尺寸c的公差值T_c已定时，由于基准不重合而增加了T_a，就必将应缩小本工序的加工误差Δ_j的值，也就是说，必须要提高本工序的加工精度，这必然会增加加工难度和成本。

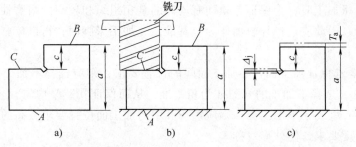

图3-14　基准不重合误差示例

如果能通过一定的措施实现以 B 面定位加工 C 面，如图 3-15 所示，此时尺寸 a 的误差对加工尺寸 c 无影响，本工序的加工误差只需满足

$$\Delta_j \leq T_c$$

显然，这种基准重合的情况能使本工序允许出现的误差加大，使加工更容易达到精度要求，经济性更好。但是，这样往往会使夹具结构复杂，增加操作的困难。而为了保证加工精度，有时不得不采取这种方案。

(2) 基准统一原则　应采用同一组基准定位加工零件上尽可能多的表面，这就是基准统一原则。这样做可以简化工艺规程的制订工作，减少夹具设计、制造工作量和成本，缩短生产准备周期；由于减少了基准转换，便于保证各加工表面的相互位置精度。例如加工轴类零件时，采用两中心孔定位加工各外圆表面，就符合基准统一原则。又如箱体零件采用一面两孔定位，齿轮的齿坯和齿形加工多采用齿轮的内孔及一端面为定位基准，均属于基准统一原则。

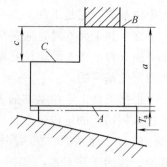

图 3-15　基准重合的工件安装示意图
A—夹紧表面　B—定位基面
C—加工表面

(3) 自为基准原则　某些要求加工余量小而均匀的精加工工序，选择加工表面本身作为定位基准，称为自为基准原则。如图 3-16 所示，在导轨磨床上磨削导轨时，用百分表找正导轨面相对机床运动方向的正确位置，然后加工导轨面，以保证导轨面余量均匀，满足导轨面的质量要求。此外还有浮动镗刀镗孔、珩磨孔、无心磨外圆等也都遵循自为基准原则。

(4) 互为基准原则　当对工件上两个相互位置精度要求很高的表面进行加工时，需要用两个表面互相作为基准，反复进行加工，以保证其位置精度要求。例如要保证精密齿轮的齿圈跳动精度，在齿面淬硬后，先以齿面定位磨内孔，再以内孔定位磨齿面，从而保证位置精度。

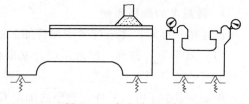

图 3-16　自为基准示例

(5) 简便可靠原则　所选精基准应保证工件安装可靠，夹具设计简单、操作方便。

2. **粗基准选择原则**

选择粗基准时，主要要求保证各加工面有足够的余量，并注意尽快获得精基准。在具体选择时应考虑下列原则：

1) 如果主要要求保证工件上某重要表面的加工余量均匀，则应选择该表面为粗基准。例如，车床床身粗加工时，为保证导轨面有均匀的金相组织和较高的耐磨性，应使其加工余量适当而且均匀，因此应选择导轨面作为粗基准，先加工床脚面，再以床脚面为精基准加工导轨面，如图 3-17 所示。

2) 若主要要求保证加工面与不加工面间的位置要求，则应选择不加工面为粗基准。如图 3-18 所示零件，选择不加工的外圆 A 为粗基准，从而保证其壁厚均匀。

如果工件上有好几个不加工面，则应选择其中与加工面位置要求较高的不加工面为粗基准，以便保证精度要求，使外形对称等。

如果零件上每个表面都要加工，则应选择加工余量最小的表面为粗基准，以避免该表面

在加工时因余量不足而留下部分毛坯面，造成废品。

3）作为粗基准的表面应尽量平整光洁，有一定面积，以使工件定位可靠、夹紧方便。

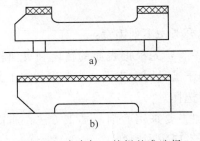

图 3-17 床身加工的粗基准选择

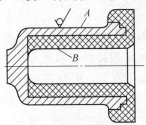

图 3-18 粗基准选择示例

4）粗基准在同一尺寸方向上通常只能使用一次。因为毛坯面粗糙且精度低，重复使用将产生较大的误差。

实际上，无论精基准还是粗基准的选择，上述原则都不可能同时满足，有时还是互相矛盾的。因此，在选择时应根据具体情况进行分析，权衡利弊，保证其主要的要求。

3.5 工艺路线的拟订

拟订工艺路线是制订工艺规程的关键步骤，是工艺规程制订的总体设计。所拟订的工艺路线合理与否，不但影响加工质量和生产率，而且影响到工人、设备、场地等的合理利用，从而影响生产成本。因此，要在认真分析零件图、合理选择毛坯的基础上，结合生产类型和生产条件并综合考虑各种因素来拟订工艺路线。在拟订工艺路线时，一般应制订几种方案进行分析比较，从中选择最佳方案。其主要工作包括选择各表面的加工方法、安排工序的先后顺序、确定工序集中与分散程度等，拟订工艺路线的基本过程如图 3-19 所示。

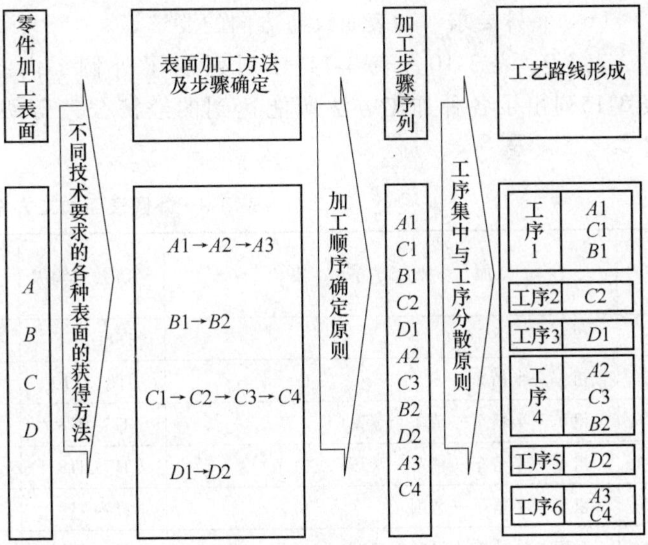

图 3-19 拟订工艺路线的基本过程

3.5.1 表面加工方法的选择

各种零件都是由外圆、内孔、平面及成形表面等组合而成的。不同的加工表面，所采用的加工方法往往不同，而同一种加工表面，可能会有多种加工方法可供选择。选择表面的加工方法，就是确定零件上各个需要加工表面的加工方案。在选择时，要考虑零件加工要求、性能要求、结构大小、生产类型等情况，并结合各种加工方法的经济精度综合进行选择。

所谓经济精度就是在正常的生产条件下所能达到的加工精度，此时所能达到的表面粗糙度即为经济表面粗糙度。所谓正常的生产条件是指采用标准的工装设备和标准技术等级的工人,加工环境与一般企业生产车间相同,不增加工时,不采用特别的工艺方法。

在选择加工表面的加工方法和加工方案时,应综合考虑下列因素:

(1) 加工表面的技术要求和生产率及经济性　一般要先根据表面的精度和表面粗糙度选定最终加工方法,再确定表面的整个加工方案。由于满足同一表面技术要求的加工方案往往有几种,所以还要按照生产率和经济性的要求进行选择。

(2) 工件材料的性质　例如,淬硬钢零件的精加工要采用磨削的加工方法;非铁金属零件的精加工应采用精细车或精细镗等加工方法,而不应采用磨削。

(3) 工件的结构和尺寸　例如,对于IT7精度等级的孔采用拉削、铰削、镗削和磨削等加工方法都可。但是箱体上的孔一般不宜采用拉削或磨削,而常常采用铰孔(小孔)和镗孔(大孔)。

(4) 生产类型　选择加工方法要与生产类型相适应。大批大量生产应选用生产率高和质量稳定的加工方法。例如,平面和孔采用拉削加工,单件小批生产则采用刨削、铣削平面和钻、扩、铰孔。又如为保证质量可靠和稳定,保证有高的成品率,在大批大量生产中,采用珩磨和超精加工工艺加工较精密的零件。

(5) 具体生产条件　应充分利用现有设备和工艺手段,发挥群众的创造性,挖掘企业潜力。还要重视新工艺和新技术,提高工艺水平。有时,因设备负荷的原因,需改用其他加工方法。

(6) 特殊要求　如表面纹路方向的要求等。

表3-9、表3-10、表3-11分别列出了外圆、内孔和平面的加工方案,表3-12~表3-15列出了各种加工方法所能达到的经济公差等级和经济表面粗糙度值,可供选择时参考。

表3-9　外圆表面加工方案

序号	加　工　方　案	经济公差等级	表面粗糙度值 $Ra/\mu m$	适　用　范　围
1	粗车	IT11以下	12.5~50	适用于淬火钢以外的各种金属
2	粗车—半精车	IT8~IT10	3.2~6.3	
3	粗车—半精车—精车	IT7~IT8	0.8~1.6	
4	粗车—半精车—精车—滚压(或抛光)	IT7~IT8	0.025~0.2	
5	粗车—半精车—磨削	IT7~IT8	0.4~0.8	主要用于淬火钢,也可用于未淬火钢,但不宜加工非铁金属
6	粗车—半精车—粗磨—精磨	IT6~IT7	0.1~0.4	
7	粗车—半精车—粗磨—精磨—超精加工(或轮式超精磨)	IT5	Rz0.1~0.1	
8	粗车—半精车—精车—金刚石车	IT6~IT7	0.025~0.4	主要用于要求较高的非铁金属加工
9	粗车—半精车—粗磨—精磨—超精磨或镜面磨	IT5以上	Rz0.05~0.025	极高精度的外圆加工
10	粗车—半精车—粗磨—精磨—研磨	IT5以上	Rz0.05~0.1	

表 3-10　内孔加工方案

序号	加工方案	经济公差等级	表面粗糙度值 $Ra/\mu m$	适用范围
1	钻	IT11~IT12	12.5	加工未淬火钢及铸铁的实心毛坯,也可用于加工非铁金属(但表面粗糙度值稍大,孔径小于15~20mm)
2	钻—铰	IT9	1.6~3.2	
3	钻—铰—精铰	IT7~IT8	0.8~1.6	
4	钻—扩	IT10~IT11	6.3~12.5	同上,但孔径大于15~20mm
5	钻—扩—铰	IT8~IT9	1.6~3.2	
6	钻—扩—粗铰—精铰	IT7	0.8~1.6	
7	钻—扩—机铰—手铰	IT6~IT7	0.1~0.4	
8	钻—扩—拉	IT7~IT9	0.1~1.6	大批大量生产(精度由拉刀的精度而定)
9	粗镗(或扩孔)	IT11~IT12	6.3~12.5	除淬火钢外各种材料,毛坯有铸出孔或锻出孔
10	粗镗(粗扩)—半精镗(精扩)	IT8~IT9	1.6~3.2	
11	粗镗(扩)—半精镗(精扩)—精镗(铰)	IT7~IT8	0.8~1.6	
12	粗镗(扩)—半精镗(精扩)—精镗—浮动镗刀精镗	IT6~IT7	0.4~0.8	
13	粗镗(扩)—半精镗—磨孔	IT7~IT8	0.2~0.8	主要用于淬火钢,也可用于未淬火钢,但不宜用于非铁金属
14	粗镗(扩)—半精镗—粗磨—精磨	IT6~IT7	0.1~0.2	
15	粗镗—半精镗—精镗—金刚镗	IT6~IT7	0.05~0.4	主要用于精度要求高的非铁金属加工
16	钻—(扩)—粗铰—精铰—珩磨;钻—(扩)—拉—珩磨;粗镗—半精镗—精镗—珩磨	IT6~IT7	0.025~0.2	精度要求很高的孔
17	以研磨代替上述方案中的珩磨	IT6 以上		

表 3-11　平面加工方案

序号	加工方案	经济公差等级	表面粗糙度值 $Ra/\mu m$	适用范围
1	粗车—半精车	IT9	3.2~6.3	
2	粗车—半精车—精车	IT7~IT8	0.8~1.6	端面
3	粗车—半精车—磨削	IT8~IT9	0.2~0.8	
4	粗刨(或粗铣)—精刨(或精铣)	IT8~IT9	1.6~6.3	一般不淬硬平面(端铣表面粗糙度值较小)

（续）

序号	加工方案	经济公差等级	表面粗糙度值 $Ra/\mu m$	适用范围
5	粗刨（或粗铣）—精刨（或精铣）—刮研	IT6~IT7	0.1~0.8	精度要求较高的不淬硬平面；批量较大时宜采用宽刃精刨方案
6	以宽刃刨削代替上述方案刮研	IT7	0.2~0.8	
7	粗刨（或粗铣）—精刨（或精铣）—磨削	IT7	0.2~0.8	精度要求高的淬硬平面或不淬硬平面
8	粗刨（或粗铣）—精刨（或精铣）—粗磨—精磨	IT6~IT7	0.2~0.4	
9	粗铣—拉	IT7~IT9	0.2~0.8	大量生产，较小的平面（精度视拉刀精度而定）
10	粗铣—精铣—磨削—研磨	IT6以上	Rz 0.05~0.1	高精度平面

表 3-12　外圆柱表面加工的经济公差等级

直径公称尺寸/mm	车			磨			研磨	用钢球或滚柱工具滚压			
	粗车	半精车或一次加工	精车	一次加工	粗磨	精磨					
	加工的经济公差等级/μm										
	IT12~IT13	IT12~IT13	IT11	IT10	IT8	IT7	IT8	IT7	IT6	IT5	IT10	IT8	IT7	IT6
1~3	100~140	120	60	40	14	10	14	10	6	4	40	14	10	6
>3~6	120~180	160	75	48	18	12	18	12	8	5	48	18	12	8
>6~10	150~220	200	90	58	22	15	22	15	9	6	58	22	15	9
>10~18	180~270	240	110	70	27	18	27	18	11	8	70	27	18	11
>18~30	210~330	280	130	84	33	21	33	21	13	9	84	33	21	13
>30~50	250~390	340	160	100	39	25	39	25	16	11	100	39	25	16
>50~80	300~460	400	190	120	46	30	46	30	19	13	120	46	30	19
>80~120	350~540	460	220	140	54	35	54	35	22	15	140	54	35	22
>120~180	400~630	530	250	160	63	40	63	40	25	18	160	63	40	25
>180~250	460~720	600	290	185	72	46	72	46	29	20	185	72	46	29
>250~315	520~810	680	320	210	81	52	81	52	32	23	210	81	52	32
>315~400	570~890	760	360	230	89	57	89	57	36	25	230	89	57	36
>400~500	630~970	850	400	250	97	63	97	63	40	27	250	97	63	40

表 3-13 内孔加工的经济公差等级

孔径公称尺寸 /mm	钻孔		扩孔			铰孔			拉孔		镗孔				磨孔			用钢球或挤压杆校正,用钢球或滚柱扩孔器挤扩
	无钻模	有钻模	粗扩	铸孔或锻孔的一次扩孔	精扩	半精铰	精铰	细铰	粗拉铸孔或锻孔	粗拉或钻孔后精拉孔	粗镗	半精镗	精镗	细镗(金刚镗)	粗磨	精磨	研磨	
加工的经济公差等级/μm	IT12~IT13	IT11~IT13	IT12~IT13	IT12~IT13	IT11	IT10	IT11	IT10	IT9	IT8	IT7	IT6	IT10	IT9	IT8	IT7	IT12~IT13	IT11	IT10	IT9	IT8	IT7	IT6	IT9	IT7	IT6	IT7	IT8	IT9	IT10
1~3	220	60	—	—	—	—	—	—	18	12	8	—	—	—	—	—	—	—	—	18	11	—	18	11	—	18	27	43	70
>3~6	270	75	—	—	—	75	48	30	18	12	—	—	—	—	27	21	13	27	21	13	21	33	52	84
>6~10	320	90	—	—	—	90	58	36	22	15	9	—	—	—	—	33	25	16	33	25	16	25	39	62	100
>10~18	220	110	110	—	70	110	70	43	27	18	11	100	—	—	—	43	30	19	43	30	19	30	46	74	120
>18~30	270	130	130	—	84	130	84	52	33	21	—	120	—	160	—	52	35	22	52	35	22	35	54	87	140
>30~50	320	320	—	—	100	160	100	62	39	25	—	140	220	190	—	62	40	25	62	40	—	40	63	100	160
>50~80	—	380	380	—	120	190	120	74	46	30	—	160	270	220	—	74	46	29	74	46	—	46	72	115	185
>80~120	—	—	440	—	140	220	140	87	54	35	—	190	320	250	—	87	54	—	87	54	—	52	81	130	210
>120~180	—	—	—	—	—	250	160	100	63	40	—	220	380	—	—	100	63	—	100	63	—	57	89	140	230
>180~250	—	—	—	—	—	290	185	115	72	46	—	250	440	—	—	115	72	—	115	72	—	—	—	—	—
>250~315	—	—	—	—	—	320	210	130	81	52	—	—	510	—	—	130	81	—	130	81	—	—	—	—	—
>315~400	—	—	—	—	—	—	—	140	89	57	—	—	590	—	—	140	89	—	140	89	—	—	—	—	—

注: 1. 孔加工精度与工具的制造精度有关。
2. 用钢球或挤压杆校正适用于 $\phi 50\mathrm{mm}$ 以下的孔径。

表 3-14　平面加工的经济公差等级

高或厚的公称尺寸/mm	刨削,用圆柱铣刀及面铣刀铣削					拉削		磨削			研磨	用钢球或滚柱工具滚压
	粗	半精或一次加工	精	细		粗拉	精拉	一次加工	粗磨	精磨	细磨	
	加工的经济公差等级/μm											
	IT14	IT12~IT13	IT11	IT12~IT13	IT11	IT10	IT8~IT9	IT7	IT6	IT11	IT10	IT8~IT9	IT7	IT6	IT8~IT9	IT7	IT8~IT9	IT7	IT6	IT5	IT10	IT8~IT9	IT7

高或厚的公称尺寸/mm	粗(IT14)	半精或一次加工 (IT12~IT13)		精 (IT11)		细 (IT8~IT9)		细 (IT7)	细 (IT6)	粗拉 (IT11)	粗拉 (IT10)	精拉 (IT8~IT9)	精拉 (IT7)	精拉 (IT6)	一次加工 (IT8~IT9)	一次加工 (IT7)	粗磨 (IT8~IT9)	精磨 (IT7)	细磨 (IT6)	研磨 (IT5)	用钢球 (IT10)	滚压 (IT8~IT9)	滚压 (IT7)
10~18	430	220	110	220	110	70	35	18	11	—	—	—	—	—	35	18	35	18	11	8	70	35	18
>18~30	520	270	130	270	130	84	45	21	13	130	84	45	21	13	45	21	45	21	13	9	84	45	21
>30~50	620	320	160	320	160	100	50	25	16	160	100	50	25	16	50	25	50	25	16	11	100	50	25
>50~80	710	380	190	380	190	120	60	30	19	190	120	60	30	19	60	30	60	30	19	13	120	60	30
>80~120	870	440	220	440	220	140	70	35	22	220	140	70	35	22	70	35	70	35	22	15	140	70	35
>120~180	1000	510	250	510	250	160	80	40	25	250	160	80	40	25	80	40	80	40	25	18	160	80	40
>180~250	1150	590	290	590	290	185	90	46	29	290	185	90	46	29	90	46	90	46	29	20	185	90	46
>250~515	1300	660	320	660	320	210	100	52	32	—	—	—	—	—	100	52	100	52	36	23	210	100	52
>315~400	1400	730	360	730	360	230	120	57	36	—	—	—	—	—	120	57	120	57	40	25	230	120	57

注：1. 表内资料适用于尺寸<1m、结构刚性好的零件加工，用光洁的加工表面作为定位基面和测量基面。
2. 面铣刀铣削的加工精度在相同的条件下大体上比圆柱铣刀铣削高一级。
3. 细加工仅用于面铣刀。

表 3-15　各种加工方法所能达到的经济表面粗糙度值 Ra　　（单位：μm）

加工方法	表面粗糙度值 Ra	加工方法	表面粗糙度值 Ra
车削外圆：		扩孔：	
粗车	>10~80	粗扩（有毛面）	>5~20
半精车	>1.25~10	精扩	>1.25~10
精车	>1.25~10	锪孔、倒角	>1.25~5
细车	>0.16~1.25	铰孔：	
车削端面：		一次铰孔（钢、黄铜）	>2.5~10
粗车	>5~20	二次铰孔（精铰）	>1.25~10
半精车	>2.5~10	插削	>2.5~20
精车	>1.25~10	拉削：	
细车	>0.32~1.25	精拉	>0.32~2.5
车槽和切断：		细拉	>0.08~0.32
一次行程	>10~20	推削：	
二次行程	>2.5~10	精推	>0.16~1.25
镗孔：		细推	>0.02~0.63
粗镗	>5~20	外圆及内圆磨削：	
半精镗	>2.5~10	半精磨（一次加工）	>0.63~10
精镗	>0.63~5	精磨	>0.16~1.25
细镗（金刚镗床镗孔）	>0.16~1.25	细磨	>0.08~0.32
钻孔：	>1.25~20	镜面磨削	>0.01~0.08

（续）

加 工 方 法	表面粗糙度值 Ra	加 工 方 法	表面粗糙度值 Ra
平面磨削：		面铣刀：	
精磨	>0.16~5	粗铣	>2.5~20
细磨	>0.08~0.32	精铣	>0.32~5
珩磨：		细铣	>0.16~1.25
粗珩(一次加工)	>0.16~1.25	高速铣削：	
精珩	>0.02~0.32	粗铣	>0.63~2.5
超精加工：		精铣	>0.16~0.63
精	>0.08~1.25	刨削：	
细	>0.04~0.16	粗刨	>5~20
镜面加工(两次加工)	>0.01~0.04	精刨	>1.25~10
抛光：		细刨(光整加工)	>0.16~1.25
精抛光	>0.08~1.25	手工研磨	<0.01~1.25
细(镜面的)抛光	<0.01~0.16	机械研磨	>0.08~0.32
砂带抛光	>0.08~0.32	砂布抛光(无润滑油)：	
电抛光	>0.01~2.5	工件原始的表面粗糙度值 Ra 和砂布粒度：	
研磨：			
粗研	>0.16~0.63	>5~80　　　　24	>0.63~2.5
精研	>0.04~0.32	>2.5~80　　　36	>0.63~1.25
细研(光整加工)	>0.01~0.08	>1.25~5　　　60	>0.32~0.63
铸铁	>0.63~5	>1.25~5　　　80	>0.16~0.63
钢、轻合金	>0.63~2.5	>1.25~2.5　　100	>0.16~0.32
黄铜、青铜	>0.32~1.25	>0.63~2.5　　140	>0.08~0.32
细铰：		>0.63~1.25　180~250	>0.08~0.16
钢	>0.16~1.25	钳工锉削：	>0.63~20
轻合金	>0.32~1.25	刮研点数/cm²：	
黄铜、青铜	>0.08~0.32	1~2	>0.32~1.25
铣削：		2~3	>0.16~0.62
圆柱铣刀：		3~4	>0.08~0.32
粗铣	>2.5~20	4~5	>0.04~0.16
精铣	>0.63~5		
细铣	>0.32~1.25		

3.5.2 加工顺序的安排

零件各表面的加工方案确定以后，就要安排加工顺序，即先加工什么表面，后加工什么表面，同时还要确定热处理工序、检验工序的位置。因此，在拟订工艺路线时，要全面地把切削加工、热处理、各辅助工序三者一起加以考虑。现分别阐述如下。

1. 切削工序的安排原则

切削工序安排总的原则是前面工序为后续工序创造条件,做好基准准备。具体原则如下。

(1) 先粗后精　一个零件的表面加工,一般包括粗加工、半精加工和精加工。在安排加工顺序时应将各表面的粗加工集中在一起首先进行,再依次集中进行各表面的半精加工和精加工,这样就使整个加工过程明显地形成先粗后精的若干加工阶段。这些加工阶段各自的作用是:

粗加工阶段——主要是切除各表面上的大部分余量。

半精加工阶段——完成次要表面的加工,并为主要表面的精加工做准备。

精加工阶段——保证各主要表面达到图样要求。

光整加工阶段——对于表面粗糙度值要求很小和尺寸精度要求很高的表面,还需要进行光整加工阶段。这个阶段一般不能用于提高形状精度和位置精度。

应当指出,加工阶段的划分是指零件加工的整个过程而言,不能以某一表面的加工或某一工序的性质来判断。同时,在具体应用时,也不可以绝对化,对有些重型零件或余量小、精度不高的零件,则可以在一次安装中完成表面的粗加工和精加工。

零件加工要划分加工阶段的原因如下。

1) 利于保证加工质量。工件在粗加工时,由于加工余量大,所受的切削力、夹紧力也大,从而引起较大的变形。如不分阶段连续进行粗精加工,上述变形来不及恢复,将影响加工精度。所以,需要划分加工阶段,逐步恢复和修正变形,逐步提高加工质量。

2) 便于合理使用设备。粗加工要求采用刚性好、效率高而精度较低的机床,精加工则要求机床精度高。划分加工阶段后,可以避免以精干粗,可以充分发挥机床的性能,延长机床的使用寿命。

3) 便于安排热处理工序和检验工序。例如粗加工阶段之后,一般要安排去应力的热处理和检验;精加工前要安排淬火等最终热处理,其变形可以通过精加工予以消除。

4) 便于及时发现毛坯缺陷,避免损伤已加工表面。毛坯经粗加工阶段后,缺陷即已暴露,可以及时发现和处理。同时,精加工工序安排在最后,可以避免加工好的表面在搬运和夹紧中受损。

(2) 先主后次　零件的加工应先安排加工主要表面,后加工次要表面。因为主要表面往往要求精度较高,加工面积较大,容易出废品,应放在前阶段进行加工,以减少工时浪费;次要表面加工面积小,精度一般也较低,又与主要表面有位置要求,应在主要表面加工之后进行加工。

(3) 先面后孔　必须先加工零件上的平面,然后再加工孔。因为平面的轮廓平整,安放和定位比较稳定、可靠,若先加工好平面,就能以平面定位加工孔,保证孔和平面的位置精度。此外,也给平面上的孔加工带来方便,能改善孔加工刀具的初始工作条件。

(4) 基面先行　用作精基准的表面首先要加工出来。所以,第一道工序一般是进行定位面的粗加工和半精加工(有时包括精加工),然后再以精基面定位加工其他表面。

2. 热处理工序的安排

热处理可以提高材料的力学性能,改善金属的加工性能以及消除残余应力。在制订工艺路线时,应根据零件的技术要求和材料的性质,合理地安排热处理工序。按照其目的,热处理可分为预备热处理和最终热处理。

(1) 预备热处理

1) 正火、退火。目的是消除内应力，改善可加工性，为最终热处理做准备。正火、退火一般安排在粗加工之前，有时也安排在粗加工之后。

2) 时效处理。时效处理以消除内应力、减少工件变形为目的，一般安排在粗加工之前或之后。对于精密零件，要进行多次时效处理。

3) 调质。对零件淬火后再高温回火，能消除内应力、改善可加工性并能获得较好的综合力学性能。调质一般安排在粗加工之后进行。对一些性能要求不高的零件，调质也常作为最终热处理。

（2）最终热处理　常用的最终热处理有淬火、渗碳淬火、渗氮等。它们的主要目的是提高零件的硬度和耐磨性，常安排在精加工（磨削）之前进行，其中渗氮由于热处理温度较低，零件变形很小，也可以安排在精加工之后。

3. 辅助工序的安排

检验工序是主要的辅助工序，除每道工序由操作者自行检验外，在粗加工之后、精加工之前、零件转换车间时以及重要工序之后和全部加工完毕进库之前，一般都要安排检验工序。

除检验外，其他辅助工序有表面强化和去毛刺、倒棱、清洗、防锈等，均不要遗漏，要同等重视。

3.5.3　工序的集中与分散

零件加工的工步、顺序排定后，如何将这些工步组成工序，就需要考虑采用工序集中还是工序分散的方法。

1. 工序集中

工序集中是指每道工序加工内容很多，工艺路线短。其主要特点是：

1) 可以采用高效机床和工艺装备，生产率高。
2) 可减少设备数量以及操作人员和占地面积，节省人力、物力。
3) 可减少工件安装次数，利于保证表面间的位置精度。
4) 采用的工装设备结构复杂，调整维修较困难，生产准备工作量大。

2. 工序分散

工序分散是指每道工序的加工内容很少，甚至一道工序只含一个工步，工艺路线很长。其主要特点是：

1) 设备和工艺装备比较简单，便于调整，容易适应产品的变换。
2) 对操作人员的技术要求较低。
3) 可以采用最合理的切削用量，减少机动时间。
4) 所需设备和工艺装备的数目多、操作人员多、占地面积大。

在拟订工艺路线时，工序集中或分散的程度，主要取决于生产规模、零件的结构特点和技术要求，有时，还要考虑各工序生产节拍的一致性。一般情况下，单件小批生产时，只能工序集中，在一台普通机床上加工出尽量多的表面；大批大量生产时，既可以采用多刀、多轴等高效、自动机床，将工序集中，也可以将工序分散后组织流水生产。批量生产应尽可能采用效率较高的半自动机床，使工序适当集中。

对于重型零件，为了减少工件装卸和运输的劳动量，工序应适当集中；对于刚性差且精度高的精密零件，则工序应适当分散。

从发展趋势来看，倾向于采用工序集中的方法来组织生产。

3.6 加工余量的确定

3.6.1 加工余量的基本概念

加工余量是指加工时从加工表面上切去的金属层厚度。加工余量可分为工序余量和总余量。

1. 工序余量

工序余量是指某一表面在一道工序中被切除的金属层厚度。

（1）工序余量的计算 工序余量等于前后两道工序尺寸之差。

对于外表面（见图 3-20a）
$$Z = a - b$$

对于内表面（见图 3-20b）
$$Z = b - a$$

式中　Z——本工序的工序余量；

　　　a——前工序的工序尺寸；

　　　b——本工序的工序尺寸。

上述加工余量均是非对称的单边余量。

回转表面的加工余量是对称的双边余量，其计算公式为

对于轴　$Z = d_a - d_b$（见图 3-20c）

对于孔　$Z = d_b - d_a$（见图 3-20d）

式中　Z——直径上的加工余量；

　　　d_a——前工序加工直径；

　　　d_b——本工序加工直径。

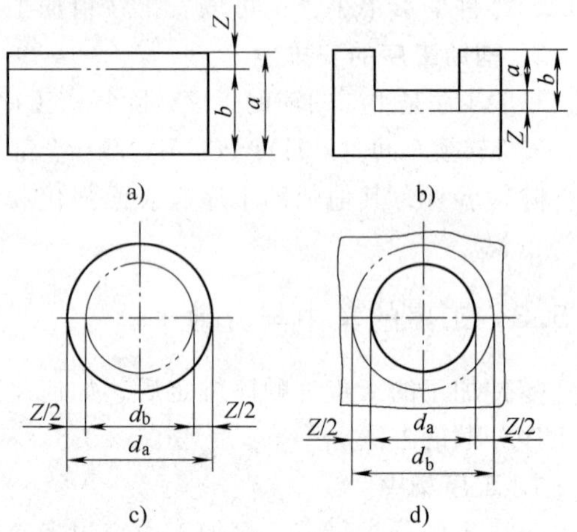

图 3-20　加工余量

当加工某个表面的工序是分几个工步时，则相邻两工步尺寸之差就是工步余量。它是某工步在表面上切除的金属层厚度。

（2）工序基本余量、最大余量、最小余量及余量公差 由于毛坯制造和各个工序尺寸都存在着误差，因此，加工余量也是一个变动值。当工序尺寸用公称尺寸计算时，所得的加工余量称为基本余量或称公称余量。

最小余量（Z_{min}）是保证该工序加工表面的精度和质量所需切除的金属层最小厚度。最大余量（Z_{max}）是该工序余量的最大值。下面以图 3-21a 中的被包容面（轴）为例来计算工序余量，其他各类表面的情况与此相类似。

当尺寸 a、b 均等于工序公称尺寸时，基本余量为
$$Z = a - b$$

则最小余量为
$$Z_{min} = a_{min} - b_{max}$$

而最大余量为
$$Z_{max} = a_{max} - b_{min}$$

图 3-21 所示为工序尺寸及其公差与加工余量间的关系。从图中可以看出，工序余量和

工序尺寸公差的关系式为

$$Z = Z_{\min} + T_a$$
$$Z_{\max} = Z + T_b = Z_{\min} + T_a + T_b$$

式中　T_a——前工序的工序尺寸公差；
　　　T_b——本工序的工序尺寸公差。

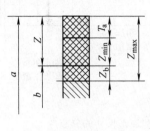 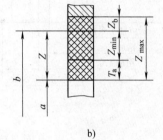

a)　　　　　　　　　　b)

图 3-21　工序余量与工序尺寸及其公差的关系
a) 被包容面（轴）　b) 包容面（孔）

余量公差是加工余量的变动范围，其值为

$$T_Z = Z_{\max} - Z_{\min} = (a_{\max} - a_{\min}) + (b_{\max} - b_{\min}) = T_a + T_b$$

式中　T_Z——本工序余量公差；
　　　T_a——前工序的工序尺寸公差；
　　　T_b——本工序的工序尺寸公差。

所以，余量公差等于前工序与本工序的工序尺寸公差之和。

工序尺寸公差带的布置，一般都采用"单向、入体"原则。即对于被包容面（轴类），公差都标成下极限偏差，取上极限偏差为零，工序公称尺寸即为最大工序尺寸；对于包容面（孔类），公差都标成上极限偏差，取下极限偏差为零。但是，孔中心距尺寸和毛坯尺寸的公差带一般都取双向对称布置。

2. 总加工余量

总加工余量是指零件从毛坯变为成品时从某一表面所切除的金属层总厚度，又称为毛坯加工余量。其值等于某一表面的毛坯尺寸与其设计尺寸之差，也等于该表面各工序余量之和，即

$$Z_{总} = \sum_{i=1}^{n} Z_i$$

式中　Z_i——第 i 道工序的工序余量；
　　　n——该表面总共加工的工序数。

总加工余量也是个变动值，其值及公差一般是从有关手册中查得或凭经验确定。

图 3-22 所示为外圆和内孔经多次加工时，总加工余量、工序余量与加工尺寸的分布图。

3.6.2　影响加工余量的因素

影响加工余量的因素为：

1) 上工序的表面质量，包括表面粗糙度 Ra 和表面破坏层深度 H_a。
2) 前工序的工序尺寸公差 T_a。

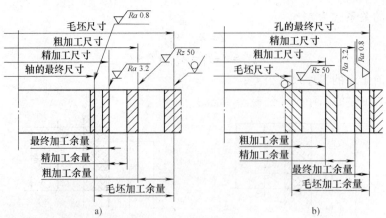

图 3-22 总加工余量、工序余量和加工尺寸的分布图
a) 外圆加工　b) 内孔加工

3) 前工序的位置误差 ρ_a，如工件表面在空间的弯曲、偏斜以及其他空间位置误差等。

4) 本工序工件的安装误差 ε_b。

所以，本工序的加工余量必须满足下式：

用于对称余量时
$$Z \geqslant 2(R_a+H_a)+T_a+2|\rho_a+\varepsilon_b|$$

用于单边余量时
$$Z \geqslant R_a+H_a+T_a+|\rho_a+\varepsilon_b|$$

ρ_a 和 ε_a 均是空间误差，方向未必相同，所以应取其矢量合成的绝对值。

需要注意的是，对于不同的零件和不同的工序，上述公式中各组成部分的数值与表现形式也各有不同。例如，对拉削、无心磨削等以加工表面本身定位进行加工的工序，其安装误差 ε_b 值取为 0；对某些主要用来降低表面粗糙度值的超精加工及抛光等工序，工序加工余量的大小仅仅与 R_a 值有关。

3.6.3 加工余量的确定

加工余量的大小直接影响零件的加工质量和生产率。加工余量过大，不仅增加机械加工的劳动量，降低生产率，而且增加材料、工具和电力的消耗，增加成本。但是，加工余量过小，又不能消除前工序的各种误差和表面缺陷，甚至产生废品。因此，必须合理地确定加工余量。其确定方法有：

(1) 经验估计法　经验估计法即根据工艺人员的经验来确定加工余量。为避免产生废品，所确定的加工余量一般偏大。经验估计法常用于单件小批生产。

(2) 查表修正法　查表修正法是根据有关手册，查得加工余量的数值，然后根据实际情况进行适当修正。这是一种广泛采用的方法。

(3) 分析计算法　分析计算法是对影响加工余量的各种因素进行分析，然后根据一定的计算关系式（如前所述公式）来计算加工余量的方法。此方法确定的加工余量较合理，但需要全面的试验资料，计算也较复杂，故很少采用。

表 3-16 和表 3-17 列出了铸铁件的加工总余量及铸铁件的毛坯尺寸偏差，表 3-18～表 3-21 列出了平面、外圆和内孔的部分常见加工方法的加工余量，以及加工 H7 孔的工序间尺寸，可供参考。

第3章 机械加工工艺规程的制订

表 3-16 铸铁件的加工总余量

(单位: mm)

铸铁件最大尺寸	浇注时位置	1级精度 ≤50	>50~120	>120~260	>260~500	>500~800	>800~1250	2级精度 ≤50	>50~120	>120~260	>260~500	>500~800	>800~1250	3级精度 ≤50	>50~120	>120~260	>260~500	>500~800	>800~1250
≤120	顶面	2.5						3.5						4.5					
	底面及侧面	2						2.5						3.5					
>120~260	顶面	2.5	3.0					4.0	4.5					5.0	5.5				
	底面及侧面	2	2.5					3.0	3.5					4.0	4.5				
>260~500	顶面	3.5	4.0	4.5				4.5	5.0	6.0				6.0	7.0	7.0			
	底面及侧面	2.5	3.0	3.5				3.5	4.0	4.5				4.5	5.0	6.0			
>500~800	顶面	4.5	5.0	5.5	5.5			5.5	6.0	6.5	7.0	7.5		7.0	7.0	8.0	8.0	9.0	
	底面及侧面	3.5	4.0	4.5	4.5			4.0	4.5	5.0	5.5	5.5		5.0	5.0	6.0	6.0	7.0	
>800~1250	顶面	5.0	6.0	6.5	7.0	7.0		6.0	7.0	7.0	7.5	8.0	8.5	7.0	8.0	8.0	8.0	9.0	10.0
	底面及侧面	3.5	4.0	4.5	5.0	5.0		4.0	5.0	5.0	5.5	5.5	6.5	5.5	6.0	6.0	6.0	7.0	7.5

表 3-17 铸铁件的毛坯尺寸偏差

(单位: mm)

铸铁件最大尺寸	1级精度 ≤50	>50~120	>120~260	>260~500	>500~800	>800~1250	2级精度 ≤50	>50~120	>120~260	>260~500	>500~800	>800~1250	3级精度 ≤50	>50~120	>120~260	>260~500	>500~800	>800~1250
≤120	±0.2	±0.3					±0.8	±1.0					±1.0	±1.5				
>120~260	±0.3	±0.4	±0.6				±1.0	±1.2	±1.5				±1.5	±1.8	±2.0			
>260~500	±0.4	±0.6	±0.8	±1.0			±1.2	±1.5	±2.0	±2.5			±1.8	±2.2	±2.5	±3.0		
>500~1250	±0.6	±0.8	±1.0	±1.2	±1.4	±1.6						±3.0					±4.0	±5.0

表 3-18 平面加工余量　　　　　　　　　　　　　　　　（单位：mm）

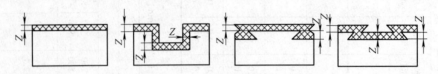

加工性质	加工表面长度	加工表面宽度 ≤100		>100~300		>300~1000	
		余量 Z	公差(+)	余量 Z	公差(+)	余量 Z	公差(+)
粗加工后精刨或精铣	≤300 >300~1000 >1000~2000	1.0 1.5 2.0	0.3 0.5 0.7	1.5 2.0 2.5	0.5 0.7 1.2	2.0 2.5 3.0	0.7 1.0 1.2
精加工后磨削,零件安装时未经找正	≤300 >300~1000 >1000~2000	0.3 0.4 0.5	0.10 0.12 0.15	0.4 0.5 0.6	0.12 0.15 0.15	— 0.6 0.7	— 0.15 0.15
精加工后磨粗,零件安装在夹具中或用千分表找正	≤300 >300~1000 >1000~2000	0.2 0.25 0.3	0.10 0.12 0.15	0.25 0.30 0.40	0.12 0.15 0.15	— 0.4 0.4	— 0.15 0.15
刮	≤300 >300~1000 >1000~2000	0.15 0.2 0.25	0.06 0.10 0.12	0.15 0.20 0.25	0.06 0.10 0.12	0.2 0.25 0.30	0.10 0.12 0.15

注：1. 表中数值为每一加工表面的加工余量。
　　2. 当精刨或精铣时,最后一次行程前留的余量应≥0.5mm。
　　3. 热处理的零件磨前的加工余量需将表中数值乘以 1.2。

表 3-19 磨削外圆的加工余量　　　　　　　　　　　　（单位：mm）

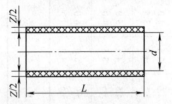

轴的直径 d	磨削性质	轴的性质	轴的长度 L						磨前加工的尺寸公差等级
			≤100	>100~250	>250~500	>500~800	>800~1200	>1200~2000	
			直径余量						
≤10	中心磨	未淬硬	0.2	0.2	0.3	—	—	—	IT11
		淬硬	0.3	0.3	0.4	—	—	—	
	无心磨	未淬硬	0.2	0.2	0.2	—	—	—	
		淬硬	0.3	0.3	0.4	—	—	—	

（续）

轴的直径 d	磨削性质	轴的性质	轴的长度 L						磨前加工的尺寸公差等级
			≤100	>100~250	>250~500	>500~800	>800~1200	>1200~2000	
			直径余量						
>10~18	中心磨	未淬硬	0.2	0.3	0.3	0.3	—	—	
		淬硬	0.3	0.3	0.4	0.5	—	—	
	无心磨	未淬硬	0.2	0.2	0.2	0.3	—	—	
		淬硬	0.3	0.3	0.4	0.5	—	—	
>18~30	中心磨	未淬硬	0.3	0.3	0.3	0.4	0.4	—	
		淬硬	0.3	0.4	0.4	0.5	0.6	—	
	无心磨	未淬硬	0.3	0.3	0.3	0.3	—	—	
		淬硬	0.3	0.4	0.4	0.5	—	—	
>30~50	中心磨	未淬硬	0.3	0.3	0.4	0.5	0.6	0.6	
		淬硬	0.4	0.4	0.5	0.6	0.7	0.7	
	无心磨	未淬硬	0.3	0.3	0.3	0.4	—	—	
		淬硬	0.4	0.4	0.5	0.5	—	—	
>50~80	中心磨	未淬硬	0.3	0.4	0.4	0.5	0.6	0.7	
		淬硬	0.4	0.5	0.5	0.6	0.8	0.9	
	无心磨	未淬硬	0.3	0.3	0.3	0.4	—	—	IT11
		淬硬	0.4	0.4	0.5	0.6	—	—	
>80~120	中心磨	未淬硬	0.4	0.4	0.5	0.5	0.6	0.7	
		淬硬	0.5	0.5	0.6	0.6	0.8	0.9	
	无心磨	未淬硬	0.4	0.4	0.4	0.5	—	—	
		淬硬	0.5	0.5	0.6	0.7	—	—	
>120~180	中心磨	未淬硬	0.5	0.5	0.6	0.6	0.7	0.8	
		淬硬	0.5	0.6	0.7	0.8	0.9	1.0	
	无心磨	未淬硬	0.5	0.5	0.5	0.5	—	—	
		淬硬	0.5	0.6	0.7	0.8	—	—	
>180~260	中心磨	未淬硬	0.5	0.6	0.6	0.7	0.8	0.9	
		淬硬	0.6	0.7	0.7	0.8	0.9	1.1	
>260~360	中心磨	未淬硬	0.6	0.6	0.7	0.7	0.8	0.9	
		淬硬	0.7	0.7	0.8	0.9	1.0	1.1	
>360~500	中心磨	未淬硬	0.7	0.7	0.8	0.9	0.9	1.0	
		淬硬	0.8	0.8	0.9	0.9	1.0	1.2	

注：1. 单件小批生产时，本表的余量值应乘以系数1.2，并保留小数点后一位小数。

2. 决定加工余量用的轴的长度计算，可参阅《金属机械加工工艺人员手册》。

表 3-20 加工孔 H7 的工序间（直径）尺寸　　　　　（单位：mm）

加工孔的直径	钻		直　径			
	第 1 次	第 2 次	用车刀镗以后	扩孔钻	粗铰	精铰
3	2.9					3H7
4	3.9					4H7
5	4.8					5H7
6	5.8					6H7
8	7.8				7.96	8H7
10	9.8				9.96	10H7
12	11.0			11.85	11.95	12H7
13	12.0			12.85	12.95	13H7
14	13.0			13.85	13.95	14H7
15	14.0			14.85	14.95	15H7
16	15.0			15.85	15.95	16H7
18	17.0			17.85	17.94	18H7
20	18.0		19.8	19.8	19.94	20H7
22	20.0		21.8	21.8	21.94	22H7
24	22.0		23.8	23.8	23.94	24H7
25	23.0		24.8	24.8	24.94	25H7
26	24.0		25.8	25.8	25.94	26H7
28	26.0		27.8	27.8	27.94	28H7
30	15.0	28	29.8	29.8	29.93	30H7
32	15.0	30.0	31.7	31.75	31.93	32H7
35	20.0	33.0	34.7	34.75	34.93	35H7
38	20.0	36.0	37.7	37.75	37.93	38H7
40	25.0	38.0	39.7	39.75	39.93	40H7
42	25.0	40.0	41.7	41.75	41.93	42H7
45	25.0	43.0	44.7	44.75	44.93	45H7
48	25.0	46.0	47.7	47.75	47.93	48H7
50	25.0	48.0	49.7	49.75	49.93	50H7
60	30.0	55.0	59.5	59.5	59.9	60H7
70	30.0	65.0	69.5	69.5	69.9	70H7
80	30.0	75.0	79.5	79.5	79.9	80H7
90	30.0	80.0	89.3	—	89.8	90H7
100	30.0	80.0	99.3	—	99.8	100H7
120	30.0	80.0	119.3	—	119.8	120H7
140	30.0	80.0	139.3	—	139.8	140H7
160	30.0	80.0	159.3	—	159.8	160H7
180	30.0	80.0	179.3	—	179.8	180H7

注：1. 在铸铁件上加工直径小于 $\phi15$mm 时，不用扩孔钻扩孔。
　　2. 用磨削作为孔的最后加工方法时，精镗后的直径参阅表 3-21。

表 3-21　磨孔的加工余量　　　　　　　　　　　　（单位：mm）

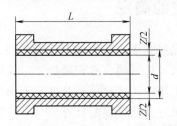

孔的直径 d	零件性质	磨孔的长度 L					磨前加工的尺寸公差等级
		≤50	>50~100	>100~200	>200~300	>300~500	
		直径余量 Z					
≤10	未淬硬 淬硬	0.2 0.2					IT11
>10~18	未淬硬 淬硬	0.2 0.3	0.3 0.4				
>18~30	未淬硬 淬硬	0.3 0.3	0.3 0.4	0.4 0.4			
>30~50	未淬硬 淬硬	0.3 0.4	0.3 0.4	0.4 0.4	0.4 0.5		
>50~80	未淬硬 淬硬	0.4 0.4	0.4 0.5	0.4 0.5	0.4 0.5		
>80~120	未淬硬 淬硬	0.5 0.5	0.5 0.5	0.5 0.5	0.5 0.6	0.6 0.7	
>120~180	未淬硬 淬硬	0.6 0.6	0.6 0.6	0.6 0.6	0.6 0.6	0.6 0.7	
>180~260	未淬硬 淬硬	0.6 0.7	0.6 0.7	0.7 0.7	0.7 0.7	0.7 0.8	
>260~360	未淬硬 淬硬	0.7 0.7	0.7 0.7	0.7 0.8	0.8 0.8	0.8 0.9	
>360~500	未淬硬 淬硬	0.8 0.8	0.8 0.8	0.8 0.8	0.8 0.9	0.8 0.9	

注：1. 当加工在热处理时容易变形的薄的轴套时，应将表中加工余量乘以1.3。
　　2. 单件小批生产时，本表数值应乘以1.3，并保留小数点后一位小数。

在确定加工余量时，要分别确定加工总余量（毛坯余量）和工序余量。加工总余量的大小与所选择的毛坯制造精度有关。用查表法确定工序余量时，粗加工余量不能用查表法得到，而是由加工总余量减去其他各工序余量之和得到。

3.7 工序尺寸及其公差的确定

工件上的设计尺寸一般要经过几道工序的加工才能得到,每道工序所应保证的尺寸称为工序尺寸,它们是逐步向设计尺寸接近的,直到最后工序才保证设计尺寸。编制工艺规程的一个重要工作就是要确定每道工序的工序尺寸及公差。下面分工艺基准与设计基准重合和不重合两种情况,分别进行工序尺寸及其公差的计算。

3.7.1 基准重合时,工序尺寸及其公差的计算

当工序基准、定位基准或测量基准与设计基准重合,表面需经多次加工时,工序尺寸及公差的计算是比较容易的,例如,轴、孔和某些平面的加工,计算时只需考虑各工序的加工余量和所能达到的精度。其计算顺序是由最后一道工序开始向前推算,计算步骤为:

1) 确定毛坯总余量和工序余量。

2) 确定工序尺寸公差。最终工序尺寸公差等于设计尺寸公差,其余工序尺寸公差按经济精度确定(见表3-12~表3-14)。

3) 求工序公称尺寸。从零件图上的设计尺寸开始,一直往前推算到毛坯尺寸,某工序公称尺寸等于后道工序公称尺寸加上或减去后道工序余量。

4) 标注工序尺寸公差。最后一道工序的公差按设计尺寸公差标注,其余工序尺寸公差按入体原则标注。

例3-1 某零件孔的设计尺寸为 $\phi 100^{+0.035}_{0}$ mm,表面粗糙度 Ra 值为 $0.8\mu m$,毛坯为铸铁件,其加工工艺路线为:毛坯—粗镗—半精镗—精镗—浮动镗。求各工序尺寸。

解 首先,通过查表或凭经验确定毛坯总余量与其公差、工序余量及其公差,以及工序的经济公差等级(见表3-13),然后,计算工序公称尺寸,结果列于表3-22中。

表 3-22 工序尺寸及公差的计算 (单位:mm)

工序名称	工序余量	工序的经济精度	工序公称尺寸	工序尺寸
浮动镗	0.1	H7($^{+0.035}_{0}$)	100	$\phi 100^{+0.035}_{0}$
精 镗	0.5	H9($^{+0.087}_{0}$)	100−0.1=99.9	$\phi 99.9^{+0.087}_{0}$
半精镗	2.4	H11($^{+0.22}_{0}$)	99.9−0.5=99.4	$\phi 99.4^{+0.22}_{0}$
粗 镗	5	H13($^{+0.44}_{0}$)	99.4−2.4=97	$\phi 97^{+0.44}_{0}$
毛 坯	8	±1.2	97−5=92 或 100−8=92	$\phi 92\pm 1.2$

3.7.2 基准不重合时,工序尺寸及其公差的计算

当零件加工时,多次转换工艺基准,会引起测量基准、定位基准或工序基准与设计基准不重合,这时,需要利用工艺尺寸链原理来进行工序尺寸及其公差的计算。

1. 工艺尺寸链的基本概念

(1) 工艺尺寸链的定义和特征 在零件加工过程中,由一系列相互联系的工艺尺寸所形成的按一定顺序排列的封闭尺寸组合称为工艺尺寸链。

如图 3-23a 所示，假设零件图上标注设计尺寸 A_1 和 A_0，当用调整法最后加工表面 C 时（A、B 面已加工完成），为了使工件定位可靠和夹具结构简单，常选 A 面为定位基准，按尺寸 A_2 对刀加工 B 面，间接保证尺寸 A_0。A_1、A_2 和 A_0 这些相互联系的尺寸就形成一个封闭尺寸组合，即为工艺尺寸链，如图 3-23c 所示。

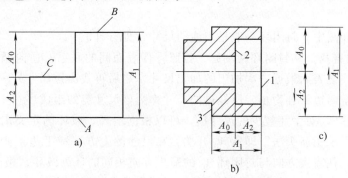

图 3-23　零件加工与测量中的尺寸联系

又如图 3-23b 所示零件，设计尺寸为 A_1、A_0，在加工过程中，因 A_0 不便直接测量，只有按照容易测量的 A_2 进行加工，以间接保证尺寸 A_0 的要求，则 A_1、A_2、A_0 也同样形成一个工艺尺寸链。

通过以上分析可知，工艺尺寸链的主要特征是：封闭性和关联性。

1）封闭性——尺寸链中各个尺寸的排列呈封闭形式，不封闭就不成为尺寸链。

2）关联性——任何一个直接保证的尺寸及其精度的变化，必将影响间接保证的尺寸及其精度。例如图 3-23c 所示尺寸链中，A_1、A_2 尺寸的变化，都将引起 A_0 尺寸的变化。

（2）工艺尺寸链的组成　组成工艺尺寸链的每一个尺寸称为环。例如图 3-23c 中的 A_1、A_2、A_0 都是尺寸链的环。环又可分为封闭环和组成环。

1）封闭环——在加工过程中，间接获得、最后保证的尺寸称为封闭环。例如图 3-23 中的 A_0 是间接获得的，为封闭环。封闭环用下标"0"表示。每个尺寸链只能有一个封闭环。

2）组成环——除封闭环以外的其他环称为组成环。组成环的尺寸是直接保证的，它又影响到封闭环的尺寸，按其对封闭环的影响又可分为增环和减环。

增环——当其余组成环不变，而该环增大（或减小）使封闭环随之增大（或减小）的环称为增环。例如图 3-23c 中的 A_1 即为增环，为简明起见，可标记成 $\overrightarrow{A_1}$。

减环——当其余组成环不变，该环增大（或减小）反而使封闭环减小（或增大）的环称为减环。例如图 3-23c 中的尺寸 A_2 即为减环。标记成 $\overleftarrow{A_2}$。

（3）工艺尺寸链的建立　利用工艺尺寸链进行工序尺寸及其公差的计算，关键在于正确找出尺寸链，正确区分增环、减环和封闭环。其方法和步骤如下：

1）封闭环的确定。正确确定封闭环是解算工艺尺寸链最关键的一步。封闭环确定错了，整个尺寸链的解算将是错误的。

对于工艺尺寸链，要认准封闭环是"间接、最后"获得的尺寸这一关键点。在大多数情况下，封闭环可能是零件设计尺寸中的一个尺寸或者是加工余量值。

封闭环的确定还要考虑到零件的加工方案。如加工方案改变，则封闭环也将可能变成另一个尺寸。例如图 3-23b 所示零件,当以表面 3 定位车削表面 1,获得尺寸 A_1,然后以表面 1 为测量基准车削表面 2 获得尺寸 A_2 时,则间接获得的尺寸 A_0 即为封闭环。但是,如果改变加工方案,以加工过的表面 1 为测量基准直接获得尺寸 A_2,然后调头以表面 2 为定位基准,采用定距装刀的调整法车削表面 3 直接保证尺寸 A_0 时,则 A_1 成为间接获得的尺寸,是封闭环。

在零件的设计图中,封闭环一般是未注的尺寸(即开环)。

2)组成环的查找。从封闭环两端起,按照零件表面间的联系,逆向循着工艺过程的顺序,分别向前查找该表面最近一次加工的加工尺寸,之后再找出该尺寸另一端表面的最后一次加工尺寸,直至两边汇合为止,所经过的尺寸都为该尺寸链的组成环。

3)区分增减环。对于环数少的尺寸链,可以根据增环、减环的定义来判别。对于环数多的尺寸链,可以采用箭头法,即从 A_0 开始,在尺寸的上方(或下边)画箭头,然后顺着各环依次画下去,凡箭头方向与封闭环 A_0 的箭头方向相同的环为减环,相反的为增环。

需要注意的是:所建立的尺寸链必须使组成环数最少,这样能更容易地满足封闭环的精度或者使各组成环的加工更容易、更经济。

(4)工艺尺寸链计算的基本公式 工艺尺寸链的计算有极值法和概率法两种方法。一般多采用极值法。

1)极值法。

① 封闭环的公称尺寸计算。封闭环的公称尺寸等于所有增环的公称尺寸之和减去所有减环的公称尺寸之和,即

$$A_0 = \sum_{i=1}^{m} \vec{A}_i - \sum_{j=m+1}^{n-1} \overleftarrow{A}_j \qquad (3\text{-}1)$$

式中 m——增环的环数;
n——包括封闭环在内的总环数。

② 封闭环极限尺寸的计算。封闭环的上极限尺寸等于所有增环的上极限尺寸之和减去所有减环的下极限尺寸之和,即

$$A_{0\max} = \sum_{i=1}^{m} \vec{A}_{i\max} - \sum_{j=m+1}^{n-1} \overleftarrow{A}_{j\min} \qquad (3\text{-}2)$$

封闭环的下极限尺寸等于所有增环的下极限尺寸之和减去所有减环的上极限尺寸之和,即

$$A_{0\min} = \sum_{i=1}^{m} \vec{A}_{i\min} - \sum_{j=m+1}^{n-1} \overleftarrow{A}_{j\max} \qquad (3\text{-}3)$$

③ 封闭环上、下极限偏差的计算。封闭环的上极限偏差等于所有增环的上极限偏差之和减去所有减环的下极限偏差之和,即

$$B_s(A_0) = \sum_{i=1}^{m} B_s(\vec{A}_i) - \sum_{j=m+1}^{n-1} B_x(\overleftarrow{A}_j) \qquad (3\text{-}4)$$

封闭环的下极限偏差等于所有增环的下极限偏差之和减去所有减环的上极限偏差之和,即

$$B_x(A_0) = \sum_{i=1}^{m} B_x(\vec{A}_i) - \sum_{j=m+1}^{n-1} B_s(\overleftarrow{A}_j) \qquad (3\text{-}5)$$

式中 $B_s(\vec{A}_i)$、$B_s(\overleftarrow{A}_j)$——增环和减环的上极限偏差；

$B_x(\vec{A}_i)$、$B_x(\overleftarrow{A}_j)$——增环和减环的下极限偏差。

④ 封闭环的公差计算。封闭环的公差等于所有组成环公差之和,即

$$T(A_0) = \sum_{i=1}^{n-1} T(A_i) \tag{3-6}$$

式中 $T(A_i)$——第 i 个组成环的公差值。

⑤ 封闭环平均尺寸和平均偏差的计算。封闭环的平均尺寸等于所有增环的平均尺寸之和减去所有减环的平均尺寸之和,即

$$A_{0M} = \sum_{i=1}^{m} \vec{A}_{iM} - \sum_{j=m+1}^{n-1} \overleftarrow{A}_{iM} \tag{3-7}$$

封闭环的平均偏差等于所有增环的平均偏差之和减去所有减环的平均偏差之和,即

$$B_M(A_0) = \sum_{i=1}^{m} B_M(\vec{A}_i) - \sum_{j=m+1}^{n-1} B_M(\overleftarrow{A}_i) \tag{3-8}$$

式中 A_{0M}、$B_M(A_0)$——封闭环的平均尺寸和平均偏差。

2) 概率法。当工艺尺寸链的环数较多（五环以上）且为大批大量生产时,应该按概率法计算,计算公式除用式（3-7）和式（3-8）外,其公差值的计算公式为

$$T_0 = K_m \sqrt{\sum_{i=1}^{n-1} T_i^2} \tag{3-9}$$

式中 T_0——封闭环的公差值；

T_i——第 i 个组成环的公差值；

K_m——平均分配系数,一般 $K_m = 1 \sim 1.7$,当工艺稳定而生产批量较大时取小值,反之取大值。如各环尺寸均符合正态分布,可取 $K_m = 1$,其他情况建议取 $K_m = 1.5$ 进行计算。

显然,在组成环数较多而且公差值不变时,由概率法计算得出的封闭环公差值要比用极值法计算得出的值更小。因此,在保证封闭环精度不变的前提下,应用概率法可以使组成环公差放大,从而减低了加工时对工艺尺寸的精度要求,降低了加工难度和加工成本。

(5) 尺寸链的计算形式　在工艺尺寸链解算时,有以下三种情况:

1) 正计算。已知各组成环尺寸,求封闭环尺寸,其计算的结果是唯一的。这种情况主要用于设计尺寸校核。

2) 反计算。已知封闭环求各组成环。这种情况实际上是将封闭环的公差值合理地分配给各组成环,分配时一般按照各组成环的经济精度来确定组成环的公差值,加以适当调整后,使各组成环公差之和等于或小于封闭环公差。它主要用于根据机器装配精度,确定各零件尺寸及偏差的情况。

3) 中间计算。已知封闭环和部分组成环,求某一组成环。此法应用最广,广泛用于加工中基准不重合时工序尺寸的计算。

2. 工艺尺寸链的分析和解算

(1) 测量基准与设计基准不重合时的工序尺寸计算　在零件加工时,会遇到一些表面加工之后设计尺寸不便直接测量的情况。因此需要在零件上另选一个易于测量的表面作为测量基准进行测量,以间接检验设计尺寸。

例 3-2 如图 3-24a 所示套筒零件，两端面已加工完毕，加工孔底面 C 时，要保证尺寸 $16_{-0.35}^{0}$mm，因该尺寸不便测量，试标出测量尺寸。

解 由于孔的深度可以用深度游标卡尺测量，因而尺寸 $16_{-0.35}^{0}$mm 可以通过尺寸 $A=60_{-0.17}^{0}$mm 和孔深尺寸 x 间接计算出来，列出尺寸链如图 3-24b 所示。尺寸 $16_{-0.35}^{0}$mm 显然是封闭环。

由式（3-1）得　　　$16\text{mm}=60\text{mm}-x$　　　则 $x=44\text{mm}$

由式（3-4）得　　　$0=0-B_x(x)$　　　则 $B_x(x)=0$

由式（3-5）得　　　$-0.35\text{mm}=-0.17\text{mm}-B_s(x)$　　　则 $B_s(x)=+0.18\text{mm}$

所以测量尺寸　　　$x=44_{0}^{+0.18}$mm

通过分析以上计算结果可以发现，由于基准不重合而进行尺寸换算，将带来如下两个问题：

一是提高了组成环尺寸的测量精度要求和加工精度要求。如果能按原设计尺寸进行测量，则测量公差和加工时的公差为 0.35mm，换算后的测量尺寸公差为 0.18mm，按此尺寸加工，加工公差减小了 0.17mm，从而提高了测量和加工的难度。

二是"假废品"问题。在测量零件尺寸 x 时，如 A 的尺寸在 $60_{-0.17}^{0}$mm 之间，x 尺寸在 $44_{0}^{+0.18}$mm 之间，则 A_0 必在 $16_{-0.35}^{0}$mm 之间，零件为合格品。

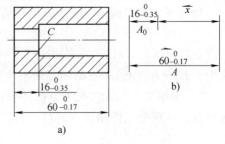

图 3-24　测量尺寸的换算

但是，如果 x 的实测尺寸超出 $44_{0}^{+0.18}$mm 的范围，假设偏大或偏小 0.17mm，即为 44.35mm 或 43.83mm，从工序尺寸上看，此件应报废。但如果将此零件的尺寸 A 再测量一下，只要尺寸 A 也相应为最大 60mm 或最小 59.83mm，则算得 A_0 的尺寸相应为（60-44.35）mm = 15.65mm 和（59.83-43.83）mm = 16mm，零件实际上仍为合格品，这就是工序上报废而产品仍合格的所谓"假废品"问题。由此可见，只要实测尺寸的超差量小于另一组成环的公差值时，就有可能出现"假废品"。为了避免将实际合格的零件报废而造成浪费，对换算后的测量尺寸（或工序尺寸）超差的零件，应重新测量其他组成环的尺寸，再计算出封闭环的尺寸，以判断是否为废品。

（2）定位基准与设计基准不重合时的工序尺寸计算　用调整法加工零件时，如果加工表面的定位基准与设计基准不重合，就要进行尺寸换算，重新标注工序尺寸。

例 3-3 如图 3-25a 所示零件，尺寸 $60_{-0.12}^{0}$mm 已经保证，现以 1 面定位用调整法精铣 2 面，试标出工序尺寸。

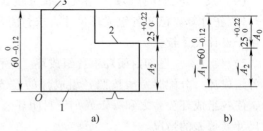

图 3-25　定位基准与设计基准不重合的尺寸换算

解 当以 1 面定位加工 2 面时，将按工序尺寸 A_2 进行加工，设计尺寸 $A_0=25_{0}^{+0.22}$mm 是本工序间接保证的尺寸，为封闭环，其尺寸链如图 3-25b 所示，则尺寸 A_2 的计算如下：

按式（3-1）求公称尺寸为

$$25\text{mm}=60\text{mm}-A_2 \qquad 则 A_2=35\text{mm}$$

按式（3-4）求下极限偏差为

$$+0.22\text{mm} = 0 - B_x(A_2) \quad 则 B_x(A_2) = -0.22\text{mm}$$

按式（3-5）求上极限偏差为

$$0 = -0.12\text{mm} - B_s(A_2) \quad 则 B_s(A_2) = -0.12\text{mm}$$

则工序尺寸为 $A_2 = 35_{-0.22}^{-0.12}$ mm。

和例 3-2 一样，当定位基准与设计基准不重合进行尺寸换算时，也需要提高本工序的加工精度，使加工更加困难。同时，也会出现"假废品"的问题。

在进行工艺尺寸链计算时，还有一种情况必须注意。以图 3-25 为例，如果零件图中标注的设计尺寸 $A_1 = 60_{-0.2}^{0}$ mm，$A_0 = 25_{0}^{+0.22}$ mm，则经过计算可得工序尺寸 $A_2 = 35_{-0.2}^{-0.2}$ mm，其公差值 $T_2 = 0.02$ mm，显然，精度要求过高，加工难以达到。有时还会出现公差值为零或负值的现象。遇到这种情况一般可以采取以下两种措施：

一是减小其他组成环的公差。即根据各组成环加工的经济精度来压缩各环公差。例如例 3-3 中，加工 1 面和 3 面时同样可考虑用精铣的方法，查表 3-14 可得公称尺寸为 60mm 时的经济公差等级对应的公差值为 $T'_1 = 0.12$ mm，即将尺寸 A_1 改为 $A'_1 = 60_{-0.12}^{0}$ mm，重新求得 $A'_2 = 35_{-0.22}^{-0.12}$ mm，其公差 $T'_2 = 0.1$ mm，符合经济公差等级对应的公差。这实际上是尺寸链的反计算。

二是改变定位基准或加工方式。如果采用第一种方法仍无法满足加工要求，则只能设法使定位基准与设计基准重合，即采用 3 面为定位基准，直接保证设计尺寸。这样将使夹具结构复杂，操作不方便。此外，还可以改变加工方式，如采用复合铣刀，同时铣削 2 面和 3 面，以保证设计尺寸。

（3）从尚需继续加工的表面上标注的工序尺寸计算　在加工过程中，有时会出现用尚需加工的表面作为基准标注工序尺寸的情况，该工序尺寸也需要通过尺寸链计算来确定。

例 3-4　图 3-26a 所示为齿轮内孔的局部简图，设计要求孔径为 $\phi 40_{0}^{+0.05}$ mm，键槽深度尺寸为 $43.6_{0}^{+0.34}$ mm。其加工顺序为：

1）镗内孔至 $\phi 39.6_{0}^{+0.1}$ mm。
2）插键槽至尺寸 A。
3）热处理，淬火。
4）磨内孔至 $\phi 40_{0}^{+0.05}$ mm。

试确定插键槽的工序尺寸 A。

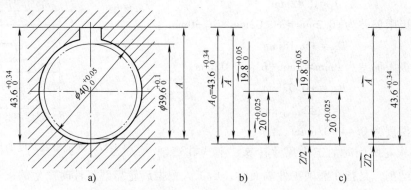

图 3-26　内孔及键槽加工的工艺尺寸链

解 先列出尺寸链，如图 3-26b 所示。要注意的是，当有直径尺寸时，一般应考虑用半径尺寸来列尺寸链。因最后工序是直接保证 $\phi 40^{+0.05}_{0}$mm，间接保证 $43.6^{+0.34}_{0}$mm，故 $43.6^{+0.34}_{0}$mm 为封闭环，尺寸 A 和 $20^{+0.025}_{0}$mm 为增环，$19.8^{+0.05}_{0}$mm 为减环。利用基本公式计算。

公称尺寸为
$$43.6\text{mm} = A + 20\text{mm} - 19.8\text{mm}$$
$$A = 43.4\text{mm}$$

上极限偏差为
$$+0.34\text{mm} = B_s(A) + 0.025\text{mm} - 0\text{mm}$$
$$B_s(A) = +0.315\text{mm}$$

下极限偏差为
$$0\text{mm} = B_x(A) + 0\text{mm} - 0.05\text{mm}$$
$$B_x(A) = +0.05\text{mm}$$

所以
$$A = 43.4^{+0.315}_{+0.05}\text{mm}$$

按入体原则标注为 $A = 43.45^{+0.265}_{0}$mm。

另外，尺寸链还可以列成图 3-26c 所示的形式，引进了半径余量 $Z/2$。图 3-26c 左图中 $Z/2$ 是封闭环，右图中的 $Z/2$ 则认为是已经获得，而 $43.6^{+0.34}_{0}$mm 是封闭环。其解算结果与根据尺寸链图 3-26b 解算的结果相同。

(4) 保证渗氮、渗碳层深度的工艺计算 有些零件的表面需进行渗氮或渗碳处理，并且要求精加工后要保持一定的渗层深度。为此，必须确定渗前加工的工序尺寸和热处理时的渗层深度。

例 3-5 如图 3-27a 所示某内孔零件，材料为 38CrMoAlA，孔径为 $\phi 145^{+0.04}_{0}$mm，内孔表面需要渗氮，渗氮层深度为 0.3~0.5mm。其加工过程为：

1）磨内孔至 $\phi 144.76^{+0.04}_{0}$mm，如图 3-27b 所示。
2）渗氮，深度为 t_1。
3）磨内孔至 $\phi 145^{+0.04}_{0}$mm，并保留渗层深度 t_0 = 0.3~0.5mm，如图 3-27c 所示。

试求渗氮时的深度 t_1。

解 在孔的半径方向上画尺寸链，如图 3-27d 所示，显然 $t_0 = 0.3~0.5 = 0.3^{+0.2}_{0}$mm 是间接获得，为封闭环。$t_1$ 的求解如下：

t_1 的公称尺寸为 $0.3\text{mm} = 72.38\text{mm} + t_1 - 72.5\text{mm}$
则
$$t_1 = 0.42\text{mm}$$

t_1 的上极限偏差为 $+0.2\text{mm} = +0.02\text{mm} + B_{s1} - 0\text{mm}$
则
$$B_{s1} = +0.18\text{mm}$$

t_1 的下极限偏差为 $0\text{mm} = 0\text{mm} + B_{x1} - 0.02\text{mm}$
则
$$B_{x1} = +0.02\text{mm}$$

所以
$$t_1 = 0.42^{+0.18}_{+0.02}\text{mm}$$

即渗层深度为 0.44~0.6mm。

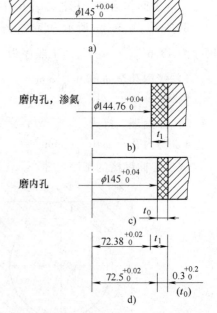

图 3-27 保证渗氮深度的尺寸换算

(5) 靠火花磨削时的工序尺寸计算 靠火花磨削是一种定量磨削，是指在磨削工件端面时，由工人根据砂轮靠磨工件时产生的火花的大小来判断磨去余量的多少，从而间接保证加工尺寸的一种磨削方法。

例 3-6 图 3-28a 所示为阶梯轴，图 3-28b 所示为其加工工序简图。加工顺序为：

1) 精车各端面，保持工序尺寸 L_1 和 L_2，如图 3-28 所示。
2) 靠火花磨削 B 面，保证设计尺寸 L_3，如图 3-28c 所示。

求精车时的工序尺寸 L_1 和 L_2。

解 精车端面 A、C 时，工序尺寸直接保证设计尺寸，所以 $L_1 = 140_{-0.12}^{0}$ mm。

工序尺寸 L_2 与设计尺寸 $80_{-0.17}^{0}$ mm 只相差一个磨削余量 Z，画出尺寸链，如图 3-28d 所示。由于是定量磨削，所以磨削余量 Z 是组成环，要保证的设计尺寸 $L_3 = 80_{-0.17}^{0}$ mm 是封闭环。其中的靠磨余量按经验数值确定为 $Z = 0.1\text{mm} \pm 0.02\text{mm}$，现在按平均尺寸计算法求解工序尺寸 L_2，即

$$L_3 = 80_{-0.17}^{0}\text{mm} = (79.915 \pm 0.085)\text{mm}$$

则

$$L_2 = (79.915 + 0.1)\text{mm} \pm 0.065\text{mm} = 80.015\text{mm} \pm 0.065\text{mm} = 80.08_{-0.13}^{0}\text{mm}$$

靠火花磨削具有以下特点：

1) 靠火花磨削能保证磨去最小余量，无须停车测量，因此，生产率较高。

2) 在尺寸链中，磨削余量是直接控制的，为组成环，而保证的设计尺寸为封闭环。

3) 由于靠磨的余量值存在公差，因而靠磨后尺寸的误差要比靠磨前相应尺寸的误差增大一个余量公差值，尺寸精度更低。因此，要求靠磨前的工序尺寸公差比设计尺寸公差缩小一个适当的数值。

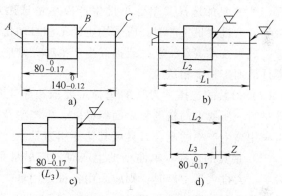

图 3-28 靠火花磨削的尺寸换算

3.8 机床与工艺装备的选择

在设计加工工序时，需要正确地选择机床设备名称、型号和工艺装备（即夹具、刀具、量具、辅具）的名称与型号，并填入相应的工艺卡片中，这是保证零件的加工质量、提高生产率和经济效益的重要措施。

3.8.1 机床的选择

机床是加工零件的主要生产工具，当工件加工表面的加工方法确定以后，各工序所用的机床类型就已经确定。但每一类型的机床都有不同的形式，其工艺范围、技术规格、生产率及自动化程度等都不相同，在选择时应考虑以下问题：

（1）所选机床的精度应与零件要求的加工精度相适应 所选机床的精度太低，满足不了零件加工精度的要求；机床的精度太高，又增加制造成本，造成浪费。但是在单件小批生产时，如果零件精度较高，又没有高精度的机床，也可以选择较低精度的机床进行加工，而

在工艺上采取措施来满足加工精度要求。

（2）所选择的机床的技术规格应与零件的尺寸相适应 小零件选用小型机床加工，大零件选用大型机床加工，使设备得到合理利用。

（3）所选机床的生产率和自动化程度应与零件的生产纲领相适应 单件小批生产应选择工艺范围较广的通用机床；大批大量生产尽量选择生产率和自动化程度较高的专门化机床或自动机床。当然，在具备采用成组技术等条件时，则可以选用高效率的专用、自动、组合机床，以满足相似零件组的加工要求，而不仅仅考虑某一零件批量的大小。

（4）机床的选择要考虑生产现场的实际情况 要充分利用现有的设备，或者提出对现在设备进行改装的意见，同时要考虑操作者的实际水平等。

3.8.2 工艺装备的选择

工艺装备的选择要考虑零件的生产类型、具体的加工条件、零件的加工要求和结构特点等方面的情况。

（1）夹具的选择 单件小批生产应尽量选用通用夹具，如机床自带的卡盘、平口钳、转台等。大批大量生产时，应采用生产率和自动化程度较高的专用夹具，在采用计算机辅助制造、成组技术等新工艺，或提高生产率时，则应选用成组夹具、组合夹具。夹具的精度应与零件的加工精度相适应。

（2）刀具的选择 刀具的选择主要取决于工序所采用的加工方法、加工表面的尺寸、工件材料、所要求的精度和表面粗糙度、生产率及经济性等。应尽可能采用标准刀具，必要时可采用高生产率的复合刀具或其他专用刀具。

（3）量具的选择 单件小批生产时，应尽量采用通用量具，如游标卡尺、千分尺、千分表等。大批大量生产时，则应采用各种专用量规、高生产率的检验仪器、检验夹具。所选量具的量程和分度值必须与零件的尺寸和精度相适应。

3.9 机械加工生产率和技术经济分析

在制订机械加工工艺规程时，必须在保证零件质量要求的前提下，提高劳动生产率和降低成本。也就是说，必须做到优质、高产、低消耗。因此，必须对工艺过程进行技术经济分析，探讨提高劳动生产率的工艺途径。

3.9.1 机械加工生产率分析

劳动生产率是指工人在单位时间内制造的合格品数量，或者指制造单件产品所消耗的劳动时间。劳动生产率一般通过时间定额来衡量。

1. 时间定额

时间定额是在一定的生产条件下制订出来的完成单件产品（如一个零件）或某项工作（如一个工序）所必须消耗的时间。时间定额不仅是衡量劳动生产率的指标，也是安排生产计划、计算生产成本的重要依据，还是新建或扩建工厂（或车间）时计算设备和工人数量的依据。

制订合理的时间定额是调动工人积极性的重要手段，它一般是由技术人员通过计算或类比的方法，或者通过对实际操作时间的测定和分析的方法而确定的。使用中，时间定额还应定期修订，以使其保持平均先进水平。

完成零件一个工序的时间定额，称为单件时间定额。它包括下列组成部分。

(1) 基本时间（$T_{基本}$）基本时间指直接改变生产对象的形状、尺寸、相对位置与表面质量等所耗费的时间。对机械加工来说，则为切除金属层所耗费的时间（包括刀具的切入和切出时间），又称机动时间，可通过计算求出。以车外圆为例，基本时间为

$$T_{基本} = \frac{L+L_1+L_2}{nf}i = \frac{\pi D(L+L_1+L_2)}{1000v_c f} \cdot \frac{Z}{a_p}$$

式中　L——零件加工表面的长度（mm）；
　　L_1、L_2——刀具的切入和切出长度（mm）；
　　　n——工件转速（r/min）；
　　　f——进给量（mm/r）；
　　　i——进给次数（取决于加工余量 Z 和背吃刀量 a_p）；
　　　v_c——切削速度（m/min）；
　　　$T_{基本}$——基本时间（min）。

(2) 辅助时间（$T_{辅助}$）辅助时间指在每个工序中，完成基本工艺工作所用辅助动作耗费的时间。辅助动作主要有：装卸工件、开停机床、改变切削用量、试切和测量零件尺寸等。

基本时间（$T_{基本}$）和辅助时间（$T_{辅助}$）的总和称为操作时间（$T_{操作}$）。

(3) 工作地点服务时间（$T_{服务}$）工作地点服务时间指工人在工作时为照管工作地点及保持正常工作状态所耗费的时间。例如，在加工过程中调整、更换和刃磨刀具，润滑和擦拭机床，清除切屑等所耗费的时间就属于工作地点服务时间。工作地点服务时间（$T_{服务}$）可取操作时间的 2%~7%。

(4) 休息和自然需要时间（$T_{休息}$）休息和自然需要时间指工人在工作时间内为恢复体力和满足生理需要所消耗的时间。一般可取操作时间的 2%。

上述时间的总和称为单件时间，即

$$T_{单件} = T_{基本} + T_{辅助} + T_{服务} + T_{休息}$$

(5) 准备终结时间（$T_{准终}$）准备终结时间指当加工一批工件的开始和终了时，所做的准备工作和结束工作而耗费的时间。准备工作有熟悉工艺文件、领料、领取工艺装备、调整机床等；结束工作有拆卸和归还工艺装备、送交成品等。因该时间对一批零件（批量为 N）只消耗一次，故分摊到每个零件上的时间为 $T_{准终}/N$。

所以，批量生产时单件时间定额为上述时间之和，即

$$T_{定额} = T_{基本} + T_{辅助} + T_{服务} + T_{休息} + T_{准终}/N$$

在大量生产时，每个工作地点完成固定的一道工序，一般不需要考虑准备终结时间，如果要计算，因 N 值很大，$T_{准终}/N \approx 0$，也可忽略不计。所以，其单件时间定额为

$$T_{定额} = T_{单件} = T_{基本} + T_{辅助} + T_{服务} + T_{休息}$$

2. 提高机械加工生产率的工艺措施

劳动生产率是衡量生产效率的一个综合技术经济指标，它不是一个单纯的工艺技术问题，而与产品设计、生产组织和管理工作有关。所以，改进产品结构设计、改善生产组织和管理工作，都是提高劳动生产率的有力措施。下面仅讨论与机械加工有关的一些工艺措施。

（1）缩减时间定额　在时间定额的五个组成部分中，缩减每一项都能使时间定额降低，从而提高劳动生产率。但主要应缩减占比例较大的部分，如单件小批生产时主要应缩减辅助时间，大批大量生产时主要应缩减基本时间，$T_{休息}$本来所占比例甚少，不宜作为缩减对象。

1）缩减基本时间。

① 提高切削用量 n、f、a_p。增加切削用量将使基本时间减少，但会增加切削力、切削热和工艺系统的变形以及刀具磨损等。因此，必须在保证质量的前提下采用。

要采用大的切削用量，关键要提高机床的承受能力特别是刀具的寿命。要求机床刚度好、功率大，要采用优质的刀具材料，如陶瓷车刀的切削速度可达 500m/min，聚晶氮化硼刀具可达 900m/min，并能加工淬硬钢。

② 减小切削长度。在切削加工时，可以通过采用多刀加工、多件加工的方法，以减小切削长度。

图 3-29a 所示为采用三把刀具同时切削同一表面，切削行程约为工件长度的 1/3。

图 3-29b 所示为合并进给，用三把刀具一次性地完成三次进给，切削行程约可减少 2/3。

图 3-29c 所示为复合工步加工，也可大大减少切削行程。

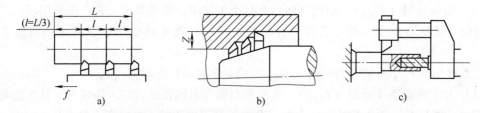

图 3-29　采用多刀加工以减小切削行程长度

另外，将纵向进给改成横向进给也是减小刀具切削长度的一个有效办法。

③ 多件加工。多件加工可分为顺序多件加工、平行多件加工和平行顺序多件加工三种方式。

图 3-30a 所示为顺序多件加工，这样可减少刀具的切入和切出长度。这种方式多见于龙门刨床、镗削及滚齿加工中。

图 3-30b 所示为平行多件加工，一次进给可同时加工几个零件，所需基本时间与加工一个零件时基本相同。这种方式常用铣床和平面磨床上。

图 3-30c 所示为平行顺序多件加工。这种加工方式能非常显著地减少基本时间，常见于立轴式平面磨削和铣削加工。

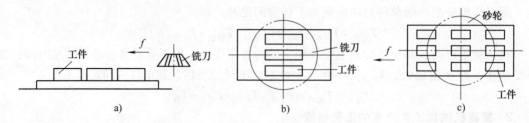

图 3-30　采用多件加工减少切削行程长度

2）缩减辅助时间。缩减辅助时间的方法主要是要实现机械化和自动化，或使辅助时间与基本时间重合。具体措施有：

① 采用先进，高效夹具。在大批大量生产时，采用高效的气动或液压夹具；在单件小批生产和中批生产时，采用组合夹具、可调夹具或成组夹具，都将减少装卸工件的时间。

② 采用多工位连续加工。采用回转工作台和转位夹具，可在不影响切削的情况下装卸工件，使辅助时间与基本时间重合。图3-31所示为利用回转工作台的多工位立铣；图3-32所示为双工位转位夹具装夹加工。

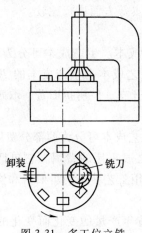

图3-31　多工位立铣

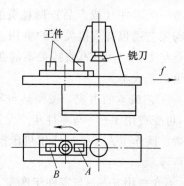

图3-32　双工位转位夹具装夹加工

③ 采用主动检验或数字显示自动测量装置。可以大大减少停机测量工件的时间。

④ 采用两个相同夹具交替工作的方法。当一个夹具安装好工件进行加工时，另一个夹具同时进行工件的装卸，这样也可以使辅助时间与基本时间重合。

3) 缩减工作地点服务时间。缩减工作地点服务时间主要是要缩减调整和更换刀具的时间，提高刀具或砂轮的寿命。主要方法是采用各种快换刀夹、自动换刀装置、刀具微调装置以及不重磨硬质合金刀片等，以减少工人在刀具的装卸、刃磨、对刀等方面所耗费的时间。

4) 缩减准备终结时间。在批量生产时，应设法缩减安装工具、调整机床的时间，同时应尽量扩大零件的批量，使分摊到每个零件上的准备终结时间减少。在中、小批生产时，由于批量小，准备终结时间在时间定额中占有较大比重，影响到生产率的提高。因此，应尽量使零件通用化和标准化，或者采用成组技术，以增加零件的生产批量。

(2) 采用先进的工艺方法　采用先进的工艺方法是提高劳动生产率极为有效的手段，主要有以下几种：

1) 采用先进的毛坯制造方法。例如，粉末冶金、失蜡铸造、压力铸造、精密锻造等新工艺，可提高毛坯精度，减少切削加工的劳动量，提高生产率。

2) 采用少、无切屑新工艺。例如用挤齿代替剃齿，生产率可提高6~7倍。还有滚压、冷轧等工艺，都能有效地提高生产率。

3) 采用特种加工。对于某些特硬、特脆、特韧的材料及复杂型面等，采用特种加工能极大地提高生产率。例如用电解或电火花加工锻模型腔，用线切割加工冲模等，可减少大量的钳工劳动量。

4) 改进加工方法。例如用拉孔代替镗孔、铰孔，用精刨、精磨代替刮研等，都可大大提高生产率。

3.9.2 工艺过程的技术经济分析

制订机械加工工艺规程时,在满足加工质量的前提下,要特别注重其经济性。一般情况下,满足同一质量要求的加工方案可以有多种,这些方案中,必然有一个是经济性最好的方案。所谓经济性好,就是指在机械加工中能用最低的成本制造出合格的产品。这样,就需要对不同的工艺方案进行技术经济分析,从技术上和生产成本等方面进行比较。

1. 生产成本和工艺成本

制造一个零件(或产品)所耗费的费用总和称为生产成本。生产成本可分为两类费用:一类是与工艺过程有直接关系的费用,称为工艺成本。工艺成本占生产成本的 70%~75%。另一类是与工艺过程没有直接关系的费用,如行政人员的开支、厂房折旧费、取暖费等。下面仅讨论工艺成本。

(1) 工艺成本的组成　按照其与零件产量的关系,工艺成本可分为两部分费用。

1) 可变费用 V——与零件年产量有直接关系,并与之成正比的费用。它包括毛坯材料及制造费、操作工人工资、通用机床折旧费和修理费、通用工艺装备的折旧费和修理费以及机床电费等。

2) 不变费用 S——与零件年产量无直接关系,不随着年产量的变化而变化的费用。它包括专用机床和专用工艺装备的折旧费和修理费、调整工人的工资等。

(2) 工艺成本的计算　零件加工全年工艺成本可按下式计算

$$E = VN + S$$

式中　E——一种零件全年的工艺成本(元/年);

　　　V——可变费用(元/件);

　　　N——零件年产量(件/年);

　　　S——不变费用(元/年)。

每个零件的工艺成本可按下式计算

$$E_d = V + \frac{S}{N}$$

式中　E_d——单件工艺成本(元/件)。

年工艺成本与年产量的关系可用图 3-33 表示,E 与 N 呈线性关系,说明年工艺成本随着年产量的变化而成正比地变化。

单件工艺成本与年产量是双曲线的关系,如图 3-34 所示。在曲线的 A 段,N 值很小,设

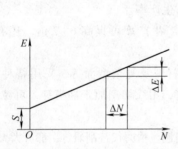

图 3-33　年工艺成本与年产量的关系

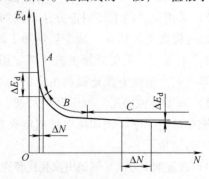

图 3-34　单件工艺成本与年产量的关系

备负荷低，E_d 就高，如 N 略有变化时，E_d 将有较大的变化。在曲线的 C 段，N 值很大，大多采用专用设备（S 较大、V 较小），且 S/N 值小，故 E_d 较低，N 值的变化对 E_d 影响很小。以上分析表明，当 S 值一定时（主要是指专用工装设备费用），就应该有一个相适应的零件年产量。所以，在单件小批生产时，因 S/N 值占的比例大，不适合使用专用工装设备（以降低 S 值）；在大批大量生产时，因 S/N 值占的比例小，最好采用专用工装设备（以减小 V 值）。

2. 不同工艺方案的经济性比较

（1）两种工艺方案的基本投资相近　如果两种工艺方案基本投资相近，或在现有设备的情况下，可比较其工艺成本。

1）如两方案只有少数工序不同，可比较其单件工艺成本。即

方案 I $$E_{d1} = V_1 + \frac{S_1}{N}$$

方案 II $$E_{d2} = V_2 + \frac{S_2}{N}$$

则 E_d 值小的方案经济性好，如图 3-35 所示。

2）当两种工艺方案有较多不同工序时，应比较其全年工艺成本。即

方案 I $$E_1 = NV_1 + S_1$$
方案 II $$E_2 = NV_2 + S_2$$

则 E 值小的方案经济性好，如图 3-36 所示。

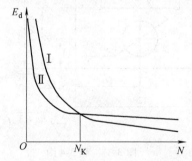
图 3-35　两种方案单件工艺成本的比较

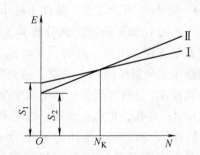
图 3-36　两种方案全年工艺成本的比较

由此可知，各方案的经济性好坏与零件年产量有关，两种方案的工艺成本相同时的年产量称为临界年产量 N_K。即

$E_1 = E_2$ 时 $$N_K V_1 + S_1 = N_K V_2 + S_2$$

则 $$N_K = \frac{S_2 - S_1}{V_1 - V_2}$$

若 $N < N_K$，宜采用方案 II；若 $N > N_K$，宜采用方案 I。

（2）两种工艺方案基本投资相差较大　如果两种工艺方案的基本投资相差较大时，则应比较不同方案的基本投资差额的回收期限 τ。

例如，方案 I 采用高生产率而价格贵的工装设备，基本投资 K_1 大，但工艺成本 E_1 低；方案 II 采用了生产率较低但价格便宜的工装设备，基本投资 K_2 小，但工艺成本 E_2 较高。也就是说，方案 I 的低成本是以增加投资为代价的，这时需考虑投资差额的回收期限 τ（年），

其值可通过下式计算

$$\tau = \frac{K_1 - K_2}{E_2 - E_1} = \frac{\Delta K}{\Delta E}$$

式中　ΔK——基本投资差额（元）；

　　　ΔE——全年工艺成本差额（元/年）。

所以，回收期限就是指方案Ⅰ比方案Ⅱ多花费的投资，需要多长的时间由于工艺成本的降低而收回来。显然，τ 越小，则经济效益越好。但 τ 至少应满足以下要求：

1) 小于所采用的设备的使用年限。

2) 小于生产产品的更新换代年限。

3) 小于国家所规定的年限。例如新普通机床的回收期限为 4~6 年，新夹具的回收期限为 2~3 年。

习　题

3-1　试述生产过程、工艺过程、工序、工步、进给、安装和工位的概念。

3-2　什么叫生产纲领？单件生产和大量生产各有哪些主要工艺特点？

3-3　某厂年产某型号六缸柴油机 1000 台，已知连杆的备品率为 5%，机械加工废品率为 1%。试计算连杆的生产纲领，说明其生产类型及主要工艺特点。

3-4　图 3-37 所示零件，单件小批生产时其机械加工工艺过程如下所述。试分析其工艺过程的组成（包括工序、工步、进给、安装）。

在刨床上分别刨削六个表面，达到图样要求；粗刨导轨面 A，分两次切削；刨削两个越程槽；精刨导轨面 A；钻孔；扩孔；铰孔；去毛刺。

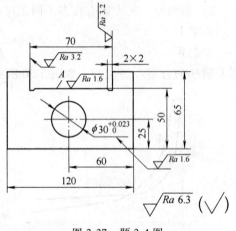

图 3-37　题 3-4 图

3-5　图 3-38a 所示零件的毛坯为 $\phi 35 \text{mm}$ 棒料，批量生产时其机械加工工艺过程如下所述。试分析其工艺过程的组成。

在锯床上切断下料，车一端面、钻中心孔，调头，车另一端面、钻中心孔；在另一台车

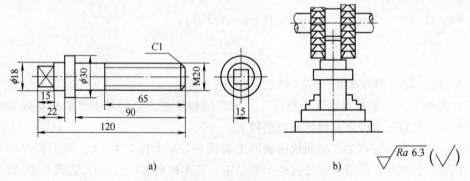

图 3-38　题 3-5 图

床上将整批工件靠螺纹一边都车至 φ30mm，调头再调刀车削整批工件的 φ18mm 外圆；又换一台车床车 φ20mm 外圆；在铣床上铣两平面，转 90°后，铣另外两平面，如图 3-38b 所示；最后车螺纹，倒角。

3-6　获得尺寸精度的机械加工方法有哪些？各有何特点？

3-7　试述设计基准、定位基准、工序基准的概念，并举例说明。

3-8　图 3-39 所示零件，若按调整法加工时，试在图中指出：

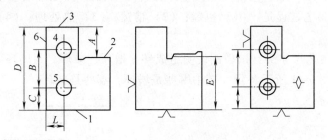

图 3-39　题 3-8 图

（1）加工平面 2 时的设计基准、定位基准、工序基准和测量基准。

（2）镗孔 4 时的设计基准、定位基准、工序基准和测量基准。

3-9　什么叫粗基准和精基准？试述它们的选择原则。

3-10　试分析下列加工情况的定位基准。

（1）拉齿坯内孔；（2）浮动铰刀铰孔；（3）珩磨内孔；（4）攻螺纹；（5）无心磨削销轴外圆；（6）磨削车床床身导轨面。

3-11　安排切削加工工序的原则是什么？为什么要遵循这些原则？

3-12　试拟订图 3-40 所示零件的机械加工工艺路线，零件为批量生产。

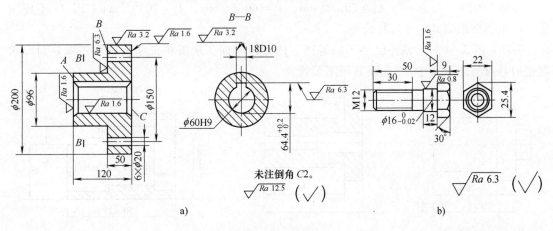

图 3-40　题 3-12 图

3-13　有一轴类零件，经过粗车—精车—粗磨—精磨达到设计尺寸 $\phi 30_{-0.3}^{\ 0}$mm。现给出各工序的加工余量及工序尺寸公差，见下表。试计算各工序尺寸及其偏差，并绘制精磨工序加工余量、工序尺寸及其公差关系图。

工序名称	加工余量/mm	工序尺寸公差/mm	工序名称	加工余量/mm	工序尺寸公差/mm
毛坯		3	粗磨	0.4	0.033
粗车	6	0.210	精磨	0.1	0.013
精车	1.5	0.052			

3-14 某零件上有一孔 $\phi60^{+0.03}_{0}$ mm，零件材料为 45 钢，热处理后硬度为 42HRC，毛坯为锻件。孔的加工工艺过程是：(1) 粗镗；(2) 精镗；(3) 热处理；(4) 磨孔。试求各工序尺寸及其公差。

3-15 什么叫工艺尺寸链？试举例说明组成环、增环、减环、封闭环的概念。

3-16 试判别图 3-41 所示各尺寸链中哪些是增环，哪些是减环。

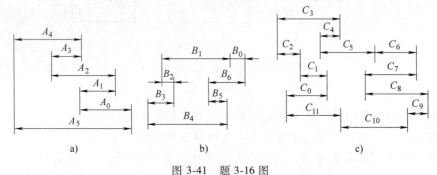

图 3-41 题 3-16 图

3-17 在车床上按调整法加工一批图 3-42 所示零件，现以加工好的 1 面为定位基准加工端面 2 和 3。试分别按极值法和概率法计算工序尺寸及其极限偏差，并对极值法计算结果做"假废品"分析。

3-18 如图 3-43 所示，$A_1 = 70^{-0.02}_{-0.07}$ mm，$A_2 = 60^{\,0}_{-0.04}$ mm，$A_3 = 20^{+0.19}_{0}$ mm。因 A_3 不便测量，试重新标出测量尺寸及其公差。

3-19 图 3-44 所示零件已加工完外圆、内孔及端面，现需在铣床上铣出右端缺口。求调整刀具时的测量尺寸 H、A 及其极限偏差。

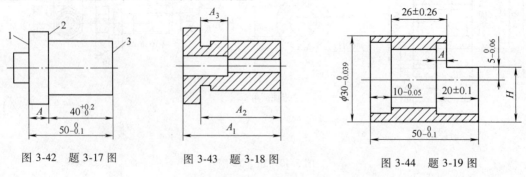

图 3-42 题 3-17 图　　图 3-43 题 3-18 图　　图 3-44 题 3-19 图

3-20 图 3-45a 所示为轴套零件简图，其内孔、外圆和各端面均已加工完毕。试分别计算按图 3-45b 所示三种定位方案钻孔时的工序尺寸及其极限偏差。

3-21 图 3-46 所示为某模板简图，镗削两孔 O_1、O_2 时均以底面 M 为定位基准，试标注

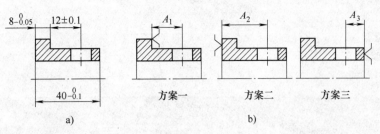

图 3-45 题 3-20 图

镗两孔的工序尺寸。检验两孔孔距时，因其测量不便，试标注出测量尺寸 A 的大小及极限偏差。若 A 超差，可否直接判定该模板为废品？

3-22 图 3-47 中带键槽轴的工艺过程为：车外圆至 $\phi 30.5_{-0.10}^{0}$ mm，铣键槽深度为 H_{0}^{+TH}，热处理，磨外圆至 $\phi 30_{+0.016}^{+0.036}$ mm。设磨后外圆与车后外圆的同轴度公差为 $\phi 0.05$ mm，求保证键槽深度设计尺寸 $4_{0}^{+0.2}$ mm 的铣槽深度 H_{0}^{+TH}。

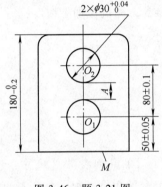

图 3-46 题 3-21 图

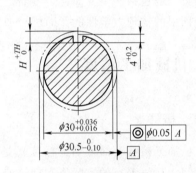

图 3-47 题 3-22 图

3-23 设某一零件图上规定的外圆直径为 $\phi 32_{-0.05}^{0}$ mm，渗碳深度为 $0.5 \sim 0.8$ mm，现在为了使此零件可和另一种零件同炉进行渗碳，限定其工艺渗碳层深度为 $0.8 \sim 1$ mm。试计算渗碳前车削工序的直径尺寸及其公差。

3-24 图 3-48 所示阶梯轴，精车后靠火花磨削 M、N 面。试计算试切法精车 M 面和 N 面的工序尺寸。

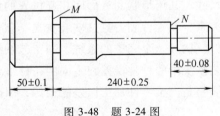

图 3-48 题 3-24 图

3-25 什么叫时间定额？批量生产和大量生产时的时间定额分别怎样计算？

3-26 什么叫工艺成本？它由哪两类费用组成？单件工艺成本与年产量的关系如何？

第4章

机械加工质量

机械产品是由若干个零件装配而成的，因此零件的质量是整台机器质量的基础。而零件的加工质量是零件质量的一个重要方面，直接影响产品的工作性能和使用寿命。机械零件的加工质量一般包括两个方面：一方面是宏观的零件几何参数，即机械加工精度；另一方面是零件表面层的物理力学性能，即机械加工表面质量。

4.1 机械加工精度

4.1.1 概述

机械加工精度（简称加工精度）是指零件在机械加工后的几何参数（尺寸、几何形状和表面间相互位置）的实际值和理论值相符合的程度。符合的程度越好，加工精度也越高。经加工后零件的实际几何参数与零件的理想几何参数总有所不同，它们之间的差值称为加工误差。在生产实践中，都是用加工误差的大小来反映与控制加工精度的。研究加工精度的目的，就是研究如何把各种误差控制在允许范围内（即公差范围之内），弄清各种因素对加工精度的影响规律，从而找出降低加工误差、提高加工精度的措施。

4.1.2 影响加工精度的因素及其分析

在机械加工中，零件的尺寸、几何形状和表面间相互位置的形成，取决于工件和刀具在切削运动过程中的相互位置关系，而工件和刀具又安装在夹具和机床上。因此，在机械加工中，机床、夹具、刀具和工件就构成一个完整的系统，即工艺系统。加工精度问题涉及整个工艺系统的精度问题，而工艺系统中的种种误差在不同的条件下，以不同的程度反映为工件的加工误差。工艺系统中的误差是产生零件加工误差的根源，因此工艺系统的误差统称为原始误差（见图4-1）。

研究各种原始误差的物理实质，掌握其变化的基本规律，是保证和提高零件加工精度的基础。

1. 原理误差

原理误差即是在加工中采用了近似的加工运动、近似的刀具轮廓和近似的加工方法而产生的原始误差。

例如，在车床上车削模数蜗杆，传动关系如图4-2所示。传动比 i 可用下式表示：

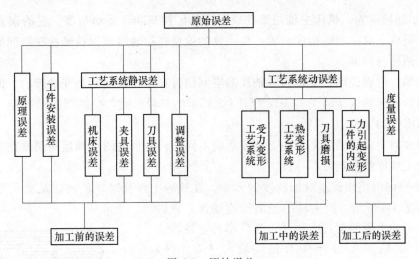

图 4-1　原始误差

$$i=\frac{\text{工件螺距 } P_1}{\text{机床丝杠螺距 } P}=\frac{z_1 z_3}{z_2 z_4}$$

上式中，由于蜗杆的螺距 $P_1 = \pi m$，其中 π 为无限不循环小数。在选用交换齿轮 z_1、z_2、z_3、z_4 时，只能取近似值计算，因此蜗杆的螺距必然存在误差。

当用模数铣刀加工齿轮时，理论上应要求刀具轮廓与工件的齿槽形状完全相同，即每一种模数、每一种齿

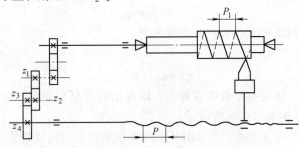

图 4-2　车蜗杆时的传动关系

数的齿轮都应有相应的铣刀，这样就必须备有大量不同规格的铣刀，这是很不经济的，也是不可能的。实际生产中是将每种模数的齿轮按齿数分组，在一定齿数范围内用同一把铣刀进行加工。例如齿数 17~20 为一组，加工这一组各个齿数的齿轮时，都使用组内按最小齿数 17 的齿形设计的铣刀。这样对于组内其他齿数的齿轮来说，加工后便出现误差。

再如用齿轮滚刀加工渐开线齿轮，由于滚刀制造上的困难，采用阿基米德基本蜗杆或法向直廓基本蜗杆代替渐开线基本蜗杆。这虽便于制造，却由于采用了近似的刀具轮廓而产生加工误差；又由于滚刀的切削刃数有限（8~12 个），用这种滚刀加工齿轮就是一种近似的加工方法。因为切削不连续，包络而成的实际齿形不是一条光滑的渐开线，而是一条折线。

采用近似的加工原理，一定会产生加工误差，但是它使得加工成为可能，并且可以简化加工过程，使机床结构及刀具形状简化，刀具数量减少，成本降低，生产率提高。因此，只要能将误差合理地限制在规定的精度范围之内，采用近似加工原理的加工完全是一种行之有效的办法。

2. 机床、刀具、夹具的制造误差与磨损

（1）机床几何误差　机床几何误差包括机床本身各部件的制造误差、安装误差和使用过程中的磨损。其中以机床本身的制造误差影响最大。下面对机床主要项目的制造误差分别展开叙述。

1) 主轴回转误差。机床主轴是工件或刀具的位置基准和运动基准,它的误差直接影响工件的加工精度。对主轴的精度要求,最主要的就是在运转时能保持轴线在空间的位置稳定不变,即所谓回转精度。

实际的加工过程说明,主轴回转轴线的空间位置在每一瞬间都是变动着的,即存在着运动误差。主轴回转轴线运动误差表现为图4-3所示的三种形式:径向圆跳动误差、轴向窜动误差、纯角度摆动误差。

不同形式的主轴运动误差对加工精度影响不同,同一形式的主轴运动误差在不同的加工方式中对加工精度的影响也不一样。

① 主轴径向圆跳动误差对加精度的影响。在镗床上镗孔时,径向圆跳动误差对镗孔圆度的影响如图4-4所示。设主轴的径向圆跳动误差使轴线在 Y 坐标方向上做简谐直线运动,其频率与主轴转速相同,幅值为 A;再设主轴中心偏移最大(等于 A)时,镗刀尖正好通过水平位置1。当镗刀转过一个 φ 角时(位置 $1'$),刀尖轨迹的水平分量和垂直分量分别为

$$Y = A\cos\varphi + R\cos\varphi = (A+R)\cos\varphi$$
$$Z = R\sin\varphi$$

将两式平方后相加并整理可得

$$\frac{Y^2}{(R+A)^2} + \frac{Z^2}{R^2} = 1$$

这是一个椭圆方程式,即镗出的孔呈椭圆形,如图4-4中细双点画线所示。

图4-5所示为车削时径向圆跳动误差对圆度的影响,设主轴轴线仍沿 Y 坐标做简谐直线运动,在工件位置1处切出的半径比位置2、4处小一个振幅 A,而在工件位置3处切出的半径则相反,这样,上述四点的工件直径都相等,其他各点的直径误差也很小,所以车削出的工件表面接近一个真圆,但中心偏移。

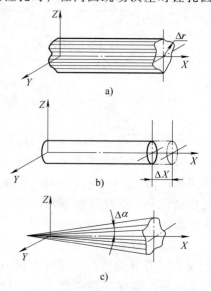

图4-3 主轴回转轴线的运动误差
a) 径向圆跳动误差 b) 轴向窜动误差
c) 角度摆动误差

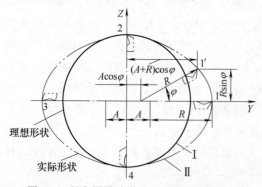

图4-4 径向圆跳动误差对镗孔圆度的影响

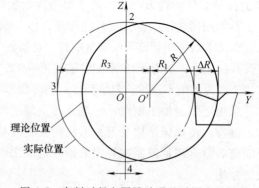

图4-5 车削时径向圆跳动误差对圆度的影响

② 主轴轴向窜动误差对加工精度的影响。主轴的轴向窜动误差对内、外圆加工没有影响,但所加工的端面却与内、外圆中心线不垂直。主轴每转一周,就要沿轴向窜动一次,向

前窜动的半周中形成右螺旋面,向后窜动的半周中形成左螺旋面,最后切出如同端面凸轮一样的形状,并在端面中心附近出现一个凸台。当加工螺纹时,则会产生单个螺距内的周期误差。

③ 角度摆动误差对加工精度的影响。主轴的角度摆动误差对加工精度的影响也因加工方法而异。车外圆时,会产生圆柱度误差(锥体);镗孔时,孔将呈椭圆形,如图4-6所示。

实际上,主轴工作时,其回转轴线的运动误差是以上三种运动方式的综合。

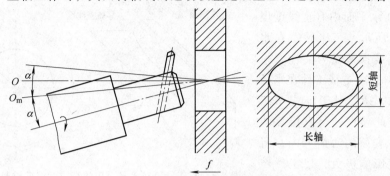

图4-6 角度摆动对镗孔精度的影响

O—工件孔中心线　O_m—主轴回转轴线

④ 影响主轴回转精度的因素及提高回转精度的措施。主轴回转轴线的运动误差不仅和主轴部件的制造精度有关,而且和切削过程中主轴受力、受热后的变形有关。但主轴部件的制造精度是主要的,是主轴回转精度的基础,它包含轴承误差、轴承间隙、与轴承相配合零件的误差等。

当主轴采用滑动轴承支承时,主轴是以轴颈在轴承内回转的,对于车床类机床,主轴的受力方向是一定的,这时主轴轴颈被压向轴套表面某一位置。因此,主轴轴颈的圆度误差将直接传给工件,而轴套孔的圆度误差对加工精度影响较小,如图4-7a所示。

对于镗床类机床,主轴所受切削力的方向是随着镗刀的旋转而旋转,因此,轴套孔的圆度误差将传给工件,而轴颈的误差对加工精度影响较小,如图4-7b所示。

当主轴用滚动轴承支承时,主轴的回转精度不仅取决于滚动轴承的精度,在很大程度上还和轴承的配合件有关。滚动轴承的精度取决于内、外环滚道的圆度误差,内座圈的壁厚差及滚动体的尺寸差和圆度误差等。

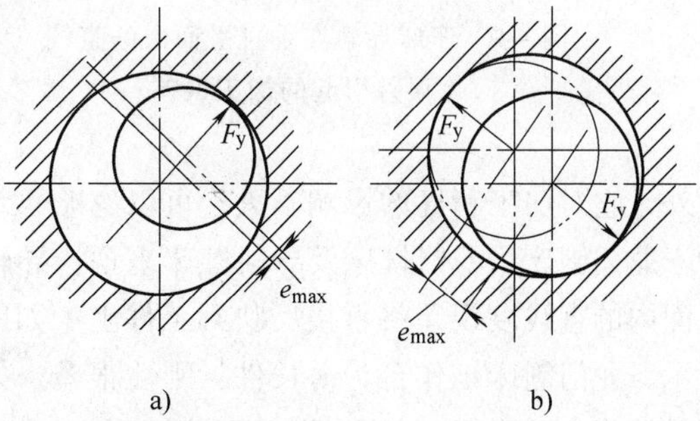

主轴轴承间隙对回转精度也有影响,如轴承间隙过大,会使主轴工作时油膜厚度增大,刚性降低。

由于轴承内、外座圈或轴套很薄,因此与之相配合的轴颈或箱体轴承孔的圆度误差会使轴承的内、外座圈发生变形而引起主轴回转误差。

图4-7 轴颈与轴套孔圆度误差引起的径向跳动

为提高主轴的回转精度,在滑动轴承方面,发展了静压轴承和三块瓦式动压轴承等技术,并取得了很好的效果。在滚动轴承方面,可选用高精度的滚动轴承,以及提高主轴轴颈和与主轴相配合零件的有关表面的加工精度,或采取措施使主轴的回转精度不反映到工件上去。例如在卧式镗床上镗孔时，工件装在镗模夹具中，镗杆支承在镗模夹具的支承孔上，镗杆的回转精度完全取决于镗模支承孔的形状误差及同轴度误差，因镗杆与机床主轴是浮动联接，故机床主轴精度对加工无影响。

2) 导轨误差。床身导轨是确定机床主要部件的相对位置和运动的基准。因此，它的各项误差将直接影响被加工工件的精度。导轨误差分为：导轨在水平面内的误差；导轨在垂直平面内的误差；两导轨间的平行度误差。

① 导轨在水平面内有直线度误差。如图 4-8 所示，车床导轨在水平面内的直线度误差使刀尖在水平面内产生位移 ΔY，造成工件在半径方向上的误差 ΔR。对于卧式车床和外圆磨床，此项误差将直接反映在被加工工件表面的法向方向，所以对加工精度影响极大，使工件产生圆柱度误差（鞍形或鼓形）。

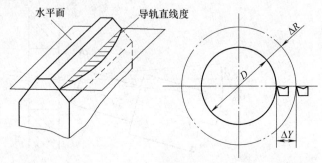

图 4-8 车床导轨在水平面内的直线度误差引起的加工误差

② 导轨在垂直平面内有直线度误差。如图 4-9 所示，车床导轨在垂直平面内的直线度误差使刀尖产生 ΔZ 的位移，造成工件在半径方向上产生误差 $\Delta R = \dfrac{(\Delta Z)^2}{2R}$，除加工圆锥形表

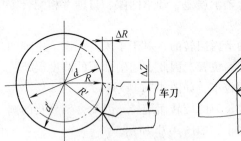

图 4-9 车床导轨在垂直平面内的直线度误差引起的加工误差

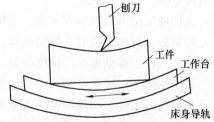

图 4-10 龙门刨床导轨在垂直平面内的直线度误差引起的加工误差

面外，它对加工精度的影响不大，可以忽略不计。但对于龙门刨床、龙门铣床及导轨磨床来说，导轨在垂直面内的直线度误差将直接反映到工件上。如图 4-10 所示，龙门刨床工作台为薄长件，刚性很差，如果床身导轨为中凹形，刨出的工件也是中凹形。

③ 两导轨间有平行度误差。此时，导轨发生扭曲，如图 4-11 所示，刀尖相对于工件在水平和垂直两方向上发生偏移，从而影响加工精度。设垂直于纵向进给的任意截面内，前、后导轨的平行度误差为 δ，则工件半径变化量 ΔR 因 δ 很小，$\alpha \approx \alpha'$，而近似地等于刀尖的水平位移 ΔY，即

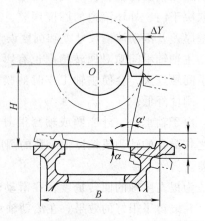

图 4-11 车床导轨扭曲对工件形状的影响

$$\Delta R \approx \Delta Y = \frac{H}{B}\delta$$

一般车床 $H/B \approx 2/3$，外圆磨床 $H \approx B$，因此这项原始误差对加工精度的影响不容忽视。由于 δ 在纵向不同位置处的值不同，因此加工出的工件会产生圆柱度误差（鞍形、鼓形或锥度等）。

机床导轨的几何精度不仅取决于机床的制造精度，而且与使用时的磨损及机床的安装状况有很大关系。尤其是对大型、重型机床，因导轨刚性较差，床身在自重作用下很容易变形，因此，为减少导轨误差对加工精度的影响，除提高导轨制造精度外，还应注意机床的安装和调整，并应提高导轨的耐磨性。

3）传动链误差。对于某些加工方式，如车或磨螺纹、滚齿、插齿以及磨齿等，为保证工件的加工精度，除了前述的因素外，还要求刀具和工件之间具有准确的传动比。例如，车削螺纹时，要求工件每转一转，刀具走一个导程；在用单头滚刀滚齿时，要求滚刀每转一转，工件转过一个齿。这些成形运动间的传动比关系是由机床的传动链来保证的，因此传动链误差是影响加工精度的主要因素。

传动链误差是由于传动链中的传动元件存在制造误差和装配误差引起的。使用过程中有磨损，也会产生传动链误差。各传动元件在传动链中的位置不同，影响也不同。一般地说，离末端越近的传动元件的制造误差对传动链误差影响越大，最末端元件的制造误差影响最大，会 1∶1 地反映为传动链误差。

为减少传动链误差对加工精度的影响，可采取下列措施：

① 减少传动链中的元件数目，缩短传动链，以减少误差来源。

② 提高传动元件，特别是末端传动元件的制造精度和装配精度。

③ 传动链齿轮间存在间隙，同样会产生传动链误差，因此要消除间隙。

④ 采用误差校正机构来提高传动精度。

（2）刀具误差

1）刀具的制造误差。刀具的制造误差对加工精度的影响，根据刀具的种类不同而异。

采用成形刀具加工时，刀具切削基面上的投影就是加工表面的母线形状。因此切削刃的形状误差以及刃磨、安装、调整不正确，都会直接影响加工表面的形状精度。

采用展成法加工时，刀具与工件要做具有严格运动关系的啮合运动，加工表面是切削刃在相对啮合运动中的包络面，切削刃的形状必须是加工表面的共轭曲线。因此，切削刃的形状误差以及刀具刃磨、安装调整不正确，同样都会影响加工表面的形状精度。

采用定尺寸刀具（如钻头、铰刀、丝锥、板牙、拉刀等）加工时，刀具的尺寸误差直接影响加工表面的尺寸精度，一些多刃的孔加工刀具，如果安装不正确（几何偏心等）或两侧刃刃磨不对称，都会使加工表面尺寸扩大。

采用一般刀具（车刀、铣刀、镗刀等）时，加工表面的形状由机床运动精度保证，尺寸由调整决定，刀具的制造精度对加工精度无直接影响。但如刀具几何参数和形状不适当，将影响刀具的磨损和寿命，间接影响工件的加工精度。

2）刀具的磨损。刀具的磨损，即刀具在加工表面法向的磨损量（见图 4-12 中的尺寸 μ），它直接反映出刀具磨损对加工精度的影响。刀具的磨损过程如图 4-13 所示，可分为三个阶段。

第一阶段称为初期磨损阶段（$L<L_0$），磨损快，磨损量 μ 与切削路程 L 成非线性关系。

第二阶段称为正常磨损阶段（$L_0<L<L_1$），其特点是磨损较慢，磨损量 μ 与切削路程 L 呈线性关系。

第三阶段称为急剧磨损阶段（$L>L_1$），这时应停止切削，刃磨刀具。

刀具磨损使同一批工件的尺寸前后不一致，车削长工件时会产生锥度。

为减少刀具制造误差和磨损对加工精度的影响，除合理规定定尺寸刀具和成形刀具的制造公差外，还应根据工件的材料和加工要求，准确选择刀具材料、切削用量、切削液，并准确刃磨，以减少磨损。必要时还可对刀具的尺寸磨损进行补偿。

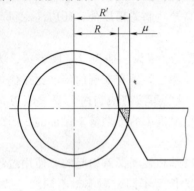
图 4-12 刀具的尺寸磨损

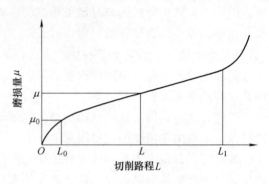
图 4-13 刀具的磨损过程

（3）夹具的制造误差与磨损　夹具误差包括工件的定位误差和夹紧变形误差、夹具的安装误差和分度误差，以及夹具的磨损等。除定位误差中的基准不重合误差外，其他误差均与夹具的制造精度有关。

夹具误差首先影响工件被加工表面的位置精度，其次影响尺寸精度和形状精度。例如图4-14中，夹具体1上的定位轴5的直径误差、定位轴与安装钻模板的圆柱表面间的同轴度误差以及钻模板2的孔距误差都会影响到尺寸（25 ± 0.15）mm。

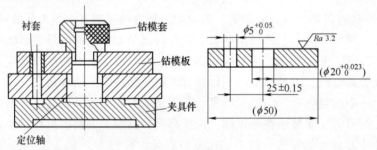
图 4-14 夹具误差的影响

夹具的磨损主要是定位元件和导向元件的磨损。例如图4-14中，定位轴5与钻模板2间的磨损将增大它们之间的间隙，因而会增大加工误差。

为减少夹具误差所造成的加工误差，夹具的制造误差必须小于工件的公差，对于容易磨损的定位元件、导向元件等，除应采用耐磨的材料外，应做成可拆卸的，以方便更换。

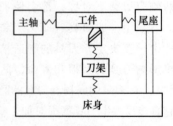
图 4-15 车床各部位弹性连接

3. 工艺系统受力变形及其对加工精度的影响

（1）工艺系统受力变形现象　由机床、夹具、工件、刀具所组成的工艺系统是一个弹性系统（见图4-15），在加工过程中由于切削力、夹紧力、重力、传动力、惯性力等外力的作用，将引起工艺系统各环节产生弹性变形，此变形造成位移。同时系统中各元件因其接触处的间隙也会产生位移和接触变形，从而破坏了刀具与工件之间已获得的准确位置，产生加工误差。例如车细长轴时，如图4-16所示，由于轴变形，车完的轴就会出现中间粗两头细的鼓形。又如图4-17所示，在内圆磨床上切入式磨孔时，由于内圆磨头轴的弹性变形，内孔会出现锥度误差。

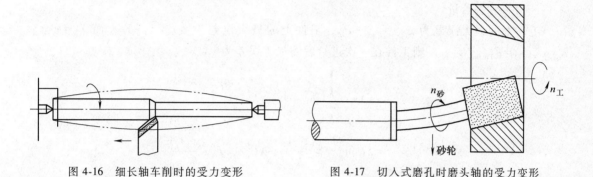

图4-16　细长轴车削时的受力变形　　　图4-17　切入式磨孔时磨头轴的受力变形

因此，工艺系统受力变形是影响加工精度的一项重要误差因素，它不但影响加工精度，而且还影响表面质量。

弹性系统在外力作用下所产生的变形位移，其大小取决于外力的大小和系统抵抗外力的能力。弹性系统在外力作用下抵抗变形的能力称为刚度。刚度越小，受力变形就越大。

（2）工艺系统受力变形对加工精度的影响　工件的加工精度除受切削力大小的影响外，还受切削力作用点位置变化的影响。例如，在车床上以两顶尖支承工件车外圆，当在车削短而粗的光轴时，工件不易变形，切削力使得前、后顶尖和刀具产生让刀现象，在工件两端让刀量较大，中间让刀量较小，从而加工后为马鞍形，产生圆柱度误差。

如果是车削细长轴工件，因为工件刚性很差，切削力的变形都将转到工件的变形上，工艺系统的其他部分刚性相对较好，变形可以忽略不计。当切削至工件中间时，工件的变形量较大，当切削至工件两端时，工件的变形较小，因此切削后工件的误差表现为腰鼓形圆柱度误差。

（3）误差复映规律　在加工过程中，由于工件毛坯加工余量或材料硬度的变化，引起切削力和工艺系统受力变形的变化，因而产生工件的尺寸误差和形状误差。

如图4-18所示，为车削一个有圆度误差的毛坯，将刀尖调整到要求的尺寸（图中细双点画线圆），在工件每一转过程中，背吃刀量发生变化，当车刀切至毛坯椭圆长轴时为最大背吃刀量 a_{p1}，切至椭圆短轴时为

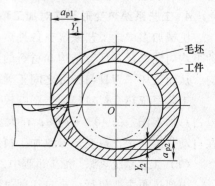

图4-18　毛坯形状的误差复映

最小背吃刀量 a_{p2}，其余在椭圆长短轴之间切削，背吃刀量介于 a_{p1} 与 a_{p2} 之间。因此切削力 F_Y 也随背吃刀量 a_p 的变化而变化，由 $F_{Y\max}$ 变到 $F_{Y\min}$，引起工艺系统中机床的相应变形为 Y_1 和 Y_2，这样就使加工后的工件产生与毛坯类似的圆度误差。这种加工后的工件存在与加工前相类似误差的现象，称为"误差复映"现象。下面来研究毛坯误差和加工误差之间的定量关系。

根据切削原理公式有：$F_Y = \lambda C_p a_p f^{0.75}$

式中　　λ——等于 F_Y/P_z，一般取 0.4；

C_p——与工件材料及刀具几何角度有关的系数，由切削用量手册可查得；

a_p——背吃刀量（切削深度）；

f——进给量。

毛坯上的最大误差为 $\Delta_{坯} = a_{p1} - a_{p2}$，工件上的最大误差为 $\Delta_{工} = Y_1 - Y_2$，而 $Y_1 = F_{Y\max}/K_{系统}$、$Y_2 = F_{Y\min}/K_{系统}$，则工件在一次进给后的加工误差为

$$\Delta_{工} = Y_1 - Y_2$$
$$= \frac{F_{Y\max}}{K_{系统}} - \frac{F_{Y\min}}{K_{系统}}$$
$$= \lambda C_p a_{p1} f^{0.75} \frac{1}{K_{系统}} - \lambda C_p a_{p2} f^{0.75} \frac{1}{K_{系统}}$$
$$= \lambda C_p f^{0.75} \frac{a_{p1} - a_{p2}}{K_{系统}} = \lambda C_p f^{0.75} \frac{\Delta_{坯}}{K_{系统}}$$

则

$$\frac{\Delta_{工}}{\Delta_{坯}} = \lambda C_p f^{0.75} \frac{1}{K_{系统}} = \varepsilon$$

上式表示了加工误差与毛坯误差之间的比例关系，说明了误差复映规律。ε 定量地反映了毛坯误差经过加工后减少的程度，称为误差复映系数。可以看出，工艺系统刚度越高，ε 越小，即复映到工件上的误差越小。

若加工过程分几次进给进行，每次进给的复映系数为 $\varepsilon_1, \varepsilon_2, \varepsilon_3, \cdots, \varepsilon_n$，则总的复映系数 $\varepsilon = \varepsilon_1 \varepsilon_2 \varepsilon_3 \cdots \varepsilon_n$。由于变形 Y 总是小于背吃刀量 a_p，所以 ε 总小于 1。因此，经过几次进给后，ε 降到很小数值，加工误差也就降到允许范围以内了。在成批大量生产中，用调整法加工一批工件时，误差的复映规律表明了因毛坯尺寸不一致造成加工后该批工件尺寸的分散。

4. 工艺系统热变形及其对加工精度的影响

机械加工中，工艺系统在各种热源作用下会产生一定的热变形。由于工艺系统热源分布的不均匀性以及各环节结构和材料的不同，使工艺系统各部分所产生的热变形既复杂又不均匀，从而破坏了刀具与工件之间正确的相对位置关系和相对运动关系。

工艺系统热变形对精加工影响较大。据统计，在精密加工中，由于热变形引起的加工误差占总加工误差的 40%~70%；在大型零件加工中，热变形对加工精度的影响也十分显著；在自动化生产中，热变形导致加工精度不断变化。

（1）工艺系统热源　加工过程中，工艺系统的热源主要有两大类：内部热源和外部热源。

内部热源主要包括：来自切削过程的切削热，它以不同的比例传给工件、刀具、切屑及周围的介质。另一种是摩擦热，它来自机床中的各种运动副和动力源，如高速运动导轨副、

齿轮副、丝杠副、蜗杆副、摩擦离合器、电动机等。

外部热源主要来自外部环境,如气温、阳光、取暖设备、灯光、人体等。

(2) 机床热变形　不同类型的机床因其结构与工作条件的差异而使热源和变形形式各不相同。磨床的热变形对加工精度影响较大,一般外圆磨床的主要热源是砂轮主轴的摩擦热及液压系统的发热;而车床、铣床、钻床、镗床等机床的主要热源则是主轴箱。主轴箱轴承的摩擦热以及主轴箱中油液的发热导致主轴箱及与它相连部分的床身温度升高。图 4-19 所示为卧式车床热变形情况示意图。其中图 4-19a 所示为温升使床身变形、主轴抬高和倾斜;图 4-19b 所示为主轴热变形曲线,表示主轴抬高量和倾斜量与运行时间的关系。关于各类机床工作时热变形的大概趋势及减少机床热变形对加工精度的影响的基本途径,请查阅有关资料,此处不做详细阐述。

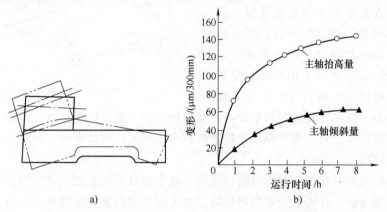

图 4-19　卧式车床热变形情况示意图
a) 温升使床身变形、主轴抬高和倾斜　b) 热变形曲线

(3) 工件热变形　工件的热变形是由切削热引起的,热变形的情况与加工方法和受热是否均匀有关,在车、磨外圆时工件均匀受热而产生热伸长,热伸长量按下式计算

$$\Delta L = \alpha_l L \Delta t$$

式中　α_l——工件材料的线膨胀系数(1/℃);

　　　L——工件在热变形方向上的尺寸(mm);

　　　Δt——工件平均温升(℃)。

例如,6 级丝杠的螺距累积误差在全长上不许超过 0.02mm,现磨削一根 3m 长的丝杠,每磨一次温升为 3℃,能否达到要求?(钢 $\alpha_l = 12 \times 10^{-6}$/℃)

根据公式得丝杠的热伸长量为　$\Delta L = 12 \times 10^{-6}$/℃ $\times 3000 \text{mm} \times 3$℃ $= 0.1 \text{mm}$。

因此,由于切削热引起的热伸长而产生的误差远大于规定的公差,不能达到要求。因此可见热变形对加工精度的影响是很大的。

当工件能够自由热伸长时,工件的热变形主要影响尺寸精度,否则工件还会产生圆柱度误差。加工螺纹时产生螺距误差。

当工件进行铣、刨、磨等平面的加工时,工件单侧受热,上、下表面温升不等,从而导致工件向上凸起,中间切去的材料较多,冷却后被加工表面呈凹形。

减少工件热变形对加工精度影响的措施有:

1）在切削区施加充足的切削液。

2）提高切削速度或进给量，以减少传入工件热量。

3）粗、精加工分开，使粗加工的余热不带到精加工工序中。

4）刀具和砂轮勿让过分磨钝才进行刃磨和修正，以减少切削热和磨削热。

5）使工件在夹紧状态下有伸缩的自由（如采用弹簧后顶尖等）。

（4）刀具热变形 使刀具产生热变形的主要热源也是切削热，尽管这部分热量很小（占总热量的3%～5%），但因刀具体积小，热容量小，因此刀具的工作表面会被加热到很高的温度。图4-20所示的三条曲线中，曲线 A 表示车刀在连续工作状态下升温中的变形过程；曲线 B 表示切削停止后，刀具冷却的变形过程；曲线 C 表示刀具在间断切削时（如车短小轴类），刀具处于加热冷却交替的状态，因切削时间短，所以刀具热变形对加工精度影响较小，但在刀具达到热平衡前，先后加工的一批零件仍存在一定误差。

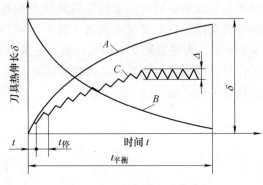

图4-20 车刀热变形曲线

加工大型零件时，刀具热变形往往造成几何形状误差。例如车削长轴时，可能由于刀具热伸长而产生锥度。

减少刀具热变形对加工精度影响的措施有：减小刀具伸出长度；改善散热条件；改进刀具角度，减小切削热；合理选用切削用量以及加工时加切削液使刀具得到充分冷却等。

5. 工件内应力引起的变形

所谓内应力，是指当外部载荷去掉以后，仍残存在工件内部的应力。它是由于金属内部宏观或微观的组织发生了不均匀的体积变化而产生的。其外界因素来自热加工、冷加工。具有内应力的零件，其内部组织处于一种不稳定状态，它有强烈的倾向要恢复到一个稳定的没有内应力的状态。在这一过程中，工件的形状逐渐变化（如翘曲变形），从而丧失其原有精度。

（1）内应力产生的原因

1）毛坯制造中产生的内应力。在铸、锻、焊及热处理等毛坯热加工中，由于毛坯各部分受热不均或冷却速度不等以及金相组织的转变，都会引起金属不均匀的体积变化，从而在其内部产生较大的内应力。如图4-21a所示，内外壁厚不等的铸件，浇注后在冷却过程中，由于壁1、壁2较薄，冷却较快，而壁3较厚，冷却较慢。因此当壁1、壁2从塑性状态冷却到弹性状态时，壁3尚处于塑性状态。这时壁1、壁2在收缩时并未受到壁3的阻碍，铸件内部不产生内应力。但当壁3也冷却到弹性状态时，壁1、壁2基本冷却，故壁3收缩受到壁1、壁2的阻碍，使壁3内部产生残留拉应力，壁1、壁2产生残留压应力，拉、压应力处于平衡状态。此时，若在壁2上开一个缺口（见图4-21b），则壁2的压应力消失，壁1、壁3分别在各自的压、拉内

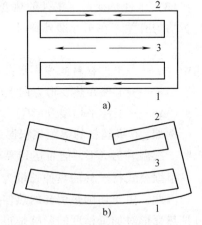

图4-21 铸造内应力及其变形

应力作用下产生伸长和收缩变形，工件弯曲，直到内应力重新分布达到新的平衡。

2）冷校直产生的内应力。一些细长轴工件（如丝杠等）由于刚度较低，容易产生弯曲变形，常采用冷校直的办法使之变直。如图4-22所示，一根无内应力向上弯曲的长轴，当中部受到载荷F作用时，将产生内应力，其中心线以上产生压应力、中心线以下产生拉应力（见图4-22b），两条虚线之间是弹性变形区，虚线之外是塑性变形区。当工件去掉外力后，工件的弹性恢复受到塑性变形区的阻碍，致使内应力重新分布（见图4-22c）。由此可见，工件经冷校直后内部产生残留应力，处于不稳定状态，若再进行切削加工，工件将重新产生弯曲变形。

3）切削加工产生的内应力。在切削加工形成的力和热的作用下，被加工表面产生塑性变形，也能引起内应力，并在加工后引起工件变形。

（2）减小或消除内应力的措施

1）采用适当的热处理工序。对于铸件、锻件、焊接件，常进行退火、正火或人工时效处理，以后再进行机械加工。对重要零件，在粗加工和半精加工后还要进行时效处理，以消除毛坯制造及加工中的内应力。

2）给工件足够的变形时间。对于精密零件，粗、精加工应分开安排；对于大型零件，由于粗、精加工一般安排在一个工序内进行，故粗加工后先将工件松开，使其自由变形，再以较小夹紧力夹紧工件进行精加工。

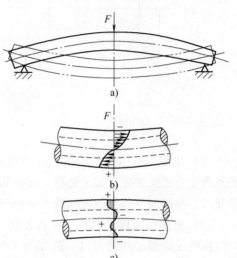

图4-22 校直引起的内应力

3）零件结构要合理。结构要简单，壁厚要均匀。

6. 调整误差

在机械加工中，由于工艺系统"机床-夹具-工件-刀具"没有调整到正确的位置而产生的加工误差，称为调整误差。

调整误差与调整方法有关。

（1）试切法调整　试切法调整就是对被加工零件进行试切—测量—调整—再试切，直到符合规定的尺寸要求时，再正式切出整个加工表面。这种调整方法主要用于单件小批生产。显然这时引起调整误差的因素有：

1）测量误差。测量误差是由测量器具误差、测量温度变化、测量力以及视觉偏差等引起的误差，使加工误差扩大。

2）微量进给的影响。在试切中，总是要微量调整刀具的进给量，以便最后达到零件的尺寸精度。但是，在低速微量进给中，常会出现进给机构的"爬行"现象，结果使刀具的实际进给量比手轮转动刻度数总要偏大或偏小些，以致难于控制尺寸精度，造成加工误差。

3）切削厚度影响。在切削加工中，刀具所能切掉的最小切削厚度是有一定限度的。锐利的切削刃最小切削厚度仅为$5\mu m$，已钝的切削刃切削厚度可达$20\sim50\mu m$，切削厚度再小时切削刃就切不下金属而打滑，只起挤压作用。精加工时，试切的金属层总是很薄的，由于打滑和挤压,试切的金属实际上可能没有切下来。这时,如果认为试切尺寸已合格,就合上纵向进给机构切削下去,则新切到部分的背吃刀量将比已试切的部分要大,刀具不会打滑,因此,最后所得的工件尺寸会比试切部分小些(见图 4-23a)。粗加工时,新切到部分的背吃刀量大大超过试切部分,切削力突然增加,由于工艺系统受力变形,产生的让刀也大些(见图 4-23b),车削外表面时就使尺寸变大了。

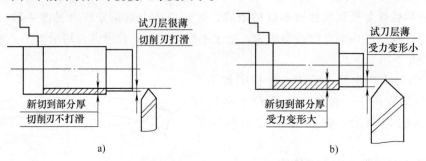

图 4-23 试切调整

(2) 按定程机构调整 在半自动机床、自动机床和自动线上,广泛应用行程挡块、靠模及凸轮等机构来保证加工精度。这些机构的制造精度和磨损以及与其配合使用的离合器行程开关、控制阀等的灵敏度就成为影响调整误差的主要因素。

(3) 用样件或样板调整 在各种仿形机床、多刀机床和专用机床的加工中,常采用专门的样件或样板来调整刀具、机床与工件之间的相对位置,这样样件或样板本身的制造误差、安装误差、对刀误差就成为影响调整误差的主要因素。

4.1.3 加工误差的综合分析

实际生产中,影响加工精度的因素往往是错综复杂的,由于多种原始误差同时作用,有的可以相互补充或抵消,有的则相互叠加,不少原始误差的出现又带有一定的随机性,而且往往还有许多考察不清或认识不到的误差因素,因此很难用前述单因素的估算方法来分析其因果关系。这时只能通过对生产现场实际加工出的一批工件进行检查测量,运用数理统计的方法加以处理和分析,从中找出误差的原因和规律,并加以控制或消除,以保证工件达到规定的加工精度。

1. 加工误差的性质

影响加工精度的一些误差因素,按其性质的不同可分为两大类,即系统性误差和随机性误差。

(1) 系统性误差 当顺次加工一批零件时,误差的大小和方向基本保持不变或误差随加工时间按一定的规律而变化,这类误差都称为系统性误差。其中,前者称为常值系统性误差,后者称为变值系统性误差。

原理误差,机床、刀具、夹具、量具的制造误差,一次调整引起的误差等均与加工时间无关,其大小和方向均保持不变,因此都是常值系统性误差。例如,铰刀本身直径比规定直径大 0.02mm,则加工一批工件时所有铰孔直径都比规定尺寸大 0.02mm。

机床、刀具未达到热平衡时的热变形过程中所引起的加工误差是随加工时间而有规律地变化的，故属于变值系统性误差。

（2）随机性误差　在顺次加工一批工件时，误差出现的大小或方向无规律地变化，这类误差称为随机性误差。

例如毛坯误差的复映、定位误差、夹紧误差、多次调整误差、内应力引起的变形误差等都是随机性误差。

必须指出，对于某一具体误差来说，应根据实际情况来判定其是属于系统性误差还是随机性误差。例如大量生产中，加工一批工件往往需经过多次调整，每次调整时产生的调整误差就不可能是常值，变化也无一定规律，此时的调整误差就是随机性误差。但对一次调整中加工出来的工件来说，调整误差又属于常值系统性误差。

2. 加工误差的数理统计方法

常用的统计分析方法有两种：分布曲线法和点图法。此处仅介绍分布曲线法。

（1）实际分布曲线　用调整法加工出来的一批工件，尺寸总是在一定范围内变化的，这种现象称为尺寸分散。尺寸分散范围就是这批工件最大和最小尺寸之差。如果将这批工件的实际尺寸测量出来，并按一定的尺寸间隔分成若干组，然后以各个组的尺寸间隔宽度（组距）为底、以频数（同一间隔组的零件数）或频率（频数与该批零件总数之比）为高作出若干矩形，即直方图。如果以每个区间的中点（中心值）为横坐标，以每组频数或频率为纵坐标得到的一些相应的点，将这些点连成折线即为分布折线图。当所测零件数量增多、尺寸

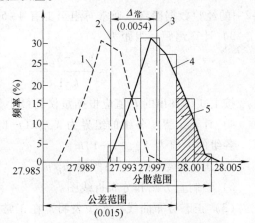

图 4-24　活塞销孔直径尺寸分布图
1—理论分布位置　2—公差范围中心（27.9925）
3—分散范围中心（27.9979）　4—实际
分布位置　5—废品区

间隔很小时，此折线便非常接近于一条曲线，这就是实际分布曲线。

图 4-24 所示为一批 $\phi 28_{-0.015}^{0}$ mm 活塞销孔镗孔后孔径尺寸的直方图和分布折线图，它是根据表 4-1 数据绘制的。

表 4-1　活塞销孔直径频数统计表

组别 k	尺寸范围/mm	组中心值 x/mm	频数 m	频率 m/n
1	27.992~27.994	27.993	4	4/100
2	27.994~27.996	27.995	16	16/100
3	27.996~27.998	27.997	32	32/100
4	27.998~28.000	27.999	30	30/100
5	28.000~28.002	28.001	16	16/100
6	28.002~28.004	28.003	2	2/100

由图 4-24 可以看出：

1）尺寸分散范围（28.004mm−27.992mm = 0.012mm）小于公差带宽度（T = 0.015mm），表示本工序能满足加工精度要求。

2）部分工件超出公差范围（阴影部分）而成为废品，究其原因是尺寸分散中心（27.9979mm）与公差带中心（27.9925mm）不重合，存在较大的常值系统性误差（$\Delta_常$ = 0.0054mm），如果设法使尺寸分散中心与公差带中心重合，把镗刀伸出量调短 0.0027mm 而使分布折线左移到理想位置，则可消除常值系统性误差，使全部尺寸都落在公差带内。

（2）直方图和分布折线图的作法

1）收集数据。一个工序加工的全部零件称为总体，从总体中抽出来进行研究的一批零件称为样本。收集数据时，通常在一次调整好机床加工的一批工件中取 100 件（称为样本容量），测量各工件的实际尺寸或实际误差，并找出其中的最大值 $X_{\max}$ 和最小值 $X_{\min}$。

2）分组。将抽取的工件按尺寸大小分成 k 组。k 可由表 4-2 中的经验数据确定，通常每组至少有 4~5 个数据。

表 4-2　分组数

数据的数量	组数 k
50~100	6~10
100~250	7~12

3）计算组距。组距为

$$h = \frac{X_{\max} - X_{\min}}{k-1}$$

按上式计算出的 h 值应根据量仪的最小分度值（分辨力）的整数倍进行圆整。

4）计算组界。各组的组界为 $X_{\min} \pm (j-1)h \pm h/2$，其中 $j = 1, 2, 3, \cdots, k$。

各组的中值为 $X_{\min} + (j-1)h$。

5）统计频数 m_i。计算频率 m_i/n。

6）绘制直方图和分布折线图。

（3）正态分布曲线　实践表明，在正常生产条件下，无占优势的影响因素存在，而加工的零件数量又足够多时，其尺寸分布总是按正态分布的。因此，在研究加工精度问题时，通常都是用正态分布曲线（高斯曲线）来代替实际分布曲线，使加工误差的分析计算得到简化。

1）正态分布曲线方程式为

$$Y = \frac{1}{\sigma\sqrt{2\pi}} e^{-\frac{(X-\overline{X})^2}{2\sigma^2}}$$

正态分布曲线如图 4-25 所示。

当采用正态分布曲线代替实际分布曲线时，上述方程的各个参数分别为：

X——分布曲线的横坐标，表示工件的实际尺寸或实际误差；

$\overline{X}$——工件的平均尺寸，也是尺寸的分散中心，即

$$\overline{X} = \frac{1}{n}\sum_{j=1}^{n} X_i = \frac{1}{n}\sum_{j=1}^{k} m_j X_j$$

σ——工序的标准差（均方根差），即

$$\sigma = \sqrt{\frac{1}{n}\sum_{j=1}^{n}(X_i - \overline{X})^2} = \sqrt{\frac{1}{n}\sum_{j=1}^{k}(X_j - \overline{X})m_j}$$

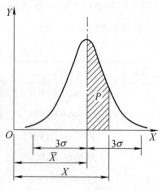

图 4-25　正态分布曲线

Y——分布曲线纵坐标，表示分布曲线概率密度（分布密度）；

n——样本总数；

X_j——组中心值；

k——组数；

e——自然对数底（e = 2.7189）。

正态分布曲线下面所包含的全部面积代表了全部工件，即

$$\int \frac{1}{\sigma\sqrt{2\pi}} e^{-\frac{(X-\bar{X})^2}{2\sigma}} dX = 1$$

而图 4-25 中阴影部分的面积 F 为尺寸从 $\bar{X}$ 到 X 间的工件的频率，可表示为

$$P = \frac{1}{\sigma\sqrt{2\pi}} \int_{\bar{X}}^{X} e^{-\frac{(X-\bar{X})^2}{2\sigma}} dX$$

为计算方便，令 $\frac{X-\bar{X}}{\sigma} = Z$，则

$$P = \phi(Z) = \frac{1}{\sqrt{2\pi}} \int_{0}^{Z} e^{-\frac{Z^2}{2}} dZ$$

各种不同 Z 值的函数 $\phi(Z)$ 值见表 4-3。

表 4-3　各种不同 Z 值的函数 $\phi(Z)$ 值

Z	$\phi(Z)$	Z	$\phi(Z)$	Z	$\phi(Z)$	Z	$\phi(Z)$	Z	$\phi(Z)$	Z	$\phi(Z)$	Z	$\phi(Z)$
0.01	0.0040	0.17	0.0675	0.33	0.1293	0.49	0.1879	0.80	0.2881	1.30	0.4032	2.20	0.4861
0.02	0.0080	0.18	0.0714	0.34	0.1331	0.50	0.1915	0.82	0.2939	1.35	0.4115	2.30	0.4893
0.03	0.0120	0.19	0.0753	0.35	0.1368	0.52	0.1985	0.84	0.2995	1.40	0.4192	2.40	0.4918
0.04	0.0160	0.20	0.0793	0.36	0.1406	0.54	0.2054	0.86	0.3051	1.45	0.4265	2.50	0.4938
0.05	0.0199	0.21	0.0832	0.37	0.1443	0.56	0.2123	0.88	0.3106	1.50	0.4332	2.60	0.4953
0.06	0.0239	0.22	0.0871	0.38	0.1480	0.58	0.2190	0.90	0.3159	1.55	0.4394	2.70	0.4965
0.07	0.0279	0.23	0.0910	0.39	0.1517	0.60	0.2257	0.92	0.3212	1.60	0.4452	2.80	0.4974
0.08	0.0319	0.24	0.0948	0.40	0.1554	0.62	0.2324	0.94	0.3264	1.65	0.4505	2.90	0.4981
0.09	0.0359	0.25	0.0987	0.41	0.1591	0.64	0.2389	0.96	0.3315	1.70	0.4554	3.00	0.49865
0.10	0.0398	0.26	0.1023	0.42	0.1628	0.66	0.2454	0.98	0.3365	1.75	0.4599	3.20	0.49931
0.11	0.0438	0.27	0.1064	0.43	0.1664	0.68	0.2517	1.00	0.3413	1.80	0.4641	3.40	0.49966
0.12	0.0478	0.28	0.1103	0.44	0.1700	0.70	0.2580	1.05	0.3531	1.85	0.4678	3.60	0.499841
0.13	0.0517	0.29	0.1141	0.45	0.1736	0.72	0.2642	1.10	0.3643	1.90	0.4713	3.80	0.499928
0.14	0.0557	0.30	0.1179	0.46	0.1772	0.74	0.2703	1.15	0.3749	1.95	0.4744	4.00	0.499968
0.15	0.0596	0.31	0.1217	0.47	0.1808	0.76	0.2764	1.20	0.3849	2.00	0.4772	4.50	0.499997
1.16	0.0636	0.32	0.1255	0.48	0.1844	0.78	0.2823	1.25	0.3944	2.10	0.4821	5.00	0.49999997

查表 4-3 可知，当 $Z = ①$ 即 $X - \bar{X} = \pm\sigma$ 时，$2\phi(Z) = 0.6826$，表示在此范围内包含的零件数占 68.26%。

2）正态分布曲线的特点。

① 正态曲线呈钟形，中间高、两边低。这表示尺寸靠近分散中心的工件占大部分，而尺寸远离分散中心的工件是极少数。

② 曲线以 $X = \bar{X}$ 为轴对称分布，表示工件尺寸大于 $\bar{X}$ 和小于 $\bar{X}$ 的频率相等。

③ 工序标准差 σ 是决定曲线形状的重要参数。如图 4-26 所示，σ 越大，曲线越平坦，尺寸越分散，也就是加工精度越低；σ 越小，曲线越陡峭，尺寸越集中，也就是加工精度越高。

④ 曲线分布中心 $\overline{X}$ 决定分布曲线的位置，当 $\overline{X}$ 改变时，整个曲线将沿 X 轴平移，但曲线的形状保持不变，如图 4-27 所示。这是常值系统性误差影响的结果。

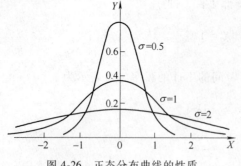

图 4-26　正态分布曲线的性质

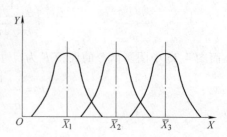

图 4-27　σ 不变时 $\overline{X}$ 改变使分布曲线移动

⑤ 从表 4-3 中可以查出，当 $X-\overline{X}=\pm 3\sigma$ 时，$P=49.865\%$，$2P=99.73\%$，即工件尺寸在 $\overline{X}\pm 3\sigma$ 以内的频率占 99.73%。这就是说，在 $X-\overline{X}=\pm 3\sigma$ 范围内，实际上已差不多包含了该批零件的全部，只有 0.27% 的工件尺寸在 $\pm 3\sigma$ 之外，可忽略不计。因此，一般取 6σ 为正态分布曲线的尺寸分散范围。

例 4-1　已知 $\sigma=0.005\mathrm{mm}$，零件公差 $T=0.02\mathrm{mm}$，且公差对称于分散范围中心，$|X-\overline{X}|=0.01\mathrm{mm}$。试求此时的废品率。

解
$$Z=(X-\overline{X})/\sigma=0.01\mathrm{mm}/0.005\mathrm{mm}=2$$
查表 4-3，当 $Z=2$ 时，$2\phi(Z)=0.9544$，故废品率为
$$[1-2\phi(Z)]\times 100\%=[1-0.9544]\times 100\%=4.6\%$$

例 4-2　车一批轴的外圆，其图样规定的尺寸为 $\phi 20_{-0.1}^{0}\mathrm{mm}$，根据测量结果，此工序的分布曲线是按正态分布的，$\sigma=0.025\mathrm{mm}$，曲线的顶峰位置和公差带中心相差 $0.03\mathrm{mm}$，偏于右端。试求其合格率和废品率。

解　如图 4-28 所示，合格率由 A、B 两部分计算得

$$Z_A=\frac{X_A}{\sigma}=\frac{0.5T+0.03\mathrm{mm}}{\sigma}=\frac{0.5\times 0.1\mathrm{mm}+0.03\mathrm{mm}}{0.025\mathrm{mm}}=3.2$$

$$Z_B=\frac{X_B}{\sigma}=\frac{0.5T-0.03\mathrm{mm}}{\sigma}=\frac{0.5\times 0.1\mathrm{mm}-0.03\mathrm{mm}}{0.025\mathrm{mm}}=0.8$$

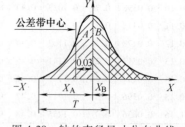

图 4-28　轴的直径尺寸分布曲线

查表 4-3 得 $\phi(Z_A)=0.49931$，$\phi(Z_B)=0.2881$。
故合格率为 $(0.49931+0.2881)\times 100\%=78.74\%$
不合格率为 $(0.5-0.2881)\times 100\%=21.36\%$

由图 4-28 可知，虽有废品，但尺寸均大于零件的上极限尺寸，故可修复。

3）非正态分布。工件实际尺寸的分布情况，有时并不近似于正态分布，而是出现非正态分布。例如，将两次调整下加工的零件混在一起，尽管每次调整下加工的零件是按正态分布的，但由于两次调整的工件平均尺寸及工件数可能不同，于是分布曲线将为图 4-29a 所示的双峰曲线。如果加工中刀具或砂轮的尺寸磨损比较显著，分布曲线就会如图 4-29b 所示，

呈平顶分布。当工艺系统出现显著的热变形时,分布曲线往往不对称(例如刀具热变形严重,加工轴时偏向左,加工孔时则偏右,如图4-29c所示)。用试切法加工时,由于操作者主观上存在着宁可返修也不要报废的想法,也往往出现不对称分布的现象(加工轴宁大勿小,偏右;加工孔宁小勿大,偏左)。

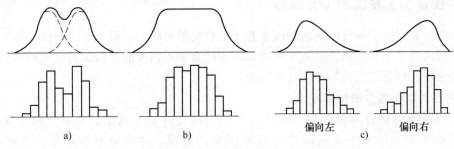

图 4-29 非正态分布
a) 双峰曲线　b) 平顶分布　c) 不对称分布

4) 正态分布曲线的应用。

①计算合格率和废品率。

②判断加工误差的性质。如果加工过程中没有变值系统性误差,那么它的尺寸分布应服从正态分布;如果尺寸分散中心与公差带中心重合,则说明不存在常值系统性误差,如果不重合则两中心之间的距离即常值系统性误差;如果实际尺寸分布与正态分布有较大出入,说明存在变值系统性误差,则可根据图4-29初步判断变值系统性误差是什么类型。

③判断工序的工艺能力能否满足加工精度的要求。所谓工艺能力是指处于控制状态的加工工艺所能加工出产品质量的实际能力,可以用工序的尺寸分散范围来表示工艺能力。大多数加工工艺的分布都接近正态分布,而正态分布的尺寸分散范围是6σ,故一般工艺能力都取6σ。因此,工艺能力能否满足加工精度要求,可以用下式判断:

$$C_p = \frac{T}{6\sigma}$$

式中　T——工件公差。

C_p称为工艺能力系数。如果$C_p \geq 1$,可认为工序具有不产生不合格产品的必要条件;如果$C_p < 1$,那么该工序产生不合格品是不可避免的。根据工艺能力系数的大小,可将工艺能力分为5级,见表4-4。

表 4-4　工序能力等级表

工艺能力系数 C_p	工艺等级	工艺能力判断	工艺能力系数 C_p	工艺等级	工艺能力判断
$C_p > 1.67$	特级	工艺能力很充分	$0.67 < C_p \leq 1.00$	三级	工艺能力不足
$1.33 < C_p \leq 1.67$	一级	工艺能力足够	$C_p \leq 0.67$	四级	工艺能力极差
$1.00 < C_p \leq 1.33$	二级	工艺能力勉强			

5) 分布曲线法的缺点。加工中随机性误差和系统性误差同时存在,由于分析时没有考虑到工件加工的先后顺序,故不能反映误差的变化趋势,因此很难把随机性误差和变值系统性误差区分开来。由于必须要等一批工件加工完毕后才能得出分布情况,因此不能在加工过

程中及时提供控制精度的资料。而点图分析法则可以克服和弥补分布曲线法的不足。点图分析法是在加工过程中定期测量一组工件，分析每组零件的尺寸变化趋势和尺寸分散情况，从而对加工过程进行监控的一种方法。关于点图分析法的具体情况可查阅相关资料。

4.1.4 提高加工精度的工艺措施

前面分析和讨论了各种原始误差因素对加工精度的影响，并提出了一些解决单个问题的措施。下面再通过一些实例，进一步阐述保证和提高加工精度的途径，用以说明如何运用理论知识来分析和解决综合性的加工精度问题。

1. 直接消除和减少原始误差

采取措施直接消除和减少原始误差，显然可以提高加工精度，特别是从改变加工方式和工装结构等方面着手来消除产生原始误差的根源，往往可事半功倍，收到更好的效果。

例如，加工长径比 l/d 较大的细长轴时（见图 4-30a），因工件刚度极差，容易产生弯曲变形和振动，严重影响加工精度。采取跟刀架和 90°车刀，虽提高了工件的刚度，减少了径向切削力 F_Y，但只解决了 F_Y 把工件"顶弯"的问题。由于工件在轴向切削力 F_X 作用下，形成细长杆受偏心压缩而失稳弯曲，工件弯曲后，高速旋转产生的离心力以及工件受切削热作用产生的热伸长受后顶尖的限制，都会进一步加剧其弯曲变形，因而加工精度仍难以提高。为此可采取下列措施：

1) 采用反向进给的切削方式（见图 4-30b），进给方向由卡盘一端指向尾座。这时尾座改用可伸缩的弹性顶尖，F_X 力对工件是拉伸作用，就不会因 F_X 和热应力而压弯工件。

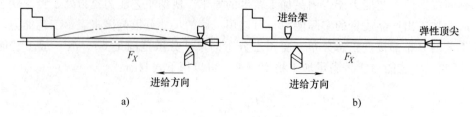

图 4-30 不同进给方向加工细长轴的比较

2) 采用大进给量和较大主偏角的车刀，增大了 F_X，使 F_Y 和 F_X 对工件的弯矩相互抵消了一部分，起着抑制振动的作用而切削平稳。

3) 在卡盘一端的工件上车出一个缩颈（见图 4-31）以增加工件柔性，减少了因坯料弯曲而在卡盘强制夹持下产生轴线歪斜的影响。

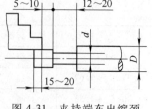

图 4-31 夹持端车出缩颈

又如，在加工刚性不足的圆环零件或磨削精密薄片零件时，为消除或减少夹紧变形而产生的原始误差，可以采取以下两个措施：

1) 采用弹性夹紧机构，使工件在自由状态下定位和夹紧。
2) 采用临时加强工件刚性的方法。

图 4-32 所示为磁力吸盘夹紧和弹性夹紧两种夹紧方式下工件变形状态的比较。

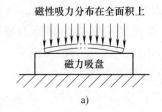 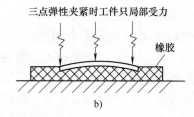

图 4-32 两种夹紧方式下工件变形状态的比较

直接吸牢进行磨削后将工件取下，由于弹性恢复，使已磨平的表面又产生翘曲。改进的方法是在工件和吸盘之间垫入一层薄的橡胶，当吸紧工件时，橡胶被压缩，使工件变形减小，经过多次反正面磨削，便可将工件的变形磨去，从而可以消除由于夹紧而引起的弯曲变形所造成的原始误差。

2. 补偿或抵消原始误差

误差补偿的方法就是人为地造出一种新的误差去抵消工艺系统中出现的关键性的原始误差。误差抵消的方法是利用原有的一种误差去抵消另一种误差。无论用何种方法，都应力求使两者大小相等、方向相反，从而达到减少甚至完全消除原始误差的目的。

大型龙门铣床的横梁在立铣头自重的作用下会产生变形，在这种情况下若是采用加强横梁或减轻铣头自重的办法来直接消除或减少误差，显然是不可行的，而应采取误差补偿的方法。其做法是：在刮研横梁导轨时故意使导轨面产生向上凸的几何形状误差，以抵消横梁因铣头重力而产生向下垂的受力变形，这样，就用人为的误差抵消了变形产生的误差，如图 4-33 所示。

3. 转移变形或转移误差

误差转移法就是把影响加工精度的原始误差转移到不影响（或少影响）加工精度的方向或其他零部件上去。

如图 4-34 所示，龙门铣床的横梁除采用误差补偿的办法之外，还可以在横梁上再安装一根附加的梁，使它承担铣头和配重的重量，把弯曲变形转移到附加的梁上去。显而易见，附加梁的受力变形对加工精度不产生任何影响，只是使机床结构复杂些。

转塔车床都采用"立刀"安装法，把切削刃的切削基面放在垂直平面内，从而将其转位误差转移到误差的不敏感方向，由此产生的加工误差就可减少到可以忽略不计的程度。

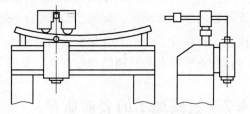

图 4-34 用附加梁转移横梁的变形

4. 均分原始误差

在加工中，当前面工序的误差较大时，由于本工序的定位误差或复映误差的影响，可能会使本工序超差。若提高前面某道工序的加工精度不经济，则可采用分组调整、均分误差的方法，即将前面一道工序的尺寸按误差大小分为 n 组，使每组工件的误差缩小为原来的 $1/n$，然后按各组调整刀具与工件的相互位置，或针对每组制造适当尺寸的定位元件，以提高本道工序的加工精度。

例如某厂在剃齿时，采用心轴装夹工件。齿轮内孔尺寸为 $\phi 25^{+0.013}_{0}$ mm（IT6），所选心轴尺寸为 $\phi 25.002$mm。由于孔轴配合间隙过大，造成齿轮齿圈径向圆跳动超差。此外，剃齿时还易发生振动，引起齿面误差和噪声。因此，必须减小配合间隙。由于孔的尺寸公差等级已达到IT6，若再提高往往不经济。因此，采用分化误差方法，把工件按尺寸大小分成三组，对每组工件制造相应的心轴与其配合，从而大大减小了配合间隙，保证齿轮精度要求。尺寸分组情况见表4-5。

表 4-5　尺寸分组情况　　　　　　　　　　　　　（单位：mm）

组号	工件内孔尺寸	心轴尺寸	配合精度	组号	工件内孔尺寸	心轴尺寸	配合精度
1	$\phi 25^{+0.004}_{0}$	$\phi 25.002$	±0.002	3	$\phi 25^{+0.013}_{+0.008}$	$\phi 25.011$	+0.002 -0.003
2	$\phi 25^{+0.008}_{+0.004}$	$\phi 25.006$	±0.002				

5. 采用"就地加工"保证精度

在机械加工和装配中，有些精度问题涉及很多零件的相互关系，如果仅仅从提高零部件本身的精度着手，有些精度指标不但不能达到，即使达到，成本也很高。采用"就地加工"这一简捷的方法，可保证装配后的最终精度。

例如，在转塔车床的加工制造中，转塔上六个安装刀架的大孔的中心线必须保证和机床主轴回转轴线重合，而六个平面又必须和主轴轴线垂直。如果把转塔作为单独零件加工出这些表面，要在装配中达到上述两项要求是很难的，因为其中包含了很复杂的尺寸链关系。采用"就地加工"的方法，既经济又能达到上述要求。具体办法是：这些表面在装配前不进行精加工，在六角转塔装配到机床上以后，在主轴上装上镗刀杆，使镗刀旋转，转塔做纵向进给运动，就可以依次精镗出转塔上的六个孔，然后再在主轴上安装一个能做径向进给运动的小刀架，刀具一面旋转，一面做径向进给运动，依次精加工出转塔上的六个平面。由于转塔上的孔的中心线是依据主轴旋回轴线加工而成的，保证了二者的同轴度，

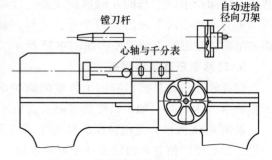

图 4-35　转塔车床转塔上六个孔和平面加工与检验

同理，也保证了六个平面与主轴回转轴线的垂直度。然后卸去刀架，换上心轴和千分表，就可以检查所要求的同轴度和垂直度（见图4-35）。这种方法也称为"自干自"。

4.2　机械加工的表面质量

4.2.1　概述

机械加工表面质量是指零件加工后的表面层状态，它是判定零件质量的主要依据之一。因为机械零件的破坏大多是从表面开始的，而任何机械加工都不能获得完美的表面，总会存在着一定程度的微观不平度和表面层的物理力学性能的变化。因此，探讨和研究机械加工表

面质量，就是为了掌握机械加工中各种工艺因素对加工表面质量影响的规律，以便运用这些规律来控制加工过程，达到改善表面质量、提高产品使用性能的目的。

1. 机械加工表面质量的含义

表面质量的含义有以下两方面的内容：

（1）表面层的几何形状特征

1）表面粗糙度。即表面的微观几何形状误差。评定的参数主要有轮廓算术平均偏差 Ra 或轮廓微观不平度十点平均高度 Rz。

2）波纹度。波纹度是介于宏观几何形状误差与表面粗糙度之间的周期性几何形状误差，如图 4-36 所示。其主要产生于振动，应作为工艺缺陷设法消除。

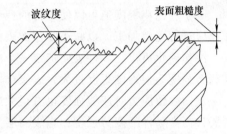

图 4-36 表面粗糙度和波纹度

（2）表面层物理力学性能的变化 表面层物理力学性能主要指下面三个方面的内容：

1）表面层的加工硬化。

2）表面层金相组织的变化。

3）表面层残留应力。

2. 表面质量对零件使用性能的影响

（1）表面质量对零件耐磨性的影响 零件的耐磨性是一项很重要的性能指标，当零件的材料、润滑条件和加工精度确定之后，表面质量对耐磨性起着关键的作用。因加工后的零件表面存在着凸起的轮廓峰和凹下的轮廓谷，两配合面或结合面的实际接触面积总比理想接触面积小，实际上只是在一些凸峰顶部接触，这样，当零件受力的作用时，凸峰部分的应力很大。零件的表面越粗糙，实际接触面积就越小，凸峰处单位面积上的应力就越大。当两个零件相对运动时，接触处就会产生弹性变形、塑性变形和剪切等现象，凸峰部分被压平而造成磨损。

虽然表面粗糙度对摩擦面影响很大，但并不是表面粗糙度值越小越耐磨。过于光滑的表面会挤出接触面间的润滑油，引起分子之间的亲和力加强，从而产生表面咬焊、胶合，使得磨损加剧，如图 4-37 所示。就零件的耐磨性而言，最佳表面粗糙度值 Ra 在 $0.8\sim0.2\mu m$ 之间为宜。

零件表面纹理形状和纹理方向对耐磨性也有显著的影响。一般来讲，圆弧状的、凹坑状的表面纹理，耐磨性好；而尖峰状的表面纹理耐磨性差，因它的承压面小，压强大。在轻载并充分润滑的运动副中，两配合面的刀纹方向与运动方向相同时，耐磨性较好；与运动方向垂直时，耐磨性最差；其余的情况，介于上述两者之间。而在重载又无充分润滑的情况下，两结合面的刀纹方向垂直时，磨损较小。由此可见，重要的零件应规定最后工序的加工纹理方向。

零件表面层材料的冷作硬化，能提高表面层的

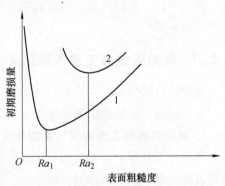

图 4-37 初始磨损量与表面粗糙度的关系
1—轻载荷 2—重载荷

硬度，增强表面层的接触刚度，减少摩擦表面间发生弹性变形和塑性变形的可能性，使金属之间咬合现象减少，因而增强了耐磨性。但硬化过度会降低金属组织的稳定性，使表层金属变脆、脱落，致使磨损加剧，所以硬化的程度和深度应控制在一定的范围内。

表层金属的残留应力和金相组织发生变化时，会影响表层金属的硬度，因此也将影响耐磨性。

(2) 表面质量对零件疲劳强度的影响　零件在交变载荷的作用下，其表面微观不平的凹谷处和表面层的缺陷处容易引起应力集中而产生疲劳裂纹，造成零件的疲劳破坏。试验表明，减小表面粗糙度值可以使零件的疲劳强度有所提高。因此，对于重要零件的重要表面，往往应进行光整加工，以减小零件的表面粗糙度值，提高其疲劳强度。

冷作硬化可以在零件表面形成一个冷硬层，因而能阻碍表面层疲劳裂纹的出现，从而提高疲劳强度。但冷硬程度过大，表层金属变脆，反而易于产生裂纹。

表面残留应力对疲劳强度也有很大影响。当表面层为残留压应力时，能延缓疲劳裂纹的扩展，提高零件的疲劳强度；当表面层为残留拉应力时，容易使零件表面产生裂纹，从而降低其疲劳强度。

(3) 表面质量对零件耐蚀性的影响　零件的耐蚀性在很大程度上取决于零件的表面粗糙度。零件表面越粗糙，凹谷越深，越容易沉积腐蚀性介质而产生腐蚀。因此，减小零件表面粗糙度值，可以提高零件的耐蚀性。

零件表面层的残留压应力和一定程度的硬化有利于阻碍表面裂纹的产生和扩展，因而有利于提高零件的抗腐蚀能力。而表面残留拉应力则降低零件的耐蚀性。

(4) 表面质量对配合性质及其他性能的影响　由于零件表面粗糙度的存在，将影响配合精度和配合性质。在间隙配合中，零件表面粗糙度将使配合件表面的凸峰被挤平，从而增大配合间隙，降低配合精度；在过盈配合中，则将使配合件间的有效过盈量减小甚至消失，影响了配合的可靠性。因此，对有配合要求的表面，必须规定较小的表面粗糙度值。

在过盈配合中，如果表面硬化严重，将可能造成表层金属与内部金属脱离的现象，从而破坏配合的性质和精度。表面残留应力过大，将引起零件变形，使零件的几何尺寸改变，这样也将影响配合精度和配合性质。

表面质量对零件的其他性能也有影响。例如，减小零件的表面粗糙度值可以提高密封性能，提高零件的接触刚度，降低相对运动零件的摩擦因数，从而减少发热和功率损耗，减少设备的噪声等。

4.2.2　影响机械加工表面粗糙度的因素

零件经过机械加工之后所获得的表面，其质量的好坏，影响因素很多，一般来说，最主要的是几何因素、物理因素和加工中工艺系统的振动等。

1. 影响机械加工表面粗糙度的几何因素

切削加工过程中，刀具相对于工件做进给运动时，在被加工表面上残留的面积越大，所获得表面将越粗糙。用单刃刀切削时，残留面积只与进给量 f、刀尖圆弧半径 r_ε 及刀具的主偏角 κ_r、副偏角 κ_r' 有关，如图 4-38 所示。

尖刀切削时（见图 4-38a）

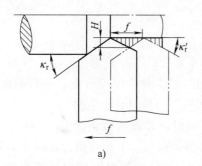 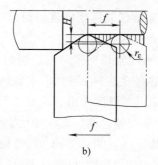

图 4-38 切削层残留面积
a) 尖刀切削 b) 带刀尖圆弧半径 r_ε 刀的切削

$$H=\frac{f}{\cot\kappa_r+\cot\kappa_r'}$$

带刀尖圆弧半径 r_ε 的刀切削时（见图 4-38b）

$$H\approx\frac{f^2}{8r_\varepsilon}$$

由公式可知，减小进给量 f，减小主、副偏角，增大刀尖圆弧半径，都能减小残留面积的高度 H，也就减小了零件的表面粗糙度值。

进给量 f 对表面粗糙度影响较大，当 f 值较低时，虽然有利于表面粗糙度值的减小，但生产率也成比例地降低，而且过小的进给量将造成薄层切削，反而容易引起振动，使得表面粗糙度值增大。

增大刀尖圆弧半径有利于表面粗糙度值的减小，但同时会引起进给力 F_f 的增加，从而加大工艺系统的振动。因此在增大刀尖圆弧半径时，要考虑进给力的潜在因素。

减小主、副偏角均有利于表面粗糙度值的降低。但在精加工时，它们对表面粗糙度的影响较小。

前角对表面粗糙度没有直接影响。但适当增大前角，刀具易于切入工件，塑性变形小，有利于减小表面粗糙度值。

2. 影响机械加工表面粗糙度的物理因素

从切削过程的物理因素考虑，刀具的刃口圆角及后（刀）面与工件的挤压与摩擦使金属材料发生塑性变形，将增大表面粗糙度值。在加工塑性材料而形成带状切屑时，与前（刀）面上容易形成硬度很高的积屑瘤，它可以代替前（刀）面和切削刃进行切削，使刀具的几何角度、背吃刀量发生变化。积屑瘤的轮廓很不规则，因而使工件表面上出现深浅和宽窄都不断变化的刀痕。有些积屑瘤易断裂且嵌入工件表面，更加大了表面粗糙度值。同时，在切削过程中，由于切屑在前（刀）面上的摩擦和冷焊作用，使切屑在前（刀）面上产生周期性停留，严重时使表面出现撕裂现象，在已加工表面上形成鳞刺，造成表面不平。而在加工脆性材料时，切屑呈碎粒状，加工表面往往出现微粒崩碎痕迹，留下许多麻点，使表面显得粗糙。

从以上物理因素对表面粗糙度的影响来看，要减小表面粗糙度值，除必须减小切削力引起的塑性变形外，主要应避免产生积屑瘤和鳞刺，其主要工艺措施有：选择不易产生积屑瘤和鳞刺的切削速度；改善材料的切削性能；正确选择切削液等。

3. 影响磨削加工表面粗糙度的因素

（1）磨削加工的特点

1）磨削过程比金属切削刀具的切削过程要复杂得多。砂轮在磨削工件时，磨粒在砂轮表面上所分布的高度是不一致的。磨粒的磨削过程常分为滑擦阶段、刻划阶段和切削阶段。但对整个砂轮来讲，滑擦作用、刻划作用、切削作用是同时产生的。

2）砂轮的磨削速度高。磨削温度高，磨削时，砂轮线速度为 $v_{砂}$ = 30～50m/s，目前高速磨削发展很快，$v_{砂}$ = 80～125m/s。磨粒大多为负前角，单位切削力比较大，故切削温度很高，磨削点附近的瞬时温度可高达 800～1000℃。这样高的温度常引起被磨表面烧伤、工件变形和产生裂纹。

3）磨削时砂轮的线速度高，参与切削的磨粒多，所以，单位时间内切除金属的量大。径向切削力较大，会引起机床工作系统发生弹性变形和振动。

（2）影响磨削加工表面粗糙度的因素　影响磨削表面粗糙度的因素很多，主要的有：

1）磨削用量的影响。

① 砂轮速度。随着砂轮线速度的增加，在同一时间里参与切削的磨粒数也增加，每颗磨粒切去的金属厚度减少，残留面积也减少，而且高速磨削可减少材料的塑性变形，减小表面粗糙度值。

② 工件速度。在其他磨削条件不变的情况下，随着工件线速度的降低，每颗磨粒每次接触工件时切去的切削厚度减少，残留面积也减少，因而表面粗糙度值小。但必须指出，工件线速度过低时，工件与砂轮接触的时间长，传到工件上的热量增多，甚至会造成工件表面金属微熔，反而增大表面粗糙度值，而且还增加了表面烧伤的可能性。因此，通常取工件线速度等于砂轮线速度的 1/60 左右。

③ 磨削深度和光磨次数。磨削深度增加，则磨削力和磨削温度都增加，磨削表面塑性变形程度增大，从而增大表面粗糙度值。为既能提高磨削效率又能获得较小的表面粗糙度值，一般开始采用较大的磨削深度，然后采用较小的磨削深度，最后进行无进给磨削，即光磨。光磨次数增加，可减小表面粗糙度值。

2）砂轮的影响。

① 砂轮的粒度。粒度越细，则砂轮单位面积上的磨粒越多，每颗磨粒切去的金属厚度越少，刻痕也细，表面粗糙度值就越小。但粒度过细，切屑容易堵塞砂轮，使工件表面温度增高，塑性变形加大，表面粗糙度值反而增大，同时还容易引起烧伤。所以常用的砂轮粒度在 F80 以内。

② 砂轮的硬度。砂轮太软，则磨粒易脱落，有利于保持砂轮的锋利，但很难保证砂轮的等高性。砂轮如果太硬，磨损了的磨粒也不易脱落，这些磨损了的磨粒会加剧与工件表面的挤压和摩擦作用，造成工件表面温度升高，塑性变形加大，并且还容易使工件产生表面烧伤。所以砂轮的硬度以适中为好，主要根据工件的材料和硬度进行选择。

③ 砂轮的修整。砂轮使用一段时间后就必须进行修整，及时修整砂轮有利于获得锋利和等高的微刃。慢的修整进给量和小的修整深度，还能大大增加切削刃数，这些均有利于降低被磨工件的表面粗糙度值。

④ 砂轮材料。砂轮材料即指磨料，它可分为氧化物类（刚玉）、碳化物类（碳化硅、碳化硼）和高硬磨料类（人造金刚石、立方碳化硼）。钢类零件材料用刚玉砂轮磨削可得到

满意的表面粗糙度；铸铁、硬质合金等零件材料用碳化物砂轮磨削时表面粗糙度值较小；用金刚石砂轮磨削可得到极小的表面粗糙度值，但加工成本也比较高。

3）被加工材料的影响。工件材料的性质对磨削的表面粗糙度影响也较大，太硬、太软、太韧的材料都不容易磨光。这是因为材料太硬时，磨粒很快钝化，从而失去切削能力；材料太软时砂轮又很容易被堵塞；而韧性太大且导热性差的材料又容易使磨粒早期崩落，这些都不利于获得较小的表面粗糙度值。

4.2.3 影响材料表面物理力学性能的工艺因素

影响材料表面物理力学性能的工艺因素有三项：表面层残留应力；冷作硬化；金相组织变化。在机械加工中，这些影响因素的产生主要是工件受到切削力和切削热作用的结果。

1. 表面残留应力

切削过程中金属材料的表层组织发生形状变化和组织变化时，在表层金属与基体材料交界处将会产生相互平衡的弹性应力，该应力就是表面残留应力。零件表面若存在残留压应力，可提高工件的疲劳强度和耐磨性；若存在残留拉应力，就会使疲劳强度和耐磨性下降。如果残留应力值超过了材料的疲劳强度极限时，还会使工件表面层产生裂纹，加速工件的破损。

残留应力的产生，主要与下面几个因素有关。

（1）冷塑性变形的影响　切削过程中，切削力的作用引起表面层材料发生塑性变形，使工件材料的晶格拉长和扭曲。由于原来晶格中的原子排列是紧密的，扭曲之后，金属的密度下降，比体积增加，造成表层金属体积发生变化，于是基体金属受其影响而处于弹性变形状态。切削力去掉后，基体金属趋向复原，但受到已产生塑性变形的表层金属的牵制而不得复原，由此而产生残留应力。通常表层金属受刀具后（刀）面的挤压和摩擦影响较大，产生冷态塑性变形，表面体积变大，但受基体金属的牵制而产生残留压应力，而基体金属为残留拉应力，表、里有部分应力相平衡。

（2）热塑性变形的影响　工件加工表面在切削热作用下产生热膨胀，此时基体金属温度较低，因此表层金属的热膨胀受到基体金属的限制而产生热压缩应力。当表层金属的应力超过材料的弹性变形范围时，就会产生热塑性变形。当切削过程结束时，温度下降至与基体金属温度一致的过程中，表层金属的冷却收缩造成了表面层的残留拉应力，里层则产生与其相平衡的压应力。

（3）金相组织变化的影响　切削加工时，切削区的高温将引起工件表层金属的相变。金属的组织不同，其密度也不同，当表层金属产生相变后，使得密度增大而体积减小，工件表层产生残留拉应力，里层产生压应力。当表层金属组织的密度减小、体积增大时，表层产生压应力，里层回火组织产生拉应力。

加工后表面层的实际残留应力是以上三方面原因综合的结果。在切削加工时，切削热一般不是很高，此时主要以塑性变形为主，表面残留应力多为压应力。磨削加工时，通常磨削区的温度较高，热塑性变形和金相组织变化是产生残留应力的主要因素，所以表面层产生残留拉应力。

2. 表面层加工硬化

机械加工过程中，切削力的作用使被加工表面产生强烈的塑性变形，表面层材料晶格间剪切滑移，晶格严重扭曲、拉长、纤维化以及破碎，造成加工表面层强化和硬度增加。这种现象被称为加工硬化。切削力越大，塑性变形越大，硬化程度也越大。表面硬化层的深度有时可达 0.5mm，硬化层的硬度比基体金属硬度高 1~2 倍。

应当指出，表层金属在产生塑性变形的同时，还产生一定数量的热，使金属表层温度升高。当温度达到 $(0.25 \sim 0.3) T_\text{熔}$ 范围时，就会产生冷硬的回复，回复作用的速度取决于温度的高低和冷硬程度的大小。温度越高，冷硬程度越大，作用时间越长，回复速度越快，因此在冷硬进行的同时，也进行着回复。

影响冷作硬化的主要因素有：

（1）切削用量 切削用量中切削速度和进给量的影响最大。当切削速度增大时，刀具与工件接触时间短，塑性变形程度减小。一般情况下，速度大时温度也会增高，因而有助于冷硬的回复，故硬化层深度和硬度都有所减小。当进给量增大时，切削力增加，塑性变形也增加，硬化现象加强。但当进给量较小时，由于刀具刃口圆角在加工表面单位长度上的挤压次数增多，硬化程度也会增大。

（2）刀具 刀具的刃口圆角大，后（刀）面的磨损，前、后（刀）面不光洁都将增加刀具对工件表面层金属的挤压和摩擦作用，使得冷硬层的程度和深度都增加。

（3）工件材料 工件材料的硬度越低、塑性越大时，切削后的冷硬现象越严重。

3. 表面层金相组织变化与磨削烧伤

机械加工时，在工件的加工区及其附近区域将产生一定的温升。对于切削加工而言，切削热大都被切屑带走，其影响不太严重。但在磨削加工时，由于磨削速度很高、磨削区面积大以及磨粒的负前角的切削和滑擦作用，会使得加工区域达到很高的温度。当温升达到相变临界点时，表层金属就会发生金相组织变化，产生极大的表面残留应力，强度和硬度降低，甚至出现裂纹，这种现象称为磨削烧伤。烧伤严重时，表面会出现黄、褐、紫、青等烧伤色，这是工件表面在瞬时高温下产生的氧化膜颜色。不同的烧伤颜色，表明工件表面受到的烧伤程度不同。

磨削淬火钢时，若磨削区温度超过相变温度 Ac_3，则马氏体转变为奥氏体，如果这时无切削液，则表层金属的硬度将急剧下降，工件表面层被退火，这种烧伤称为退火烧伤。干磨时，很容易出现这种现象。若磨削区的温度使工件表层的马氏体转变为奥氏体时，具有充分的切削液进行冷却，则表层金属因急冷，形成二次淬火马氏体，硬度比回火马氏体高，但很薄，只有几个微米厚，而表层之下是硬度较低的回火索氏体和托氏体。二次淬火层很薄，表层的硬度总的来说是下降的，因此也认为是烧伤，俗称淬火烧伤。如磨削区的温度未达到相变温度，但已超过了马氏体的转变温度（一般为 350℃ 以上），这时马氏体将转变成硬度较低的回火托氏体或索氏体，称为回火烧伤。三种烧伤中，退火烧伤最严重。

磨削烧伤使零件的使用寿命和性能大大降低，有些零件甚至因此而报废，所以磨削时应尽量避免烧伤。引起磨削烧伤直接的因素是磨削温度，大的磨削深度和过高的砂轮线速度也是引起零件表面烧伤的重要因素。此外，零件材料也是不能忽视的一个方面。一般而言，热导率低、比热容小、密度大的材料，磨削时容易烧伤。使用硬度太高的砂轮，也容易发生烧伤。

避免烧伤主要是设法减少磨削区的高温对工件的热作用。磨削时采用强有力的、效果好的切削液，能有效地防止烧伤；合理地选用磨削用量、适当地提高工件转动的线速度，也是减轻烧伤的方法之一。但过大的工件线速度会影响工件表面粗糙度。选择和使用合理硬度的砂轮，也是减小工件表面烧伤的一条途径。

4.2.4 机械加工中的振动

在机械加工过程中，工艺系统有时会发生振动，即在刀具的切削刃和工件上正在被切削的表面之间，除了名义上的切削运动之外，还会出现一种周期性的相对运动。这种相对运动会导致一系列不利的影响，有时甚至会带来相当严重的不良后果。

振动使工艺系统的各种成形运动受到干扰和破坏，使加工表面出现振纹，降低零件的加工精度和增大表面粗糙度值。在精密加工中，振动往往是提高加工精度和表面质量的主要障碍。强烈的振动会使切削过程无法进行，被迫降低切削用量，降低了劳动生产率。振动还严重影响刀具和机床的寿命，噪声也影响工人的身体健康。研究机械加工中振动的产生机理，探讨如何提高工艺系统的抗振性和消除振动的措施，是机械加工工艺学的重要课题之一。

金属切削加工中的振动主要有强迫振动和自激振动两种类型。磨削加工中的振动主要是强迫振动，切削加工中的振动常常是自激振动。

1. 强迫振动

（1）产生强迫振动的原因　在外界周期性干扰力的作用下，工艺系统被迫产生振动，这些干扰力可能来源于工艺系统之外，称为外部振源。外部振源主要是由其他机器的振动，从地基上传来，激起了工艺系统的振动。干扰力也可能来自工艺系统的内部，称为内部振源，主要有：①机床上的转动件因质量不均匀产生的离心力；②工艺系统中某些传动件的缺陷，如带传动时的带厚薄不均匀、接口不良、柔性不一、多根带传动时长短不一等都会引起传动中传动力的周期变化，带传动中心距过大则容易引起传动带的滑动和横向振动，滚动轴承和齿轮等传动件有过大的几何误差时也会引起振动；③往复机构中的转向和冲击及不连续表面和铣、拉、滚削等的断续切削加工会引起振动。

（2）强迫振动的特性分析

1）强迫振动的频率等于激振力的频率，与系统的固有频率无关。

2）强迫振动的稳态过程是简谐振动，只要有激振力存在，振动系统就不会被阻尼衰减掉。

3）强迫振动的振幅取决于振源激振力、频率比和阻尼比。激振力幅增加时，振动的振幅也增加。

当激振频率与系统的固有频率 ω_0 相近或相等时，振幅趋于最大值，振动很强烈，称为共振区。当两者之比等于 1 时，振幅最大，这种现象称为共振。增大阻尼能大幅度地降低共振区的振幅。

2. 自激振动

在机械加工中，往往会出现一种不是由于任何周期性的振源所激发的振动，其频率也不等于可以找到的任何一种激振力的频率。这种振动当切削宽度达到一定数值时会突然发生，振幅急剧上升；而当刀具一旦离开工件，振动和伴随着振动出现的交变切削力便立即消失。这种由振动系统本身引起的交变力作用而产生的振动，称为自激振动，也称为"颤振"。它有以下特点：

1）自激振动是一种不衰减的振动。外部振源在最初起触发作用，但维持振动所需的交变力由振动过程产生，所以当运动停止时，交变力也随之消失，自激振动也随即停止。

2) 自激振动的频率等于或接近于系统的固有频率。

3) 维持自激振动的能量来源于机床的能量。自激振动是否产生以及振幅的大小取决于振动系统在每一周期内，输入的能量是否大于消耗的能量。如果振动系统中由于自激振动而输入的能量大于所消耗的能量，则自激振动将产生，反之则不会产生自激振动。

3. 减少机械加工振动的途径

当机械加工过程中出现影响加工质量的振动时，首先要判断这种振动是强迫振动还是自激振动，然后再采取相应措施来消除或减小振动。消除或减小振动的途径一般有以下三大类：

（1）消除或减弱产生振动的条件　首先是减小机床内外引起振动的干扰力，这能有效地减小强迫振动，机床上高速旋转的齿轮、卡盘等回转零部件要进行动平衡，同时提高其制造精度和安装精度，以减小振动的产生。其次通过改变电动机转速或传动比，使激振力的频率远离机床加工薄弱环节的固有频率，以避免产生共振。再次是采取隔振措施，将电动机和液压系统等动力源与机床本体分离，使电动机与床身采用柔性连接，利用橡胶、弹簧、木材等材料将机床与地面以及振源与机床之间进行隔离，使振源产生的部分振动被吸收。最后是为了减小自激振动，可以合理地选用切削用量和刀具参数。切削速度在 20~60m/min 时易产生自激振动，要尽量避免采用这个速度范围。在表面粗糙度允许的情况下，适当加大进给量可减小自激振动，适当地加大前角和主偏角，也有利于减小振幅。

（2）提高工艺系统的抗振性　提高工艺系统薄弱环节的刚度，可以有效地提高机床加工系统的稳定性。采用刮研零件的接触表面，减少运动件间的间隙，提高接触刚度；对滚动轴承施加预载荷；选用吸振能力较强的铸铁材料；加工细长轴、薄壁件等刚度较差的零件时，增加辅助支承，如中心架、跟刀架、辅助支承等，都能有效地起到减振作用。

（3）采用消振减振装置　当各种措施都不能收到满意效果时，可以考虑增设减振装置。减振装置是通过一个弹性元件将附加质量连接到主振系统上，当系统振动时，利用附加质量的动力作用，使加到主振系统上的附加作用力与激振力大小相等、方向相反，相当于增加了阻尼，从而抑制主振系统振动。

习　题

4-1　说明加工误差、加工精度的概念以及它们之间的区别。

4-2　原始误差包括哪些内容？

4-3　主轴回转运动误差取决于什么？它可分为哪三种基本形式？产生原因是什么？对加工精度的影响又如何？

4-4　机床导轨误差怎样影响加工精度？

4-5　为什么对卧式车床床身导轨在水平面内的直线度要求高于在垂直面内的直线度要求？而对平面磨床的床身导轨，其要求却相反？

4-6　何谓传动链误差？可通过哪些措施来减少传动链对加工精度的影响？

4-7　举例说明工艺系统由于受力变形对加工精度产生怎样的影响。

4-8　在车床上加工心轴时（见图 4-39）粗、精车外圆 A 及台阶面 B，经检验发现 A 有圆柱度误差、B 对 A 中心线有垂直度误差。试从机床几何误差的影响因素角度分析产生以上误差的主要原因。

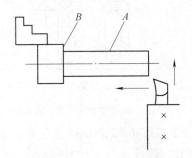

图 4-39　题 4-8 图

4-9　在外圆磨床上磨削薄壁套筒，工件安装在夹具上（见图 4-40），当磨削外圆至图样要求尺寸（合格）卸下工件后，发现工件外圆呈鞍形。试分析造成此项误差的原因。

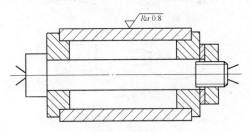

图 4-40　题 4-9 图

4-10　在内圆磨床上加工不通孔（见图 4-41），若只考虑磨头的受力变形，试推想孔表面可产生怎样的加工误差。

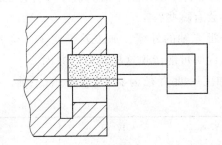

图 4-41　题 4-10 图

4-11　说明误差复映的概念、误差复映系数的大小与哪些因素有关。

4-12　试分析工件产生内应力的主要原因及经常出现的场合。为减少内应力的影响，应在设计和工艺方面采取哪些措施？

4-13　为什么细长轴冷校直后会产生残留内应力？其分布情况怎样？对加工精度将带来什么影响？

4-14　试分析图 4-42 所示床身铸件形成残留内应力的原因，并确定 A、B、C 各点残留内应力的符号。当粗刨床面切去 A 层后，床面会产生怎样的变形？

4-15　如图 4-43a 所示铸件，若只考虑铸造残留内应力的影响，试分析用面铣刀铣去上部连接部分后，工件将发生怎样的变形。又如图 4-43b 所示铸件，当采用宽度为 B 的三面刃铣刀分别将中部板条、左边框板条切开时，开口宽度 B 的各个尺寸将如何变化？

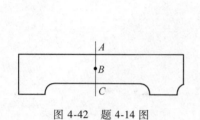

图 4-42 题 4-14 图

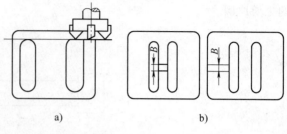

图 4-43 题 4-15 图

4-16 在精密丝杠车床上加工长度 $L=2000$mm 的丝杠,室温为 20℃,加工后工件的温升至 45℃,车床丝杠温升至 25℃。若丝杠与工件材料均为 45 钢($\alpha_L=11\times10^{-6}$/℃ 时),试求被加工的丝杠由于热变形而引起的螺距累积误差为多少。

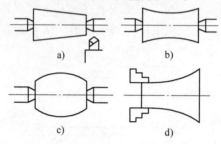

图 4-44 题 4-19 图

4-17 根据统计规律,加工误差可分为哪几类?这几类误差各有什么特点?试举例说明。

4-18 实际生产中在什么条件下加工出来的一批工件符合正态分布曲线?该曲线有何特点?表示曲线特征的基本参数有哪些?

4-19 在车床上加工一批光轴的外圆,加工后经检测,整批工件发现有图 4-44 所示的几种几何形状误差。试分别说明可能产生这些误差的原因。

4-20 在自动车床上加工一批直径为 $\phi 18^{+0.03}_{-0.08}$mm 的小轴,抽检 25 件,其尺寸见下表(单位为 mm)。

17.89	17.92	17.93	17.94	17.94
17.95	17.95	17.96	17.96	17.96
17.97	17.97	17.97	17.98	17.98
17.98	17.99	17.99	18.00	18.00
18.01	18.02	18.02	18.04	18.05

试根据以上数据绘制实际尺寸分布曲线,计算合格率、废品率、可修复废品率及不可修复废品率。

4-21 在两台相同的自动车床上加工一批小轴的外圆,要求保证直径 $\phi(11\pm0.02)$mm。第一台加工 1000 件,其直径尺寸按正态分布,平均值 $\bar{X}_{11}=11.005$mm,均方根差 $\sigma_1=0.004$mm。第二台加工 500 件,其直径尺寸也按正态分布,且 $\bar{X}_{22}=11.015$mm,$\sigma_2=0.0025$mm。试求:

(1) 在同一图上画出两台机床加工的两批工件的尺寸分布图,并指出哪台机床的工序精度高。

（2）计算并比较哪台机床废品率高，并分析其产生的原因及提出改进的办法。

4-22 磨一批轴的外圆，若外径公差 $T=18\mu m$，此工序的均方根差 $\sigma=4\mu m$，且分布中心与公差带中心重合。问废品率是多少？若只允许有可修废品，如何解决？

4-23 镗孔公差为 0.1mm，该工序精度的均方根差 $\sigma=0.025mm$。已知不能修复的废品率为 0.5%，试求产品的合格率为多少。

4-24 在自动机床上一次调整连续加工 50 个零件，按加工的先后顺序测量零件的尺寸（公称尺寸为 $\phi30mm$）见下表。

工件序号	测定值/mm	工件序号	测定值/mm	工件序号	测定值/mm	工件序号	测定值/mm	工件序号	测定值/mm
1	29.940	11	30.150	21	30.165	31	30.275	41	30.240
2	30.035	12	29.950	22	30.125	32	30.330	42	30.295
3	30.000	13	30.110	23	30.225	33	30.140	43	30.200
4	30.010	14	30.065	24	30.075	34	30.445	44	30.415
5	29.910	15	30.025	25	30.275	35	30.200	45	30.560
6	30.170	16	29.880	26	30.245	36	30.260	46	30.520
7	30.070	17	30.080	27	30.005	37	30.420	47	30.280
8	30.002	18	30.190	28	30.210	38	30.120	48	30.330
9	29.970	19	30.045	29	30.165	39	30.325	49	30.150
10	30.085	20	29.960	30	29.970	40	30.080	50	30.500

试分析判断有无变值系统性误差的存在，并估计该自动机床加工时随机性误差的分散范围。若该零件的尺寸要求为 $\phi(30\pm0.3)mm$ 或 $\phi(30\pm0.35)mm$ 时，试问该工序工艺能力属于哪个等级？

4-25 表面质量的含义包括哪些主要内容？为什么机械零件的表面质量与加工精度有同等重要的意义？

4-26 为什么非铁金属用磨削加工得不到低表面粗糙度值？通常，为获得低表面粗糙度值的加工表面应采用哪些加工方法？

4-27 机械加工过程中为什么会造成被加工零件表面层物理力学性能的改变？这些变化对产品质量有何影响？

4-28 磨削加工时，影响加工表面粗糙度的因素有哪些？磨削外圆时，为什么说提高工件速度 $v_{工}$ 及砂轮速度 $v_{砂}$ 有利于降低加工表面的表面粗糙度值、防止表面烧伤并能提高生产率？

4-29 什么是强迫振动？它有何特征？

4-30 什么是自激振动？它有何特征？

第5章

工件的定位与夹紧

为了保证工件加工表面的尺寸、几何形状和位置等的精度要求,需要解决一个重要问题,即使工件在加工前相对于刀具和机床占有正确的加工位置,并且在加工过程中始终保持加工位置的稳定可靠。解决这一问题的工艺过程即为装夹。用于装夹工件的工艺装备就是机床夹具。

工件的装夹包括定位和夹紧两个过程。加工之前,使工件在机床或夹具上占据某一正确位置的过程称为定位;工件定位后用一定的装置将其固定,使其在加工过程中保持定位位置不变的操作称为夹紧。

5.1 工件的定位

5.1.1 工件定位的基本原理

1. 六点定位原理

任何一个工件,如果对其不加任何限制,那么它在空间的位置是不确定的,可以向任意方向移动或转动。工件所具有的这种运动的可能性,称为工件的自由度。如果把工件放在空间直角坐标系中来描述,如图 5-1 所示,则工件具有六个自由度,即沿 X、Y、Z 轴移动和绕 X、Y、Z 轴转动的六个自由度,可分别用 $\vec{X}$、$\vec{Y}$、$\vec{Z}$ 表示沿 X、Y、Z 轴移动的自由度,用 $\hat{X}$、$\hat{Y}$、$\hat{Z}$ 表示绕 X、Y、Z 轴转动的自由度。定位,就是限制自由度。工件的六个自由度都限制了,工件在空间的位置就完全被确定下来了。

分析工件定位时,通常用一个支承点限制工件的一个自由度,用六个合理分布的六个支承点限制工件的六个自由度,使工件在夹具中的位置完全确定。这种分析称为工件定位的六点定位原理(简称六点定则)。

如图 5-2 所示,在空间直角坐标系的 XOY 面上布置三个定位支承点 1、2、3(不共线),使工件的底面与三点相接触,则该三点就限制了工件的 $\hat{X}$、$\hat{Y}$、$\vec{Z}$ 三个自由度。同理,在 ZOX 面上布置两个定位支承点 4、5 与工件侧面相接触,就可限制工件的 $\vec{Y}$ 和 $\hat{Z}$ 的自由度。在 ZOY 面上布置一个定位支承点与工件的另一侧面接触,就可限制工件的 $\vec{X}$ 自由度。至此,工件的六个自由

图 5-1 工件的六个自由度

度均被限制，工件的位置完全确定。

应用六点定位原理实现工件在夹具中的正确定位时，应注意下列几点：

1）设置三个定位支承点的平面限制一个移动自由度和两个转动自由度，称为主要定位面。工件上选作主要定位的表面应力求面积尽可能大些，而三个定位支承点的分布应尽量彼此远离和分散，绝对不能分布在一条直线上，这样才能承受较大外力作用，提高定位稳定性。

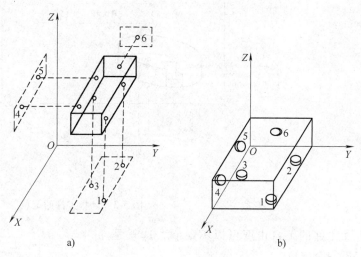

图 5-2　定位支承点的分布

2）设置两个定位支承点的平面限制两个自由度，称为导向定位面。工件上选作导向定位的表面应力求面积狭而长，而两个定位支承点的分布在平面纵长方向上应尽量彼此远离，绝对不能分布在平面窄短方向上，以使导向作用更好，提高定位稳定性。

3）设置一个定位支承点的平面限制一个自由度，称为止推定位面或防转定位面。究竟是止推作用还是防转作用，要根据这个定位支承点所限制的自由度是移动的还是转动的而定。

4）一个定位支承点只能限制一个自由度。

5）定位支承点必须与工件的定位基准始终贴紧接触。一旦分离，定位支承点就失去了限制工件自由度的作用。

6）工件在定位时需要限制的自由度数目以及究竟是哪几个自由度，完全由工件该工序的加工要求所决定，应该根据实际情况进行具体分析，合理设置定位支承点的数量和分布情况。

7）定位支承点所限制的自由度，原则上不允许重复或相互矛盾。

六点定则可用于任何形状、任何类型的工件，具有普遍性。无论工件的具体形状和结构如何，其六个自由度均可用六个定位支承点来限制，只是六个支承点的具体分布形式有所不同。例如图5-3所示盘状工件的定位，底面的三个支承点1、2、3限制了工件的 $\vec{Z}$、$\hat{X}$、$\hat{Y}$ 三个自由度，外圆柱面上的两个支承点5和6限制了工件的 $\vec{X}$ 及 $\vec{Y}$ 自由度，工件圆周槽中的支承点4限制了工件的 $\hat{Z}$ 自由度。

工件具体定位时，实际上不是用定位支承点，而是用各种不同形状的定位元件。不同的定位元件限制工件的自由度数是不一样的。

2. 工件在夹具中的几种定位情况

（1）完全定位与不完全定位　工件的六个自由度全部被限制且在夹具中占有完全确定的唯一位置，称为完全定位。例如，加工图5-4a所示长方体工件上的不通孔 ϕD，为满足所有加工要求，定位设计时必须限制工件的六个自由度，如图5-4b所示，这就是完全定位。

没有全部限制工件的六个自由度，但也能满足加工要求的定位，称为不完全定位。如图5-5所示，在长方体工件上铣一个通槽，满足所有加工要求时仅需限制工件的五个自由度，

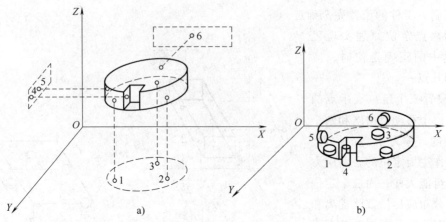

图 5-3 盘状工件的定位

而工件的 $\vec{Y}$ 自由度可以不限制，这就是不完全定位。

特别需要说明的是，为了便于承受切削力、夹紧力，或为了保证一批工件的进给长度一致，有时将无加工要求的自由度也加以限制。例如，将图 5-5 所示工件的 $\vec{Y}$ 自由度也限制，实际加工是允许的，有时也是必要的。

（2）欠定位与过定位 根据加工要求，工件必须限制的自由度没有达到全部限制的定位，称为欠定位。欠定位必然导致无法正确保证工序所规定的加工要求。如图 5-6 所示，铣削轴上的不通槽时，只限制了工件的四个自由度，$\vec{X}$ 自由度未被限制，故加工出来的槽的长度尺寸无法保证一致。因此，欠定位是不允许的。

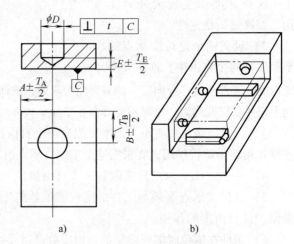

图 5-4 长方体工件钻孔工序的定位分析
a) 长方体工件　b) 定位设计

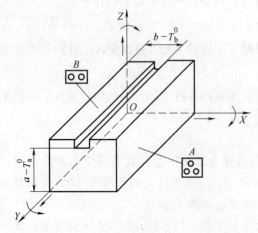

图 5-5 长方体工件上铣槽工序的定位分析

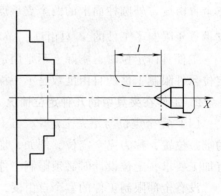

图 5-6 轴铣槽工序的定位分析

工件在夹具中定位时,若几个定位支承点重复限制同一个或几个自由度,称为过定位。过定位是否允许,应根据工件的不同加工情况进行具体分析。一般地,当工件以形状精度和位置精度很低的毛坯表面作为定位基准时,不允许采用过定位;而以已加工过的表面或精度高的毛坯表面作为定位基准时,为了提高工件定位的稳定性和刚度,在一定条件下允许采用过定位。如图 5-7 所示,铣削矩形工件的上平面时,工件以底平面作为定位基准。当设置三个定位支承点时,如图 5-7a 所示,虽属于不完全定位,但为合理方案。

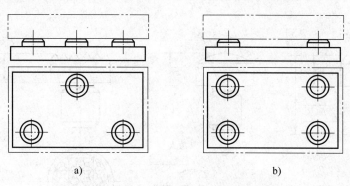

图 5-7 铣削矩形工件上平面的定位分析

当设置四个定位支承点时,如图 5-7b 所示,属于过定位。若底平面粗糙或者四个定位支承点不在同一平面上,实际只有三个点接触,将造成工件定位的位置不定或一批工件定位位置不一致,是不合理方案;若底平面已加工过,保证四个定位支承点在同一平面上,则一批工件在夹具中的位置基本一致,增加的定位支承点可使工件定位更加稳定,更有利于保证工件的加工精度,是合理方案。由于四个定位支承点在同一平面上,实际起到三个定位支承点限制工件三个自由度的作用,是符合定位原理的。

如果重复限制相同自由度的定位支承点之间存在严重的干涉和冲突,以致造成工件或夹具的变形,从而明显影响定位精度,这样的过定位必须严禁采用。

5.1.2 定位方式及定位元件

在分析工件定位时,为了简化问题,习惯上都是利用定位支承点这一概念,但是工件在夹具中定位时,是把定位支承点转化为具有一定结构的定位元件与工件相应的定位基准面接触或配合而实现的。工件上的定位基准面与相应的定位元件合称为定位副。定位副的选择及其制造精度直接影响工件的定位精度和夹具的制造及使用性能。下面按不同的定位基准面分别介绍其所用定位元件的结构形式。

5.1.2.1 工件以平面定位

工件以平面为定位基准面时,常用支承钉和支承板作为定位元件来实现定位,下面分别介绍平面定位元件的结构特点。

1. 主要支承

主要支承就是起限制自由度作用的支承。

(1) 固定支承 属固定支承的有各种支承钉和支承板。当以粗基准面(未经加工的毛坯表面)定位时,若采用平面支承,实际上基面上也只有最高的三点与平面支承接触,常因三点过近,或偏向一边而使定位欠稳。因此,应采用合理布置的三个球头支承钉(见图

5-8B 型支承钉），使其与毛坯良好接触。图 5-8 中 C 型支承钉为齿纹头支承钉，能增大摩擦因数，防止工件受力后滑动，常用于侧面定位。

工件精基准面（加工过的平面）定位时，定位表面也不会绝对平整，一般采用图 5-8 中 A 型平头支承钉和图 5-9 所示的支承板。A 型支承板结构简单，便于制造，但不利于清除切屑，故适用于顶面和侧面定位；B 型支承板则易于保证工作表面清洁，故适用于底面定位。

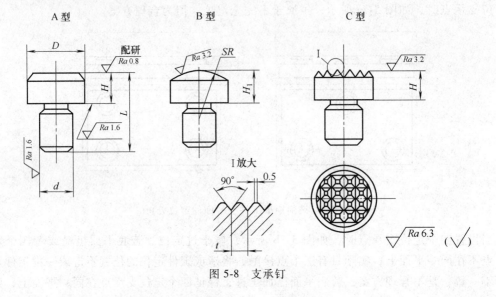

图 5-8 支承钉

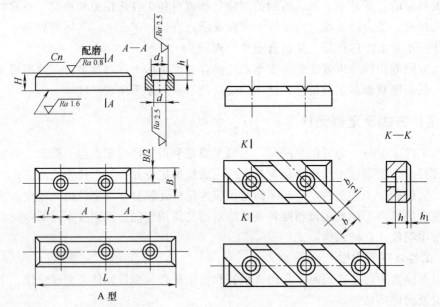

图 5-9 支承板

支承钉与夹具体孔的配合用 H7/r6 或 H7/n6，当支承钉需要经常更换时，应加衬套。衬套外径与夹具体孔的配合一般用 H7/n6 或 H7/r6，衬套内径与支承钉的配合选用 H7/js6。

当工件定位基准面尺寸较小或刚性较差时，可设计形状与基准面相仿的非标准的整体式支承板，这样可简化夹具结构，提高支承刚度。

（2）可调支承　可调支承是指高度可以调节的支承。图 5-10 所示为几种常用的可调支承典型结构。调整时要先松后调，调好后用防松螺母锁紧。

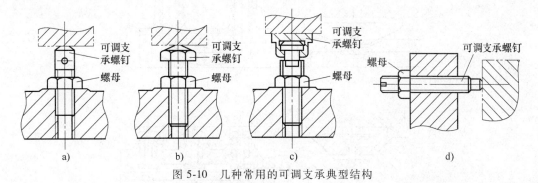

图 5-10　几种常用的可调支承典型结构

可调支承主要用于工件以粗基准面定位，或定位基面的形状复杂（如成形面、台阶面等），以及各批毛坯的尺寸、形状变化较大的情况下，否则，如采用固定支承，则由于各批毛坯尺寸不稳定，使后续工序的加工余量发生较大变化，影响加工精度。

此外，在系列化产品的生产中，往往采用同一夹具来安装规格化了的零件。这时，夹具上也通常采用可调支承，以适应定位面的尺寸在一定范围内的变化。如图 5-11 所示，在规格化的销轴端部铣槽，采用可调支承进行轴向定位，通过调整其高度位置，可以加工不同长度的销轴类工件。

可调支承在一批工件加工前调整一次。在同一批工件加工中，它的作用与固定支承相同，所以可调支承在调整后需要锁紧。

（3）自位支承（或称浮动支承）　当既要保证定位副接触良好，又要避免过定位时，常把支承做成浮动或联动的结构形式，使之自位，称为自位支承。图 5-12 所示即为几种常用的自位支承。其中图 5-12a、b 所示为两点式自位支承，与工件有两个接触点，可用于断续表面或阶梯表面的定位；图 5-12c 所示为球面三点式自位支承，当定位基面在两个方向上均不平或倾斜时，能实现三点接触；图 5-12d 所

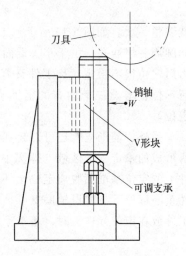

图 5-11　使用可调支承加工不同尺寸的相似工件

示为滑柱三点式自位支承，在定位基面不直或倾斜时，仍能实现三点接触。自位支承的工作特点是：在定位过程中支承点位置能随工件定位基面位置的变化而自行浮动并与之适应。当自位支承中的一个点被压下，其余点即上升，直至这些点都与定位基面接触为止，而其作用仍相当于一个固定支承，只限制一个自由度。由于增加了接触点数，可提高工件的支承刚度和稳定性，但夹具结构稍复杂，适用于工件以毛面定位或刚性不足的场合。

2. 辅助支承

工件因尺寸形状或局部刚度较差而出现定位不稳定或受力变形等现象时，需增设辅助支承，由辅助支承承受工件重力、夹紧力或切削力。辅助支承的工作特点是：待工件定位夹紧后，再调整辅助支承，使其与工件的有关表面接触并锁紧；而且辅助支承是每安装一个工件

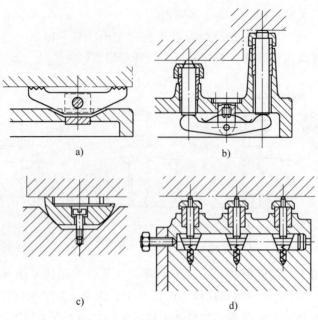

图 5-12 几种常用的自位支承

就调整一次。如图 5-13 所示，工件以小端的孔和端面在短定位销和支承环上定位，钻大端面圆周一组通孔，由于小头端面太小，工件又高，钻孔位置离工件中心线又远，因此受钻削力后定位很不稳定，且工件又容易变形，为了提高工件定位稳定性和安装刚性，在图 5-13 所示位置增设三个均布的辅助支承。但此支承不起限制自由度作用，也不允许破坏原有定位。

另外，辅助支承还可以起到预定位使用。如图 5-14a 所示，当工件的重心超出主要支承所形成的稳定支承区域（即图中 V 形块的区域）时，工件上重心所在一端便会下垂，使工件上的定位基准面脱离定位元件，特别是工件较重时，无法靠手力或夹紧力来纠正。若在工件重心部位下方增设辅助支承，如图 5-14b 所示，便能解决一端向上翘的现象，并能保证将工件放在定位元件上时，基本上接近其正确的定位位置。

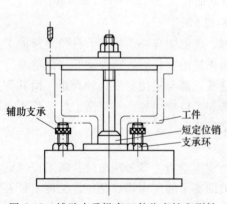

图 5-13 辅助支承提高工件稳定性和刚性

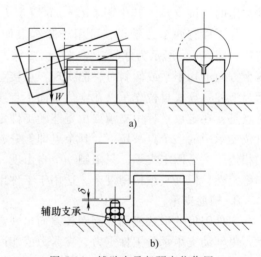

图 5-14 辅助支承起预定位作用

辅助支承有以下几种类型：

（1）螺旋式辅助支承　图 5-15a 所示，螺旋式辅助支承结构简单，但操作费时，效率较低，适用于小批生产。

（2）推引式辅助支承　图 5-15b 所示为推引式辅助支承，工件由主要支承定位后，推动手轮，使滑柱与工件接触，推力大小要适当，不能让滑柱顶起工件，然后转动手轮使斜楔开槽部分张开而锁紧。斜楔的斜面角可取 8°～10°。角度过小则滑柱行程短；过大则可能失去自锁作用。推引式辅助支承适用于工件较重、切削载荷较大的情况。

（3）自位式辅助支承　图 5-15c 所示为自位式辅助支承。所谓自位，就是辅助支承销与工件表面的接触由弹簧的弹力来保证，弹力的大小要能保证支承销弹出且始终与工件接触，但又不能顶起工件而破坏定位。支承销通过滑块锁紧，滑块上的斜面角不能大于自锁角（一般为 6°）。锁紧后的辅助支承相当于刚性支承，因此在安装下一个工件时，要松开锁紧机构，使支承销重新处于自位状态。

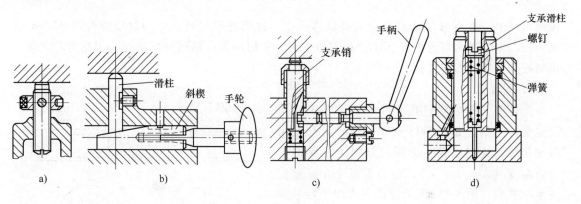

图 5-15　辅助支承

（4）液压锁紧式辅助支承　图 5-15d 所示为液压锁紧式辅助支承，使用时支承滑柱在弹簧作用下与工件接触，弹力由螺钉调节。由小孔通入压力油，使薄壁夹紧套变形，进而锁紧滑柱。这类辅助支承结构紧凑，操作方便，但必须有液压动力源才能使用。

辅助支承不限制工件的自由度，严格来说，辅助支承不能算是定位元件。

5.1.2.2　工件以圆柱孔定位

生产中，工件以圆柱孔定位应用较广，如各类套筒、盘类零件、杠杆、拨叉等，所采用的定位元件有圆柱销、圆锥销和各种心轴。这种定位方式的基本特点是：定位孔与定位元件之间处于配合状态，并要求确保孔中心线与夹具规定的轴线相重合。孔定位还经常与平面定位联合使用。

1. 圆柱销

图 5-16 所示为圆柱定位销结构。当工作部分直径 $D<10\text{mm}$ 时，为增加刚度，避免定位销因撞击而折断，或热处理时淬裂，通常将根部倒成圆角 R，如图 5-16a 所示。这时夹具体上应用沉孔，使定位销圆角部分沉入孔内，而不妨碍定位。

为便于工件顺利装入，非标准定位销的头部设计成图 5-16b 所示有 15°倒角。大批大量生产时为了便于更换定位销，可成图 5-16d 所示带衬套的结构。

定位销工作部分直径，可根据工件的加工要求和安装方便，按 g5、g6、f6、f7 制造。定

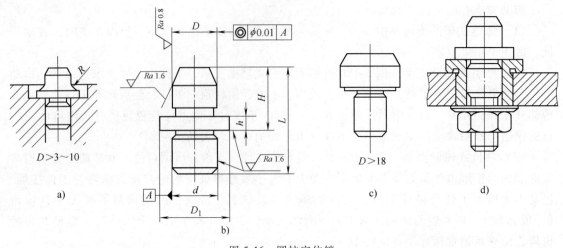

图 5-16 圆柱定位销

位销可用 H7/r6 或 H7/n6 配合压入夹具体孔中。衬套外径与夹具体为过渡配合（H7/n6），其内径与定位销为间隙配合（H7/h6、H6/h5）。常用的定位销已经标准化。根据定位需要，也可设计非标准的定位销。

2. 圆锥销

生产中工件以圆柱孔在圆锥销上定位的情况也是常见的，如图 5-17 所示。这时为孔端与锥销接触，其交线是一个圆，限制了工件的三个自由度（$\vec{X}$、$\vec{Y}$、$\vec{Z}$），相当于三个止推定位支承。其中，图 5-17a 所示定位方式用于粗基准定位，图 5-17b 所示方式用于精基准定位。

但是，工件以单个圆锥销定位时易倾斜，故在定位时可成对使用（见图 5-18a），或与其他定位元件联合使用。例如，图 5-18b 所示为采用圆锥销和圆柱销组合定位，此时，圆锥部分使工件定心准确，圆柱部分可减小由于锥销的锥度过大

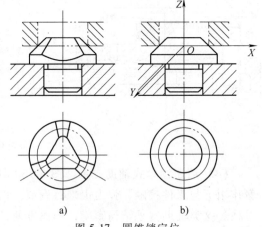

图 5-17 圆锥销定位

而倾斜，而且还可使工件装卸方便；图 5-18c 所示为采用浮动圆锥销和固定支承组合定位，此时工件的底面为主要定位基准，这样既保证了工件沿轴向的准确位置，同时又消除了过定位，圆锥销部分仍起径向定心作用。以上三种联合定位方式均限制了工件的五个自由度。

3. 定位心轴

心轴主要用于套筒类和空心盘类工件的车、铣、磨及齿轮加工。心轴的种类很多，除下面要介绍的刚性心轴外，还有弹性心轴、液性塑料心轴等。

（1）圆柱心轴 图 5-19 所示为三种圆柱心轴的典型结构。图 5-19a 所示为间隙配合心轴，其定位部分直径按 h6、g6、f7 制造，切削力矩靠端部螺旋夹紧产生的夹紧力传递。这种心轴装卸工件方便，但定心精度不高。为了减小定位时因配合间隙造成的倾斜，常以孔和端面联合定位，故要求孔与端面垂直，一般在一次装夹中加工。心轴的定位圆柱面与端面也应在一次装夹中加工。

为快速装卸工件，可使用开口垫圈，开口垫圈的两端面应相互平行。当工件的端面对内孔的垂直度误差较大时，应采用球面垫圈。

图 5-19b 所示为过盈配合心轴，由导向部分、工作部分及传动部分组成。导向部分使工件能迅速而准确地装入心轴，其直径 D_3 的公称尺寸是基准孔的最小尺寸并按 e8 制造，其长度约为基准孔长的一半；心轴工作部分直径的公称尺寸取定位孔直径的最大尺寸，并按 r6 制造。工件孔的长径比 $L/D \leq 1$ 时，心轴工作部分的直径 $D_1 = D_2$；工件孔的长径比 $L/D > 1$ 时，心轴的工作部分应略带锥度，此时 D_1 按 r6 制造，D_2 按 h6 制造，但公称尺寸仍为工件孔的上极限尺寸。心轴两边的凹槽是供车削工件端面时退刀用的。这种心轴定心准确，但装卸工件不便，且易损伤工件定位孔，所以多用于定心精度要求高的场合。

图 5-19c 所示为花键心轴，用于以花键孔为定位基准的场合。当工件孔的长径比 $L/D > 1$ 时，工作部分可略带锥度。设计花键心轴时，应根据工件的不同定位方式确定心轴结构，其配合可参考上述两种心轴。

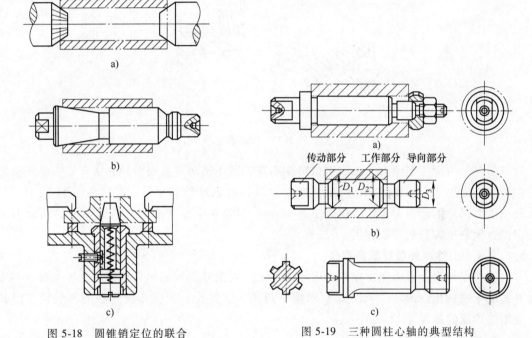

图 5-18　圆锥销定位的联合
a）用一对圆锥销定位　b）圆锥销和圆柱销组合定位
c）浮动圆锥销和固定支承组合定位

图 5-19　三种圆柱心轴的典型结构

5.1.2.3　工件以圆锥孔定位

工件以圆锥孔作为定位基准面时，相应的定位元件为圆锥心轴、顶尖等。

1. 圆锥心轴

图 5-20a 所示为以工件上的圆锥孔在圆锥心轴上定位。这类定位方式是圆锥面与圆锥面接触，要求锥孔和圆锥心轴的锥度相同，接触良好，因此定心精度与角向定位精度均较高，而轴向定位精度取决于工件孔和心轴的尺寸精度。圆锥心轴限制工件的五个自由度，即除工件绕孔中心线转动的自由度没限制外其他自由度均已限制。

当圆锥角小于自锁角时，为便于卸下工件，可在心轴大端安装一个推出工件用的螺母，如图 5-20b 所示。

2. 顶尖

在加工轴类或某些要求准确定心的工件时，在工件上专为定位加工出工艺定位面——中心孔，中心孔为圆锥孔。中心孔与顶尖配合，即为锥孔与锥销配合。

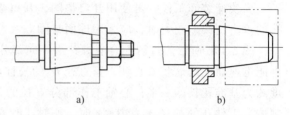

图 5-20 以工件上的圆锥孔在圆锥心轴上定位

如图 5-21a 所示，左中心孔用轴向固定的前顶尖定位，右中心孔用移动后顶尖定位。中心孔定位的优点是定心精度高，还可实现定位基准统一，可加工出所有的外圆表面。当用半顶尖时，还可加工端面。

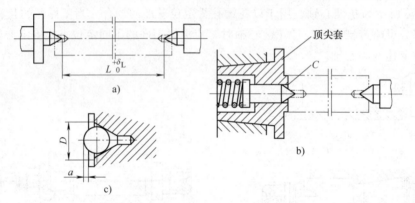

图 5-21 中心孔定位

但是，用顶尖定位时，轴向定位精度不高，减小轴向定位误差的办法有：一是严格控制左顶尖孔的尺寸，如图 5-21c 所示，通过放入标准钢球检验尺寸 a；二是如图 5-21b 所示，改用轴向浮动的前顶尖定位，这时工件端面 C 为轴向定位基准面，在顶尖套的端面上紧贴定位，使前顶尖只起定心作用。

5.1.2.4 工件以外圆柱表面定位

工件以外圆柱表面定位在生产中经常可见，根据外圆柱面的完整程度、加工要求和安装方式的不同，相应的定位元件有 V 形块、圆孔、半圆孔、圆锥孔及定心夹紧装置。但其中应用最广泛的是 V 形块。

1. 在 V 形块中定位

（1）V 形块定位的特点　V 形块定位的最大优点就是对中性好，它可使一批工件的定位基准轴线对中在 V 形块两斜面的对称平面上，而不受定位基准直径误差的影响，并且安装方便。

V 形块定位的另一个特点是应用范围较广。无论定位基准是否经过加工，是完整的圆柱面还是局部圆弧面，都可采用 V 形块定位。

（2）V 形块的结构　图 5-22 所示为常用 V 形块。图 5-22a 所示 V 形块用于较短的精基准面的定位。图 5-22b、c 所示 V 形块用于较长的或阶梯轴的圆柱面定位，其中图 5-22b 所示 V 形块用于粗基准面定位，其工作面宽度常为 2mm，图 5-22c 所示 V 形块用于精基准面定位。图 5-22d 所示 V 形块用于工件较长且定位基准面直径较大的场合，此时 V 形块不必做成整体的钢件，可采用在铸铁底座上镶装淬火钢垫板的结构。

工件在 V 形块上定位时，可根据接触母线的长度决定所限制的自由度数，相对接触较长时，限制工件的四个自由度，相对接触较短时限工件的两个自由度。

V 形块又可分为固定式和活动式两种结构。固定式 V 形块在夹具体上的装配，一般用螺钉和两个定位销联接。活动式 V 形块的应用如图 5-23 所示。图 5-23a 所示为加工连杆孔的定位方式，活动 V 形块用以补偿因毛坯尺寸变化而对定位的影响，限制一个转动自由度。图 5-23b 中的活动 V 形块限制工件在 Y 方向上的移动自由度。上述活动 V 形块除起定位作用外，还兼有夹紧作用。

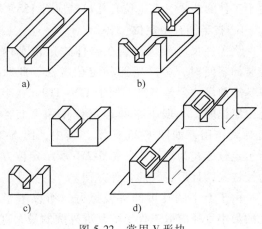

图 5-22 常用 V 形块

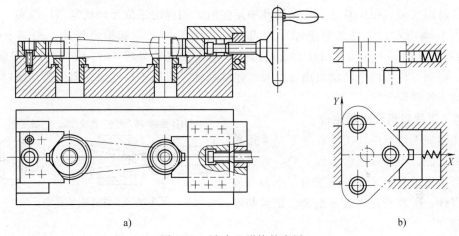

图 5-23 活动 V 形块的应用

V 形块上两斜面间的夹角 α 一般选用 60°、90°、120°，其中 90° V 形块应用最多。

2. 在圆孔中定位

图 5-24a 所示为短定位套定位，限制工件两个自由度；图 5-24b 所示为长定位套定位，限制工件四个自由度。

定位套结构简单、容易制造，但定心精度不高，只适用于工件以精基准定位。并且为了

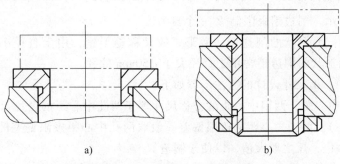

图 5-24 工件在定位套内定位

便于工件的装入，在定位套孔口端应有 15°、30° 的倒角或圆角。

3. 在半圆孔中定位

当工件尺寸较大，或在整体式定位套内定位装卸不便时，多采用此种定位方法。此时定位基准的尺寸公差等级不低于 IT8～IT9。在半圆孔中定位时，一般下半圆起定位作用，上半圆起夹紧作用，如图 5-25 所示。其中，图 5-25a 所示定位方式为可卸式，图 5-25b 所示定位方式为铰链式，且后者装卸工件方便。

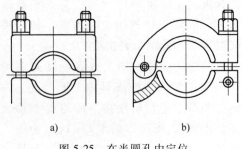

图 5-25 在半圆孔中定位

由于上半圆孔可卸去或掀开，所以下半圆孔的最小直径应取工件定位基准外圆的最大直径。不需留配合间隙。

为了节省优质材料和便于维修，一般将轴瓦式的衬套用螺钉装在本体和盖上。

4. 在圆锥孔中定位

工件以圆柱面为定位基准面在圆锥孔中定位时，相应的定位元件通常用后顶尖。其定位方式如图 5-26 所示。工件圆柱左端部在齿纹锥套中定位（兼起拨动作用，相当于外拨顶尖），限制工件的三个移动自由度；右端锥孔在后顶尖（当外径小于 $\phi 6mm$ 时，用反顶尖）上定位，限制工件的两个转动自由度。夹具体锥柄插入机床主轴孔中，通过传动螺钉和齿纹锥套拨动工件转动。

5.1.2.5 工件以组合表面定位

在实际加工过程中，工件往往不是采用单一表面的定位，而是以组合表面定位。常见的有平面与平面组合、平面与孔组合、平面与外圆柱面组合、平面与其他表面组合、锥面与锥面组合等。

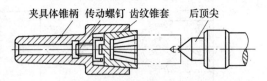

图 5-26 工件在圆锥孔中定位

如图 5-27 所示，在加工箱体工件时，往往采用一面两孔组合定位。定位元件采用一个平面和两个短圆柱销，两孔直径分别为 $D_1^{+\delta_{D1}}{}_0$、$D_2^{+\delta_{D2}}{}_0$，两孔中心距为 $L\pm\delta_{LD}$，两销直径分别为 $d_{1-\delta_{d1}}^{0}$、$d_{2-\delta_{d2}}^{0}$，两销中心距为 $L\pm\delta_{Ld}$，由于平面限制 $\vec{X}$、$\vec{Y}$、$\vec{Z}$ 三个自由度，第一个定位销限制 $\vec{X}$、$\vec{Y}$ 两个自由度，第二个定位销限制 $\vec{X}$ 和 $\vec{Z}$，因此 $\vec{X}$ 方向自由度过定位，故有可能使工件两孔无法套在两定位销上，如图 5-27a 所示。

解决过定位的常用方法，即真正的一面两孔定位方式是：将第二个定位销采用削边销结构，如图 5-27b 所示，削边销只限制 $\vec{Z}$ 一个自由度。

图 5-27c 所示截面形状的削边销为菱形，故又称菱形销，用于直径小于 $\phi 50mm$ 的孔，图 5-27d 所示截面形状的削边销常用于直径大于 $\phi 50mm$ 的孔。

在实际设计中，销尺寸设计的方法步骤如下：

1) 确定两销中心距。两销中心距的公称尺寸等于两孔中心距的公称尺寸（两孔中心距应转化为对称标注）。两销中心距的极限偏差一般取两孔中心距极限偏差的 1/5～1/3，当孔距公差大时，取小值，反之取大值，以便于制造。

2) 确定第一个定位销直径尺寸 d_1。取 $d_{1min}=D_{1max}$，定位销的直径公差一般按 g6 或 f7

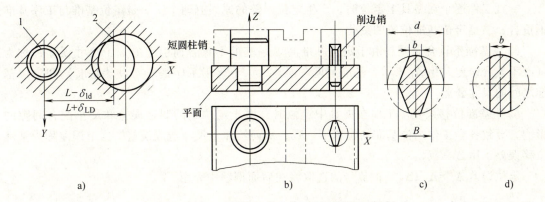

图 5-27 一面两孔组合定位及削边销截面形状

选取，最后应对销尺寸进行圆整处理。

3) 确定削边销宽度 b 和 B 值。削边销的结构尺寸已经标准化，设计时应尽量按照标准选用。削边销的宽度 b 和 B 值可根据表 5-1 选取。

表 5-1 削边销的宽度 （单位：mm）

配合孔 D_2	>3~6	>6~8	>8~20	>20~24	>24~30	>30~40	>40~50
b	2	3	4	5	5	6	8
B	$D_2-0.5$	D_2-1	D_2-2	D_2-3	D_2-4	D_2-5	

4) 计算削边销直径尺寸 d_2。先按式 (5-1) 计算出削边销与孔配合的最小间隙，再按式 (5-2) 计算削边销直径尺寸 d_2，并按 g6 或 f7 选取极限偏差，然后圆整处理。

$$\Delta_{2\min} \approx \frac{2b(\delta_{LD}+\delta_{Ld})}{D_2} \tag{5-1}$$

$$d_2 = D_2 - \Delta_{2\min} \tag{5-2}$$

式中 $\Delta_{2\min}$——削边销与孔配合的最小间隙（mm）；

b——削边销的宽度（mm）；

δ_{LD}、δ_{Ld}——工件上两孔中心距极限偏差和夹具上两销中心距极限偏差（mm）；

D_2——工件上削边销定位孔直径（mm）；

d_2——削边销直径尺寸（mm）。

5.2 定位误差的分析与计算

5.2.1 定位误差及其产生的原因

工件的加工精度取决于刀具与工件之间的相互位置关系。当一批工件逐个在夹具上定位用调整法加工时，各个工件在夹具中所占据的位置并不完全一致，这种位置的不一致性必然引起工件相对于刀具之间位置的变化，加工后各工件的加工尺寸必然大小不一，形成误差。这种只与工件定位有关的误差，称为定位误差，用 Δ_D 表示。

一般情况下，定位误差的值不能大于加工尺寸公差的 1/3。

一批工件逐个在夹具上定位时,产生定位误差的原因有两个:一是定位基准与工序基准不重合;二是定位基准位置的变化。

(1) 基准不重合误差 由于定位基准与工序基准不重合而引起的加工尺寸误差,称为基准不重合误差,用 Δ_B 表示。基准不重合误差的大小等于工序基准(设计基准)和定位基准之间的尺寸公差。

(2) 基准位移误差 工件在夹具中定位时,由于定位副的制造误差和最小配合间隙的影响,导致各个工件定位基准的位置不一致,从而给加工尺寸造成误差,这个误差称为基准位移误差,用 Δ_Y 表示。

定位误差 $\Delta_D = \Delta_Y \pm \Delta_B$(正负号的选取将在后面例题中介绍)。

5.2.2 常见定位方式的定位误差计算

1. 心轴定位误差的计算

图 5-28a 所示为工序简图,在圆柱面上铣键槽,键槽深度尺寸为 A。图 5-28b 所示为加工示意图,工件以内孔 D 在水平位置的圆柱心轴上定位,O 是心轴中心,C 是对刀尺寸。尺寸 A 的工序基准是内孔中心线,定位基准也是内孔中心线,两者重合,$\Delta_B = 0$。但是,由于各个工件定位孔的直径实际尺寸不同,使得各个工件的定位基准在加工尺寸方向上位置不一致,定位基准位置的变动将直接影响到加工尺寸 A 的大小,给 A 造成误差,这个误差就是基准位移误差。

显然,基准位移误差的大小等于定位基准在加工尺寸方向上的最大变化量。

由图 5-28b 可知,工件放在水平位置的心轴上,因重力等影响将单边搁置在心轴的上母线上,当工件孔的直径为最大(D_{max})、心轴直径为最小(d_{min})时,定位基准即工件内孔中心线处于最低点 O_1,得到最大加工尺寸(A_{max});当工件内孔直径为最小(D_{min})、心轴直径为最大(d_{max})时,定位基准即工件内孔中心线处于最高位置 O_2,得到最小加工尺寸(A_{min})。由于各个工件内孔直径的实际尺寸(在公差范围内)不一致,导致定位基准即工件内孔中心定位后在 O_1、O_2 范围内位置的变化,考虑到心轴的制造公差,加工尺寸因定位基准位移产生的误差为

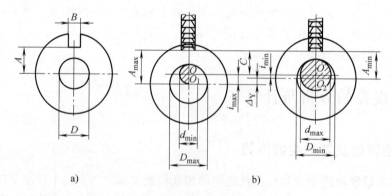

图 5-28 基准位移误差

$$\Delta_Y = A_{max} - A_{min} = O_1 O_2 = \frac{\delta_D + \delta_d}{2} = \delta_i$$

式中 δ_i——一批工件定位基准的最大变化量；

δ_D——工件孔径的制造公差；

δ_d——心轴直径的制造公差。

当定位基准的变化方向与加工尺寸方向相同时，基准位移误差等于定位基准的最大变化量，即

$$\Delta_Y = \delta_i$$

当定位基准的变化方向与加工尺寸方向不同时，基准位移误差等于定位基准的最大变化量与两者之间夹角余弦的积，即

$$\Delta_Y = \delta_i \cos\alpha$$

要注意的是：当定位心轴垂直放置时，工件内孔与定位心轴表面将是不固定的任意边接触，定位孔轴线的最大位移量也即基准位移误差为

$$\Delta_Y = \delta_D + \delta_d + X_{\min}$$

式中 $X_{\min}$——孔和定位心轴的最小配合间隙，为孔的下极限尺寸与轴的上极限尺寸之差。

2. V形块定位误差的计算

工件以外圆在V形块上定位时，若不考虑V形块的制造误差，则工件定位基准在V形块的对称面上，因此工件中心线在水平方向上的位移为零。但在垂直方向上，因工件外圆有制造误差而产生基准位移误差，如图5-29a所示，其值为：

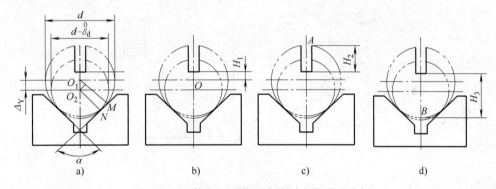

图5-29 工件在V形块上定位时定位误差分析

$$\Delta_Y = O_2 O_1 = \frac{O_1 M}{\sin\frac{\alpha}{2}} - \frac{O_2 N}{\sin\frac{\alpha}{2}} = \frac{\frac{1}{2}d}{\sin\frac{\alpha}{2}} - \frac{\frac{1}{2}(d-\delta_d)}{\sin\frac{\alpha}{2}} = \frac{\delta_d}{2\sin\frac{\alpha}{2}}$$

图5-29b所示为工序基准与定位基准重合，此时 $\Delta_B = 0$，只有基准位移误差，故影响工序尺寸 H_1 的定位误差为

$$\Delta_D = \Delta_Y = \frac{\delta_d}{2\sin\frac{\alpha}{2}}$$

图5-29c所示工序基准选在工件上母线 A 处，工序尺寸为 H_2。此时，工序基准与定位基准不重合，其误差为 $\Delta_B = \delta_d/2$，基准位移误差 Δ_Y 同上。当工件直径尺寸减小时，工件定位基准将下移；当工件定位基准位置不变时，若工件直径尺寸减小，则工序基准 A 下移，

两者变化方向相同，故定位误差为

$$\Delta_D = \Delta_Y + \Delta_B = \frac{\delta_d}{2\sin\frac{\alpha}{2}} + \frac{\delta_d}{2}$$

图 5-29d 所示工序基准选在工件下母线 B，工序尺寸为 H_3。当工件直径尺寸变小时，定位基准将下移，但工序基准上移，故定位误差为

$$\Delta_D = \Delta_Y - \Delta_B = \frac{\delta_d}{2\sin\frac{\alpha}{2}} - \frac{\delta_d}{2}$$

可以看出，当 α 角相同时，以工件下母线为工序基准时，定位误差最小，而以工件上母线为工序基准时定位误差最大，所以图 5-29d 所示尺寸标注方法最好。另外，随着 V 形块夹角 α 的增大，定位误差减小，但夹角过大时，将引起工件定位不稳定，故一般多采用 90°的 V 形块。

3. 定位误差的计算举例

例 5-1 如图 5-30a 所示工件，以平面定位铣削 A、B 表面，要求保证尺寸 60mm±0.05mm 和 30mm±0.1mm。其定位方式如图 5-31b 所示，分析并计算定位误差。（忽略 D 面对 C 面的垂直度误差）

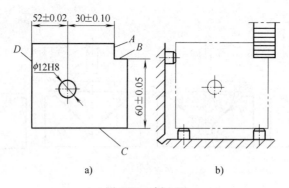

图 5-30 例 1 图

解：1）计算尺寸 60mm±0.05mm 的定位误差。

定位基准与工序基准重合，均为 C 面，故 $\Delta_B = 0$

平面 C 与支承钉接触不产生位移，故 $\Delta_Y = 0$

于是有 $\Delta_D = 0 < (2 \times 0.05\text{mm})/3 = 0.033\text{mm}$

2）计算尺寸 30mm±0.1mm 的定位误差。该尺寸的工序基准为 ϕ12H8，定位基面是 D 面，故基准不重合，二者以尺寸 52mm±0.02mm 相联系，则一批工件的工序基准在加工尺寸 30mm±0.1mm 方向上的最大变化量，即基准不重合误差为

$$\Delta_B = 2 \times 0.02\text{mm} = 0.04\text{mm}$$

而基准位移误差为

$$\Delta_Y = 0$$

所以定位误差为

$$\Delta_D = \Delta_B + \Delta_Y = 0.04\text{mm} < T/3 = (2 \times 0.1\text{mm})/3 = 0.067\text{mm}$$

该定位方式满足加工尺寸要求。

例 5-2 如图 5-31 所示，工件以孔 $\phi 60^{+0.15}_{0}$ mm 定位加工孔 $\phi 10^{+0.1}_{0}$ mm，定位销直径为 $\phi 60^{-0.03}_{-0.06}$ mm，要求保证尺寸 40mm±0.10mm。计算定位误差。

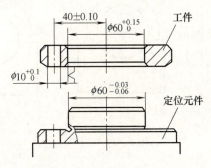

图 5-31 例 2 图

解：定位基准与工序基准重合，故 $\Delta_B = 0$

$$\Delta_Y = \delta_D + \delta_d + X_{min} = 0.15\text{mm} + 0.03\text{mm} + 0.03\text{mm} = 0.21\text{mm}$$

于是有 $\Delta_D = \Delta_B + \Delta_Y = 0\text{mm} + 0.21\text{mm} = 0.21\text{mm} > T/3(2\times 0.1\text{mm})/3 = 0.067\text{mm}$

该定位方式不能满足加工尺寸要求。

改进措施是：工件内孔按 $\phi 60\text{H7}\begin{pmatrix}+0.03\\0\end{pmatrix}$、定位销按 $\phi 60\text{g6}\begin{pmatrix}-0.010\\-0.029\end{pmatrix}$ 制造，则定位误差为

$$\Delta_D = \Delta_Y = 0.03\text{mm} + 0.019\text{mm} + 0.01\text{mm} = 0.059\text{mm}$$

$\Delta_D = 0.059\text{mm} < \dfrac{1}{3}T = \dfrac{1}{3} \times 0.2\text{mm} = 0.067\text{mm}$，采取此措施后可满足加工要求。

例 5-3 如图 5-32a 所示，在 V 形块上定位铣阶梯轴键槽，已知 $d_1 = \phi 25^{0}_{-0.021}$ mm，$d_2 = \phi 40^{0}_{-0.025}$ mm，两外圆柱面的同轴度公差为 $\phi 0.02$ mm，V 形块夹角 $\alpha = 90°$，键槽深度尺寸为 $A = 34.8^{0}_{-0.17}$ mm。试计算其定位误差，并分析定位质量。

解：各尺寸标注如图 5-32b 所示，其中同轴度可标为 $e = 0 \pm 0.01$ mm，$R = 20^{0}_{-0.0125}$ mm。

该定位方案中，d_1 中心线为定位基准，d_2 外圆下素线为工序基准，可见定位基准与工序基准不重合。定位尺寸为 R，d_1、d_2 的同轴度为 e，故 $\Delta_B = \delta_R + e = 0.0125\text{mm} + 0.02\text{mm} = 0.0325\text{mm}$。

由于一批工件中的 d_1 有制造误差，使定位基准产生基准位移误差，故有

$$\Delta_Y = \frac{\delta_d}{2\sin\dfrac{\alpha}{2}} = \frac{0.021\text{mm}}{2 \times \sin 45°} = 0.0148\text{mm}$$

所以 $\Delta_D = \Delta_Y + \Delta_B = 0.0325\text{mm} + 0.0148\text{mm} = 0.0473\text{mm}$

而工件公差的 1/3 为

$$\frac{1}{3}T_A = \frac{1}{3} \times 0.17\text{mm} = 0.056\text{mm}$$

即 $\Delta_D < \dfrac{1}{3}T_A$

故此定位方案可以保证加工要求。

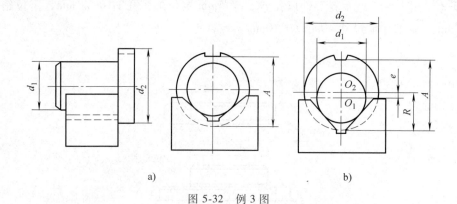

图 5-32　例 3 图

5.3　工件的夹紧

5.3.1　夹紧装置的组成和基本要求

工件定位后，为使加工过程顺利实现，必须采用一定的装置将工件压紧夹牢，防止工件在切削力、重力、惯性力等的作用下发生位移或振动，这种将工件压紧夹牢的装置称为夹紧装置。夹紧装置是夹具的重要组成部分和设计难点，故其设计的好坏不仅直接影响夹具制造的劳动量和成本，而且对生产率及工人的劳动强度有一定的影响。

1. 夹紧装置的组成

如图 5-33 所示，典型夹紧装置一般由以下几部分组成：

（1）动力源装置　夹紧力的来源有两种：一种是人力；另一种是机动夹紧装置，如气压装置、液压装置、电动装置、磁力装置等。图 5-33 中由活塞杆、活塞和气缸组成的就是一种气压机动夹紧装置。

（2）中间传力机构　中间传力机构是介于动力源和夹紧元件之间的机构。一般中间传力机构可以在传递夹紧力的过程中，改变夹紧力的方向和大小，并具有自锁性能。图 5-33 中的铰链杆是中间传力机构。

（3）夹紧元件　夹紧元件是实现夹紧的最终执行元件，通过它和工件直接接触而完成夹紧工件，如图 5-33 中的压板是夹紧元件。

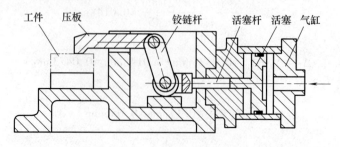

图 5-33　夹紧装置的组成

2. 对夹紧装置的基本要求

1) 在夹紧过程中应能保持工件定位后获得的正确位置。

2) 夹紧力大小适当，既要保证工件在整个加工中其位置稳定不变、不振动，又不会使工件产生不适当的夹紧变形和表面损伤。

3) 工艺性好。夹紧装置的复杂程度应与生产纲领相适应，在保证生产率的前提下，其结构应力求简单，便于制造和维修。

4) 使用性好。夹紧装置的操作应当方便、安全、省力。

5.3.2 夹紧力的确定

确定夹紧力就是确定夹紧力的大小、方向和作用点三个要素。在确定夹紧力的三要素时，要分析工件的结构特点、加工要求、切削力及其他外力作用于工件的情况，而且必须考虑定位装置的结构形式和布置方式。

1. 夹紧力方向的确定

（1）夹紧力应朝向主要定位基准面　如图5-34a所示，在直角支座上镗孔，要求所镗孔与A面垂直误差不大于$\phi 0.1\text{mm}$，故A面为主要定位基准。在确定夹紧力F_J的方向时，应使夹紧力朝向A面即主要定位基准面（见图5-34d），以保证孔与A面的垂直度。反之，若朝向B面（见图5-34b、c），当工件A、B两面有垂直度误差时，就无法实现主要定位基准定位，因此也无法保证所镗孔与A面垂直度精度的工序要求。

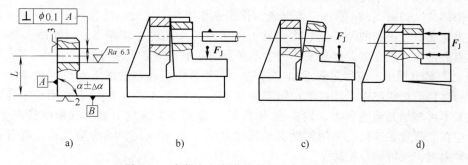

图5-34　夹紧力方向应朝向主要定位基准面

（2）夹紧力应朝向工件刚度较好的方向，使工件变形尽可能小　由于工件在不同的方向上刚度是不同的，不同的受力表面也因其接触面积大小而变形各异。尤其在夹压薄壁零件时，更需注意，如图5-35所示的套筒，由于其轴向刚度大于径向刚度，所以夹紧力应在轴向方向。用自定心卡盘夹紧外圆（见图5-35a）时，工件变形显然要比用特制螺母从轴向夹紧（见图5-35b）时大。

（3）夹紧力方向应尽可能实现"三力"同向，以利于减小夹紧力　当夹紧力和切削力、工件自身重力的方向均相同时，加工过程中所需的夹紧力为最小，从而能简化夹紧装置的结构和便于操作。

如图5-36所示钻孔的情况，当钻孔时，夹紧力F_J、钻削力F和工件重力G三者同向且都垂直于定位基面，这些同向力由支承力平衡，钻削转矩由三个力作用在支承面上所产生的摩擦阻力矩平衡，由于轴向切削力和工件重力的作用有利于减小夹紧力，故这种情况所需夹紧力为最小。

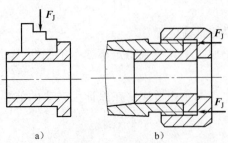

图 5-35 夹紧力应朝向工件刚度较好的方向
a) 变形大 b) 变形小

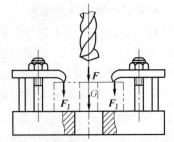

图 5-36 钻孔时夹紧力方向与切削力、重力方向同向利于减小夹紧力

2. 夹紧力作用点的选择

（1）夹紧力作用点应落在支承点上或几个支承元件所形成的支承区域内 图 5-37a 中，夹紧力作用于支承区域之外；图 5-37b 中，夹紧力落在了支承点外。如果夹紧力作用于支承面之外或没有落在支承点上，夹紧力和支承反力构成力偶，将使工件倾斜或移动，破坏工件的定位。正确的夹紧力作用点应施于支承区域内并靠近其几何中心或落在支承点上。

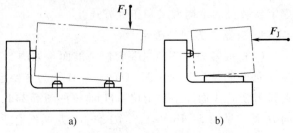

图 5-37 夹紧力作用点落在支承区域之外和支承点外

（2）夹紧力作用点应作用在工件刚性较好的部位 如图 5-38a 所示，若夹紧力作用点作用在刚性较差的顶部中点，则工件就会产生较大的变形。正确的做法应是将夹紧力作用点作用在刚性较好部位，如图 5-38b 所示，并改单点夹紧为两点夹紧，避免工件产生不必要的变形且夹紧牢固可靠。

（3）夹紧力作用点应尽量靠近加工部位 夹紧力作用点靠近加工部位可提高加工部位的夹紧刚度，防止或减少工件振动：如图 5-39 所示，主要夹紧力 F_J 垂直作用于主要定位基准，如果不再施加其他夹紧力，因夹紧力 F_J 没有靠近加工部位，加工过程中易产生振动。所以，应在靠近加工部位处采用辅助支承施加夹紧力 F_J' 或采用浮动夹紧机构，既可提高工件的夹紧刚度，又可减小振动。

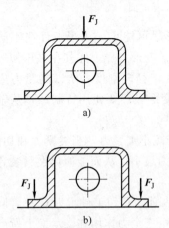

图 5-38 夹紧力作用点应在工件刚性较好的部位上

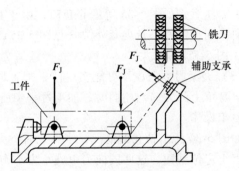

图 5-39 夹紧力作用点应尽量靠近加工部位

3. 夹紧力大小的确定

在夹紧力的方向、作用点确定之后，必须确定夹紧力的大小。夹紧力过小，难以保证工件定位的稳定性和加工质量。夹紧力过大，将会增大夹紧装置的规格、尺寸，还会使夹紧系统的变形增大，从而影响加工质量。

在加工过程中，工件受到切削力、离心力、惯性力及重力的作用，要使工件保持正确的位置，夹紧力的作用应与上述力（矩）的作用相平衡。实际上，夹紧力的大小还与工艺系统的刚度、夹紧机构的传递效率等有关，而且切削力的大小在加工过程中是变化的。因此，夹紧力的计算只能在静态下利用力学原理、考虑各种因素进行计算。计算夹紧力时可查《机床夹具设计手册》。

5.3.3 基本夹紧机构

在生产实践中，夹紧机构的种类虽然很多，但其结构都是以斜楔夹紧机构、螺旋夹紧机构和偏心夹紧机构为基础。这三种夹紧机构统称为基本夹紧机构。

1. 斜楔夹紧机构

图 5-40 所示为几种斜楔夹紧机构夹紧工件的实例。其中图 5-40a 所示为在工件上钻互相垂直的 $\phi 8mm$、$\phi 5mm$ 两组孔的夹紧。工件装入后，锤击斜楔大头，夹紧工件。加工完成后，锤击小头，松开工件。由于用斜楔直接夹紧工件夹紧力小且费时费力，所以生产实践中单独应用的不多，一般情况下是将斜楔与其他机构联合使用。图 5-40b 所示将斜楔与滑柱压板组合来进行夹紧，图 5-40c 所示为由端面斜楔与压板组合来进行夹紧。

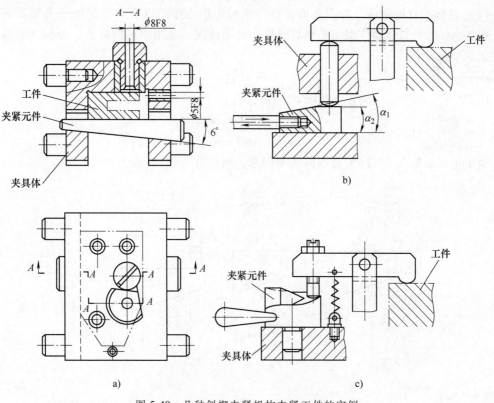

图 5-40 几种斜楔夹紧机构夹紧工件的实例

（1）斜楔的夹紧力计算　斜楔夹紧工件时的受力情况如图 5-41a 所示，在原始作用力 F_Q 的作用下，斜楔受到以下各力的作用：工件对斜楔的反作用力（斜楔对工件的夹紧力的反力）F_J 和由此产生的摩擦力 F_1；夹具体对它的反作用力 F_N 和由此产生的摩擦力 F_2。

根据静力平衡原理有

$$F_1 + F_{RX} = F_Q$$

而　$F_1 = F_J \tan\varphi_1 \qquad F_{RX} = F_J \tan(\alpha + \varphi_2)$

所以

$$F_J = \frac{F_Q}{\tan\varphi_1 + \tan(\alpha + \varphi_2)}$$

式中　α——斜楔升角；

φ_1——斜楔与工件之间的摩擦角；

φ_2——斜楔与夹具体之间的摩擦角。

由于斜楔、工件、夹具体一般为金属件，所以，它们之间的摩擦角比较接近。若 $\varphi_1 = \varphi_2 = \varphi$，当 $\alpha \leq 10°$ 时，可用下式近似计算：

$$F_J = \frac{F_Q}{\tan(\alpha + \varphi)}$$

增力系数为

$$i_p = \frac{F_J}{F_Q} = \frac{1}{\tan\varphi_1 + \tan(\alpha + \varphi_2)}$$

一般 $\varphi_1 = \varphi_2 = 6°$，将 $\alpha = 10°$ 代入上式得 $i_p = 2.6$。可见，在原始作用力不大的情况下，斜楔产生的夹紧力是不大的。

（2）斜楔的自锁条件　所谓自锁是指当原始作用力撤销以后斜楔仍处于夹紧工件的状态。图 5-41b 所示为原始作用力撤销后斜楔的受力情况。从图中可以看出，要保持自锁，必须满足下列条件：

$$F_1 > F_{RX}$$

因　　　　　　$F_1 = F_J \tan\varphi_1 \qquad F_{RX} = F_J \tan(\alpha - \varphi_2)$

代入上式整理得　　　　$F_J \tan\varphi_1 > F_J \tan(\alpha - \varphi_2)$

即　　　　　　　$\tan\varphi_1 > \tan(\alpha - \varphi_2)$

由于正切函数在 0° 到 90° 范围内为增函数，所以有

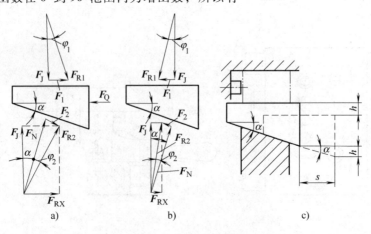

图 5-41　斜楔受力分析

$$\varphi_1 > \alpha - \varphi_2$$
$$\alpha < \varphi_1 + \varphi_2$$

因此，斜楔的自锁条件是：斜楔的升角必须小于其两工作表面处（斜楔与工件、斜楔与夹具体之间）的摩擦角之和。通常为了可靠，取 $\alpha = 6° \sim 8°$。

（3）斜楔的夹紧行程 斜楔的夹紧行程是指夹压工件的行程 h。如图 5-41c 所示，s 是斜楔夹紧工件过程中移动的距离，则

$$h = s\tan\alpha$$

行程扩大系数 i_s 也是衡量夹紧机构的重要指标，对斜楔夹紧机构，该系数为

$$i_s = \frac{h}{s} = \tan\alpha$$

从以上分析可以看出，斜楔升角 α 是设计斜楔夹紧机构的重要参数，但它对衡量斜楔夹紧机构的重要指标的影响是不同的。α 越小，其增力系统 i_p 越大，自锁性能越好，但夹紧行程扩大系数 i_s 越小，这是斜楔夹紧机构的一个重要特性。因此，在选择升角 α 时，必须同时考虑机构的增力、夹紧行程和自锁三方面的问题。为保证自锁和具有适当的夹紧行程，一般 α 角不得大于 12°。如果机构要求自锁而又要求有较大的夹紧行程，可以采用双升角的斜楔，如图 5-40b 所示。斜楔升角大的一段用来使机构迅速趋近工件，而斜楔升角小的一段用来夹紧工件。

2. 螺旋夹紧机构

螺旋夹紧机构由螺钉、螺母、垫圈、压板等元件组成。图 5-42 所示为应用这种机构夹紧工件的实例。

螺旋夹紧机构不仅结构简单、容易制造，而且由于螺旋是由平面斜楔缠绕在圆柱表面形成的，所以螺旋夹紧机构的夹紧力计算、自锁性能等与斜楔相似。螺旋夹紧机构螺旋线长、升角小（一般为 2°30′~3°30′）。所以，螺旋夹紧机构自锁性能好，夹紧力（增力系数 i_p = 65~140）和夹紧行程大，是应用最广泛的一种夹紧机构。

（1）单个螺旋夹紧机构 图 5-42a、b 所示为直接用螺钉或螺母夹紧工件，这种螺旋夹紧机构称为单个螺旋夹紧机构。

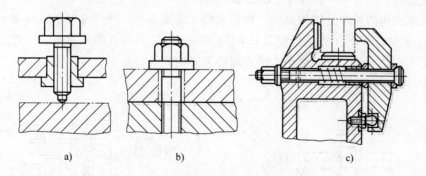

图 5-42 螺旋夹紧机构夹紧工件的实例

夹紧动作慢、工件装卸费时是单个螺旋夹紧机构的一个缺点。如图 5-42b 所示，装卸工件时，要将螺母拧紧或卸掉，费时费力。为克服这一缺点，图 5-43 所示为常见的几种快速螺旋夹紧机构。图 5-43a 所示机构使用开口垫圈，且所用螺母的外径小于工件的内孔，

当松夹时，螺母拧松半扣，抽出开口垫圈，工件即可从螺母上卸掉。图 5-43b 所示机构采用快卸螺母，松夹时，将螺母旋松后，使其向右摆动即可直接卸掉螺母，实现快速装夹的目的。

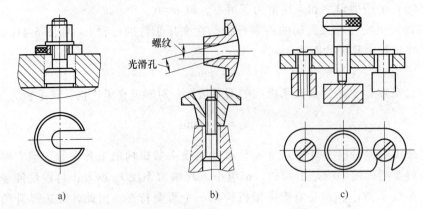

图 5-43 常见的几种快速螺旋夹紧机构

（2）螺旋压板夹紧机构 夹紧机构中，螺旋压板夹紧机构应用（见图 5-42c）最为广泛、结构形式也比较多样化。图 5-44 所示为螺旋压板夹紧机构的典型结构。其中，图 5-44a、b 中压板为移动压板，图 5-44c 中压板为转动压板。

3. 偏心夹紧机构

用偏心件直接或间接夹紧工件的机构，称为偏心夹紧机构。常用的偏心件是偏心轮和偏心轴，图 5-45 所示为偏心夹紧机构的应用实例。其中，图 5-45a、b 中用的是偏心轮，图 5-45c 中用的是偏心轴，图 5-45d 中用的是偏心叉。

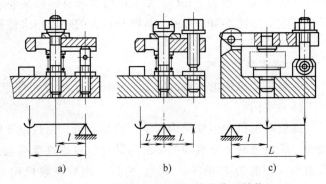

图 5-44 螺钉压板夹紧机构的典型结构

偏心夹紧机构的特点是结构简单、操作方便、夹紧迅速；缺点是夹紧力（增力系数 $i_p = 7.5 \sim 12$）和夹紧行程小（夹紧行程为 1.4 倍的偏心距），自锁性能不稳定。因此，偏心夹紧机构一般用于切削力不大、振动小、没有离心力影响的场合。

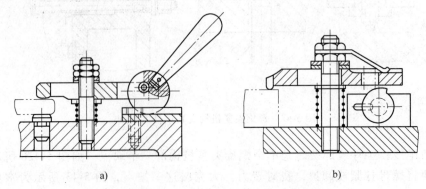

图 5-45 偏心夹紧机构的应用实例

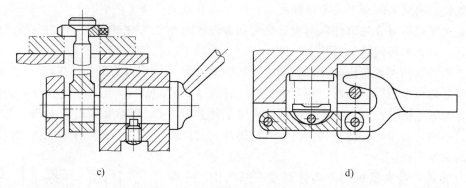

c) 　　　　　　　　　d)

图 5-45　偏心夹紧机构的应用实例（续）

（1）圆偏心轮的工作原理及其特性　图 5-46 所示为圆偏心轮工作原理。图中，点 O_1 是圆偏心轮的几何中心，R 是它的几何半径，点 O_2 是偏心轮的回转中心，O_1O_2 是偏心距 e。

若以点 O_2 为圆心、r 为半径画圆（虚线圆），便把偏心轮分成三部分。其中，虚线部分是个"基圆盘"，半径 $r=R-e$，另外两部分是两个相同的弧形楔。当偏心轮绕回转中心 O_2 顺时针方向转动时，相当于一个弧形楔逐渐楔入"基圆盘"与工件之间，从而夹紧工件。

圆偏心轮实际上是斜楔的一种变型，与平面斜楔相比，主要区别是其工作表面上各夹紧点的升角不是一个常数，随着夹紧点的变化，其弧形楔的升角也是变化的。这是圆偏心轮夹紧机构的重要特性。

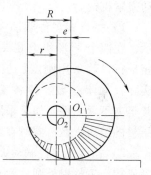

图 5-46　圆偏心轮工作原理

（2）圆偏心轮工作段的选择及夹紧行程　圆偏心轮工作转角范围内的那段圆周称为圆偏心轮的工作段。从理论上讲，圆偏心轮的工作段可以为 0°~180°，其夹紧行程为 $2e$。但实际应用中，圆偏心轮的工作转角一般小于 90°，因为转角太大，不仅操作费时，也不安全。常用的工作段的工作转角是 45°~135°，即如图 5-46 所示夹紧点左右 45°。因为采用这一工作段，升角变化小，夹紧行程大。

（3）圆偏心轮的自锁条件　由于圆偏心轮夹紧工件的实质是弧形楔夹紧工件，因此，圆偏心轮的自锁条件应与斜楔的自锁条件相同。虽然弧形楔的升角是变化的，但如图 5-46 所示，夹紧点处的升角最大，只要该夹紧点处能自锁，则其他各夹紧点必然能自锁。所以，圆偏心机构的自锁条件为

当 $f=0.1$ 时，$\dfrac{D}{e} \geq 20$；

当 $f=0.15$ 时，$\dfrac{D}{e} \geq 14$

式中　D——偏心轮直径，$D=2R$；
　　　e——偏心距。

4. 联动夹紧机构

利用单一力源实现单件或多件的多点、多向同时夹紧的机构称为联动夹紧机构。联动夹紧机构便于实现多件加工，故能减少机动时间。又因集中操作，简化了操作程序，可减少动

力装置数量、辅助时间和工人劳动强度等,因而能有效地提高生产率。

联动夹紧机构可分为单件联动夹紧机构和多件联动夹紧机构。前者用于对一个工件实现多点夹紧,后者用于同时夹紧几个工件。

(1) 单件联动夹紧机构　单件联动夹紧机构其夹紧力作用点有两点、三点或多至四点,夹紧力的方向可以相同、相反、相互垂直或交叉。图 5-47a 所示夹紧机构中,两个夹紧力互相垂直,拧紧手柄可在右侧面和顶面同时夹紧工件。图 5-47b 所示夹紧机构中两个夹紧力方向相同,各构件间采用铰链连接,拧紧右边螺母,通过螺杆带动平衡杠杆即能使两副压板均匀地同时夹紧工件。

(2) 多件联动夹紧机构　多件联动夹紧机构一般有平行式多件联动夹紧机构和连续式多件联动夹紧机构。

1) 平行式多件联动夹紧机构。如图 5-48a 所示,在四个 V 形块上装夹四个工件,各夹紧力互相平行,若采用刚度压板,因一批工件定位直径实际尺寸不一致,使各工件所受的夹紧力不等,甚至夹不紧工件。如果采用图 5-48b 所示三个浮动压板的结构,既可同时夹紧工件,且各工件所受的夹紧力相等。

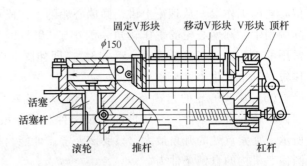

图 5-47　单件联动夹紧机构

2) 连续式多件联动夹紧机构。图 5-49 所示为同时可铣削四个工件的连续式多件联动夹紧机构。工件以外圆柱面在 V 形块中定位,当压缩空气推动活塞向下移动时,活塞杆上的斜面推动滚轮使推杆向右移动,通过杠件使顶杆顶紧 V 形块,通过中间三个移动 V 形块及固定 V 形块,连续夹紧四个工件,理论上每个工件所受的夹紧力等于总夹紧力。加工完毕后,活塞做反方向移动,推杆在弹簧的作用下退回原位,V 形块松开,卸下工件。

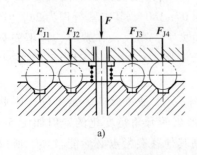

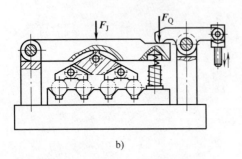

图 5-48　平行式多件联动夹紧机构
F_J—夹紧力　F_Q—原始力

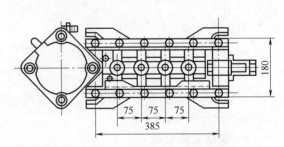

图 5-49　连续式多件联动夹紧机构

由于工件的误差和定位-夹紧元件的误差依次传递,逐个积累,造成工件在夹紧方向的位置误差非常大,故这种连续夹紧方式只适用于在夹紧方向上没有加工要求的工件。

5. 定心夹紧机构

在机械加工中,常遇到许多以轴线、对称面或对称中心为工序基准的工件,这类工序基准虽然理论上是存在的,但往往以其基面来体现,为了使定位基准与工序基准重合,消除基准不重合误差对加工精度的影响,就必须采用定心夹紧机构。

定心夹紧机构具有在实现定心作用的同时将工件夹紧的特点,如车床上的自定心卡盘等。定心夹紧机构的特点是:机构中与工件接触的元件既是定位元件,也是夹紧元件(称为工作元件),工作元件能同步趋近或离开工件,能均分定位基面的公差。正是由于具有这些特点,定心夹紧机构能使工件的定位基准不产生位移,从而实现定心夹紧作用。

(1) 等速移动定心夹紧机构 等速移动定心夹紧机构是利用工作元件的等速移动来实现定心夹紧的。图 5-50 所示为螺旋定心夹紧机构,螺杆两端的螺纹旋向相反,螺距相同。当其旋转时,通过左、右旋螺纹带动 V 形钳口同时移向中心便可实现工件的定心夹紧,反之便可松开工件。

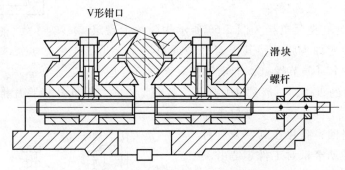

图 5-50 螺旋定心夹紧机构

(2) 均匀变形定心夹紧机构

1) 弹簧筒夹定心夹紧机构。图 5-51a 所示为装夹工件用的以外圆柱面定位的弹簧夹头,图 5-51b 所示为装夹工件用的以内孔定位的弹簧心轴。这类机构的主要元件是弹性筒夹,它是在一个锥形套筒上开出 3~4 条轴向槽而形成的。图 5-51a 中,旋转螺母时,在螺母端面的作用下,弹性筒夹在锥套内向左移动,锥套迫使弹性筒夹收缩变形,从而使工件外圆定心并被夹紧。反向旋转螺母,即可卸下工件。图 5-51b 中,旋转螺母时,由于锥套和夹具体上圆

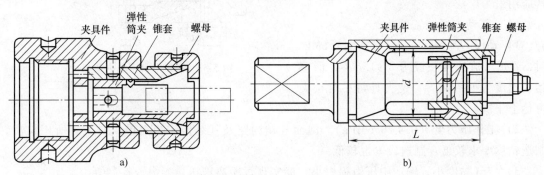

图 5-51 弹簧夹头和弹簧心轴

锥面的作用，迫使弹性筒夹向外胀开，使工件圆孔定心并夹紧。反转螺母，即可松开。

弹性筒夹的结构参数、材料及热处理等，可参考有关手册。

2) 液性塑料定心夹紧装置。液性塑料定心夹紧装置是利用液性塑料受压后，使薄壁套筒产生弹性胀大或缩小的变形，而将工件定心并夹紧的。其定心精度一般为 0.005～0.01mm，高者可达 0.002mm，而且结构紧凑、操作方便，所以得到广泛应用。

图 5-52 所示为一种典型的液性塑料自动定心夹紧装置，在本体中压配着一个薄壁弹性套筒。在本体和薄壁弹性套筒之间的空腔中注满液性塑料。当转动螺钉 1 时，柱塞挤压液性塑料，在此密闭容腔中的液性塑料即将其压力均匀地传递到各个方向上。因此，薄壁弹性套筒的薄壁部分便产生弹性变形，从而使工件定心并夹紧。当松开螺钉 1 后，薄壁套筒则因弹性恢复而将工件松开。螺钉 2 和堵头是在浇注塑料后堵塞其出气口用的。

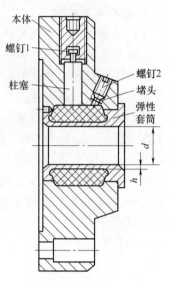

图 5-52 液性塑料自动定心夹紧装置

3) 膜片卡盘定心夹紧机构。图 5-53 所示为膜片卡盘定心夹紧机构。弹性元件为膜片，其上有六个或更多个卡爪，每个卡爪上装有一个可调节螺钉，卡爪工作表面的直径应略小于工件定位基面的直径，一般约 $\phi 0.4$mm。装夹工件时，用推杆将膜片推向外凸起变形，其上的卡爪张开，工件在三个支承钉上轴向定位后，推杆退回，膜片在其恢复弹性变形的趋势下，带动卡爪对工件定心并夹紧。卡爪是可以更换的，以适应不同尺寸工件的需要，更换完毕后，应重磨卡爪的工作表面。

这类定心夹紧机构的特点是：夹紧行程小，定心精度高。

6. 气动夹紧装置

气动夹紧装置是一种机动夹紧装置，其应用最为广泛。

(1) 气动夹紧装置的特点

1) 动作迅速，反应快。气压为 0.5MPa 时，管道气流速度一般为 8～15m/s，活塞运动速度为 1～10m/s，使夹具每小时松夹可达上千次。

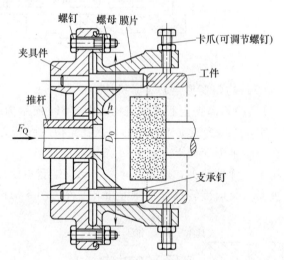

图 5-53 膜片卡盘定心夹紧机构

2) 工作压力低 (0.4～0.6MPa)。因而气动回路及其结构较为简单，对装置所用材质、制造精度要求较低，制造成本也较低。

3) 空气黏度小，输送中压力损失小，能实现远距离输送、操纵或控制等。

4) 空气取之不尽、用之不竭，废气对环境污染小。

5)主要缺点是:空气可压缩性大,切削载荷大小的变化对夹紧刚度及稳定性影响较大。此外,因工作压力低,使动力装置的结构尺寸增大、不紧凑。

(2)气动夹紧装置的主要设计内容

1)气缸的结构形式、直径、行程的设计。

2)控制阀和辅助装置的配置和选用。

3)回路的布置、安装和管件的选用。

4)设计图样一般应有气压传动回路图(用规定图形符号画出)和管路的安装施工图等。

习 题

5-1 何谓六点定位原理?不完全定位和过定位是否均不能采用?为什么?

5-2 夹紧与定位的关系如何?

5-3 限制工件自由度数与加工要求的关系如何?

5-4 根据图 5-54 所示工件的工序要求,试分析图中各工件所需限制的自由度。

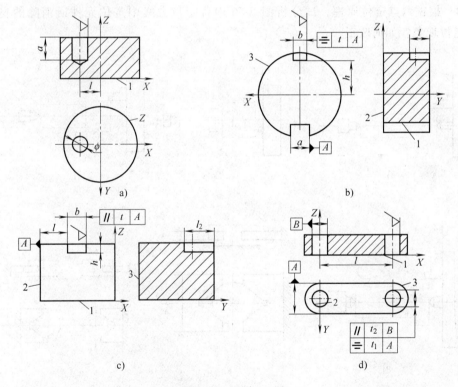

图 5-54 习题 5-4 图

5-5 固定支承有哪几种形式?各适用于什么场合?

5-6 自位支承有何特点?

5-7 什么是可调支承?什么是辅助支承?它们有什么区别?

5-8 使用辅助支承和可调支承时应注意什么问题?并举例说明辅助支承的应用。

5-9 对夹紧装置的基本要求有哪些?

5-10 试分析三种基本夹紧机构的优缺点。

5-11 何谓联动夹紧机构？设计联动夹紧机构时应注意哪些问题？试举例说明。

5-12 何谓定心？定心夹紧机构有什么特点？

5-13 根据六点定位原理，试分析图5-55所示各定位元件所消除的自由度。

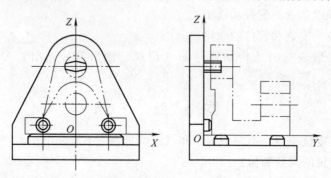

图 5-55 习题 5-13 图

5-14 根据六点定位原理，试分析图5-56中各定位方案中定位元件所消除的自由度？有无过定位现象？如何改正？

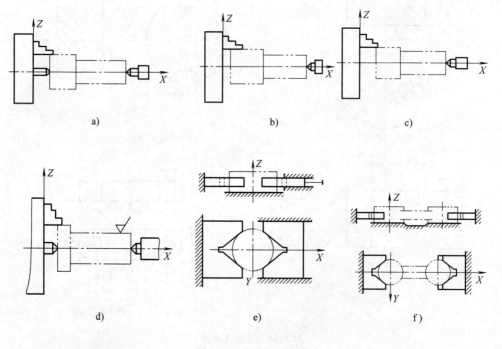

图 5-56 习题 5-14 图

5-15 何谓定位误差？定位误差是由哪些因素引起的？定位误差的数值一般应控制在零件公差的什么范围内？

5-16 如图5-57所示，一批工件以孔 $\phi 20 ^{+0.021}_{0}$ mm，在心轴 $\phi 20 ^{-0.007}_{-0.020}$ mm 上定位，在立式铣床上用顶尖顶住心轴铣键槽。其中，$\phi 40h6$ 外圆、$\phi 20H7$ 内孔及两端面均已加工合格，

而且 φ40h6 外圆对 φ20H7 内孔的径向圆跳动误差在 0.02mm 之内。今要保证铣槽的主要技术要求为：

（1）槽宽 $b = 12h9$。

（2）槽距一端面尺寸为 20h12。

（3）槽底位置尺寸为 34.8h11。

（4）槽两侧面对外圆轴线的对称度误差不大于 0.10mm。

试分析其定位误差对保证各项技术要求的影响。

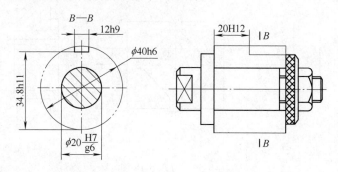

图 5-57　习题 5-16 图

5-17　有一批套类零件，如图 5-58a 所示。欲在其上铣一个键槽，试分析计算下列各种定位方案中 H_1、H_2 和 H_3 的定位误差。

（1）在可胀心轴上定位（见图 5-58b）。

（2）在处于水平位置的刚性心轴上具有间隙的定位。定位心轴直径为 $d_{B_{xd}}^{B_{sd}}$（见图 5-58c）。

（3）在处于垂直位置的刚性心轴上具有间隙定位。定位心轴直径为 $d_{B_{xd}}^{B_{sd}}$。

（4）如果要求工件内外圆同轴度公差为 t，上述三种定位方案中，H_1、H_2 和 H_3 的定位误差各是多少？

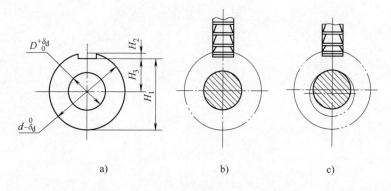

图 5-58　习题 5-17 图

5-18　工件尺寸如图 5-59a 所示，欲钻 O 孔并保证尺寸 $30_{-0.1}^{0}$mm。试分析计算图 5-59b~f 所示各种定位方案的定位误差。加工时工件轴线处于水平位置，V 形块角度均为 90°。

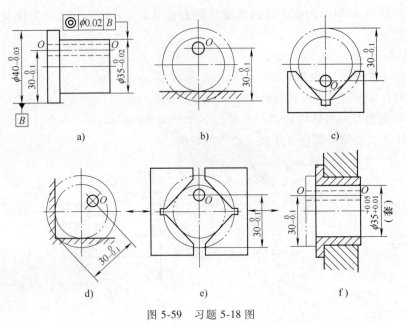

图 5-59　习题 5-18 图

第6章

机床夹具及其设计方法

6.1 概述

在机械加工过程中,为了保证加工精度,必须固定工件,使工件相对于机床或刀具占有确定的位置,以完成工件的加工和检验。夹具是完成这一过程的工艺装备,它广泛应用于机械加工、装配、检验、焊接、热处理和铸造等工艺中。金属切削机床上使用的夹具称为机床夹具,工件在机床夹具中的装夹精度直接影响工件的加工精度,机床夹具在机械加工中占有十分重要的地位。

6.1.1 机床夹具的作用

机床夹具装在机床上,使工件相对刀具与机床保持正确的相对位置,并能承受切削力的作用。图6-1a所示为一个在铣床上使用的连杆铣槽夹具,图6-1b所示为在该夹具上加工的连杆工序图。工序要求工件以一面两孔定位,分四次安装来铣削大头孔两端面上的八个槽。工件以端面安装在夹具底板的定位面N上,大、小孔分别套在圆柱销和菱形销上,并用两个压板压紧。夹具通过两个定位键在铣床工作台上定位,并通过夹具底板上的两个U形槽,用T形槽螺栓和螺母紧固在工作台上。铣刀相对于夹具的位置则用对刀块调整。为防止夹紧工件时压板转动,在压板的一侧设置了止动销。

从连杆铣槽夹具的使用实例中不难看出,不同生产条件下的零件,加工时所用机床夹具的作用有所不同,但主要有以下五方面作用:

(1)保证加工精度 用专用夹具安装工件,可迅速、准确地保证工件位置正确,不受工人操作水平等因素的影响,不同批次的零件基本能达到相同精度,保证加工精度稳定可靠。

(2)提高生产率 采用机床夹具时,工件定位和夹紧迅速可靠,既可减少划线、找正等辅助工时,又可提高工件加工时的刚度,还可选用较大的切削用量,从而提高了劳动生产率。

(3)改善劳动条件 采用夹具装夹工件方便、省力、安全。当采用气动、液动等夹紧装置时可减轻工人的劳动强度,同时保证安全生产。

(4)降低生产成本 在成批生产中使用夹具,生产率高,对工人技术要求低,可相对降低生产成本,而且批量越大,生产成本降低越显著。

(5)扩大工艺范围 单件小批生产时,零件品种多数量少,又不可能为了满足所有的加工要求而购置相应的机床,采用夹具可以扩大机床的加工范围。例如图6-1b所示连杆,在数控

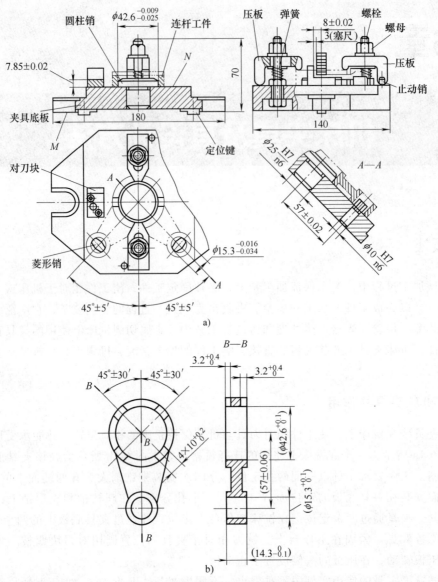

图 6-1 连杆铣槽夹具及连杆工序图

机床上安装组合夹具后,可以进行孔、外圆、键槽等加工,安装磨头后则可进行磨孔加工等。

6.1.2 机床夹具的分类

机床夹具的种类繁多,可以从不同的角度对机床夹具进行分类。常用的分类方法有以下几种:

1. 按夹具的应用范围分类

(1) 通用夹具 通用夹具是指结构和尺寸已经规格化、具有一定通用性的夹具,如自定心卡盘、单动卡盘、机用平口钳、万能分度头、顶尖、中心架、电磁吸盘等。这类夹具由专门的生产厂家生产和供应,其特点是使用方便,通用性强,但加工精度不高,生产率较低,且难以装夹形状复杂的工件,仅适用于单件小批生产。

(2) 专用夹具 专用夹具是针对某一工件某一工序的加工要求专门设计和制造的夹具,其特点是针对性很强,没有通用性。在批量较大的生产中和形状复杂、精度要求高的工件加工中，常用各种专用夹具，可获得较高的生产率和加工精度。

（3）组合夹具　组合夹具是用一套预先制造好的标准元件和合件组装而成的夹具。组合夹具结构灵活多变，设计和组装周期短，夹具零部件能长期重复使用，适于在多品种单件小批生产或新产品试制等场合应用。

（4）成组夹具　成组夹具是在采用成组加工时，为每个零件组设计制造的夹具。当改换加工同组内另一种零件时，只需调整或更换夹具上的个别元件，即可进行加工。成组夹具适合在多品种、中小批生产中应用。

（5）随行夹具　随行夹具是一种在自动线上使用的移动式夹具，在工件进入自动线加工之前，先将工件装在夹具中，然后夹具连同工件一起沿着自动线依次从一个工位移到下一个工位，直到工件在退出自动线加工时，才将工件从夹具中卸下。随行夹具是一种始终随工件一起沿着自动线移动的夹具。

2. 按使用机床类型分类

机床类型不同，所用夹具结构各异，由此可将夹具分为车床夹具、钻床夹具、铣床夹具、镗床夹具、磨床夹具和组合机床夹具等类型。

3. 按夹具动力源分类

按夹具夹紧动力源可将夹具分为手动夹具和机动夹具两大类。为减轻劳动强度和确保安全生产，手动夹具应有扩力机构与自锁性能。常用的机动夹具有气动夹具、液压夹具、气液夹具、电动夹具、电磁夹具、真空夹具和离心力夹具等。

6.1.3　机床夹具的组成

虽然机床夹具的种类繁多，但它们的工作原理基本上是相同的，将各类夹具中作用相同的结构或元件加以概括，可得出夹具一般所共有的以下几个组成部分，这些组成部分既相互独立又相互联系。

1. 定位支承元件

定位支承元件的作用是确定工件在夹具中的正确位置并支承工件，是夹具的主要功能元件之一。定位支承元件的定位精度直接影响工件加工的精度。例如图 6-2 所示的后盖零件，钻其上的 $\phi 10mm$ 的孔所用钻夹具如图 6-3 所示，夹具上的圆柱销、菱形销和支承板都是定位元件，通过它们使工件在夹具中占据正确的位置。

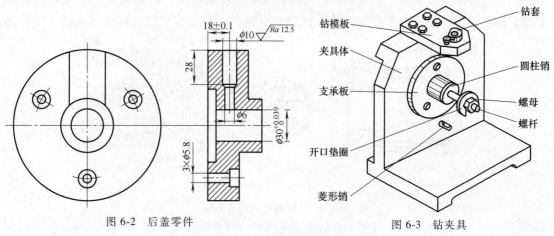

图 6-2　后盖零件　　　　　　　　图 6-3　钻夹具

2. 夹紧装置

夹紧装置的作用是将工件压紧夹牢，保证工件在加工过程中受力（切削力等）作用时不离开已经占据的正确位置。例如图 6-3 中的螺杆、螺母和开口垫圈，就起到了上述的作用。

3. 对刀或导向装置

对刀或导向装置用于确定刀具相对于定位元件的正确位置，如图 6-3 中的钻套和钻模板组成导向装置，确定钻头轴线相对定位元件的正确位置。对刀塞尺和铣床夹具上的对刀块则为对刀装置。

4. 连接元件

连接元件是确定夹具在机床上正确位置的元件。例如图 6-3 中夹具体的底面为安装基面，保证了钻套的中心线垂直于钻床工作台以及圆柱销的中心线平行于钻床工作台，因此夹具体可兼作连接元件。

5. 其他装置或元件

根据加工需要，有些夹具上还设有分度装置、靠模装置、上下料装置、工件顶出机构、电动扳手和平衡块等，以及标准化了的其他连接元件。对于大型夹具常设置吊装元件。

6. 夹具体

夹具体是夹具的基本骨架，用来配置安装各夹具元件，使之组成一个整体。常用的夹具体为铸件结构、锻造结构、焊接结构和装配结构，形状有回转体形和底座形等。例如图 6-3 中的夹具体正是把所有元件连接到一起的基本元件。

上述各组成部分中，定位元件、夹紧装置、夹具体是夹具的基本组成部分。

6.2 车床夹具

1. 车床夹具的特点

车床主要用于加工零件的内外圆柱面、圆锥面、螺纹以及端平面等。上述表面都是围绕机床主轴的旋转轴线而成形的，因此车床夹具一般都安装在车床主轴上，加工时夹具随机床主轴一起旋转，切削刀具做进给运动。

2. 卧式车床专用夹具的典型结构

（1）心轴类车床夹具　图 6-4 所示为几种常见的弹簧心轴。图 6-4a 所示为前推式弹簧心轴。转动螺母，弹簧筒夹前移，使工件定心夹紧，这种结构不能进行轴向定位。图 6-4b

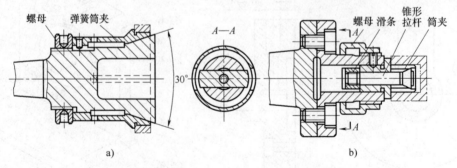

图 6-4　几种常见的弹簧心轴
a）前推式弹簧心轴　b）不动式弹簧心轴

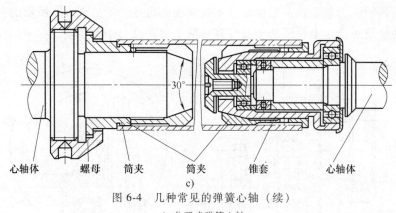

图 6-4 几种常见的弹簧心轴（续）
c）分开式弹簧心轴

所示为带强制退出的不动式弹簧心轴。转动螺母，推动滑条后移，使锥形拉杆移动而将工件定心夹紧。反转螺母，滑条前移而使筒夹松开。此处筒夹元件不动，依靠其台阶端面对工件实现轴向定位。该结构形式常用于以不通孔作为定位基准的工件。图 6-4c 所示为加工长薄壁工件用的分开式弹簧心轴。两个心轴体分别置于车床主轴和尾座中，用尾座顶尖套顶紧时，锥套撑开右端筒夹，使工件右端定心夹紧。转动螺母，使左端筒夹移动，依靠左端心轴体的 30°锥角将工件另一端定心夹紧。

图 6-5 所示为顶尖式心轴，工件以孔口 60°角定位车削外圆表面。旋转螺母，回转顶尖套左移，从而使工件定心夹紧。顶尖式心轴的结构简单、夹紧可靠、操作方便，适用于加工内、外圆同轴度要求不高，或只需加工外圆的套筒类零件。工件的内径 d_S 一般在 32～110mm 范围内，长度 L_S 在 120～780mm 范围内。

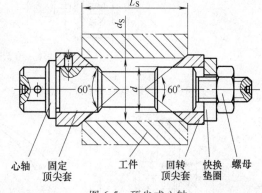

图 6-5 顶尖式心轴

（2）角铁式车床夹具 角铁式车床夹具如图 6-6 所示，其结构特点是具有类似角铁的夹具体。在角铁式车床夹具上加工的工件形状较复杂。它常用于加工壳体、支座、接头等零件上的圆柱面及端面。当工件的主要定位基准是平面，被加工面的轴线对主要定位基准平面保持一定的位置关系（平行或成一定的角度）时，相应地夹具上的平面定位件设置在与车床主轴轴线相平行或成一定角度的位置上。

（3）圆盘式车床夹具 圆盘式车床夹具如图 6-7 所示，夹具体为圆盘形。在圆盘式车床夹具上加工的工件一般形状都较复杂，多数情况下工件的定位基准为与加工圆柱面垂直的端面。夹具上的平面定位件与车床主轴的轴线相垂直。

3. 车床夹具的设计要点

（1）定位元件的设计要点 在车床上加工回转面时，要求工件被加工面的轴线与车床主轴的旋转轴线重合，夹具上定位元件的结构和布置必须保证这一点。因此，对于同轴的轴套类和盘类工件，要求夹具定位元件工作表面的中心线与夹具的回转轴线重合。对于壳体、接头或支座等工件，被加工的回转面轴线与工序基准之间有尺寸联系或相互位置精度要求时，则应以夹具轴线为基准确定定位元件工作表面的位置。例如图 6-5 所示的夹具，就是根据专用夹具的轴线来确定定位销的轴线及其台阶平面在夹具中的位置。

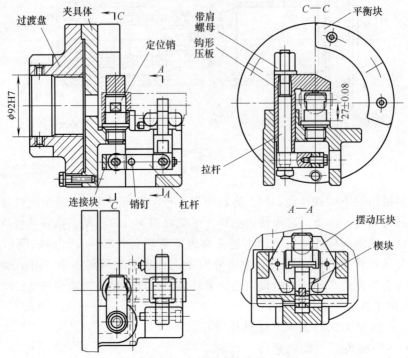

图 6-6 角铁式车床夹具

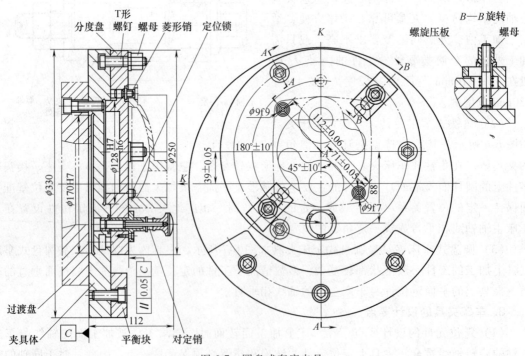

图 6-7 圆盘式车床夹具

（2）夹紧装置的设计要点　在车削过程中，由于工件和夹具随主轴旋转，除工件受切削扭矩的作用外，整个夹具还受到离心力的作用。此外，工件定位基准的位置相对于切削力和重力的方向是变化的。因此，夹紧机构必须产生足够的夹紧力，自锁性能要良好，应优先采用螺旋夹紧机构。对于角铁式夹具，还应注意施力方式，防止引起夹具变形。例如，如果采用图 6-8a 所示的施力方式，会引起悬伸部分的变形和夹具体的弯曲变形，离心力、切削力也会加剧这种变形；改用图 6-8b 所示铰链式螺旋摆动压板机构显然较好，压板的变形不影响加工精度。

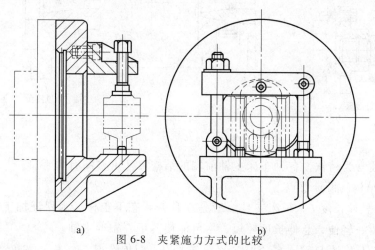

图 6-8　夹紧施力方式的比较

（3）夹具与机床主轴的连接　车床夹具与机床主轴的连接精度对夹具的加工精度有一定的影响。因此，要求夹具的回转轴线与卧式车床主轴轴线应具有尽可能小的同轴度误差。

心轴类车床夹具以莫氏锥柄与机床主轴锥孔配合连接，用螺杆拉紧。有的心轴则以中心孔与车床前、后顶尖配合安装使用。

根据径向尺寸的大小，其他专用夹具在机床主轴上的安装连接方式一般有两种。

1）对于径向尺寸 $D<140$mm 或 $D<(2\sim3)d$ 的小型夹具，一般用锥柄安装在车床主轴的锥孔中，并用螺杆拉紧，如图 6-9a 所示。这种连接方式定心精度较高。

2）对于径向尺寸较大的夹具，一般用过渡盘与车床主轴轴颈连接。过渡盘与主轴配合处的形状取决于主轴前端的结构。

图 6-9b 中的过渡盘上，有一个定位圆孔按 H7/h6 或 H7/js6 与主轴轴颈相配合，并用螺纹和主轴联接。为防止停机和主轴反向旋转时因惯性作用使两者松开，可用压板将过渡盘压在主轴上。专用夹具则以其定位止口按 H7/h6 或 H7/js6 装配在过渡盘的凸缘上，用螺钉紧固。这种连接方式的定心精度受配合间隙的影响。为了提高定心精度，可按找正圆找正夹具与机床主轴的同轴度精度。

对于车床主轴前端为圆锥体并有凸缘的结构，如图 6-9c 所示，过渡盘在其长锥面上配合定心，用活套在主轴上的螺母锁紧，由键传递转矩。这种连接方式的定心精度较高，但端面要求紧贴，制造上较困难。

图 6-9d 所示为以主轴前端短锥面与过渡盘连接的方式。过渡盘推入主轴后，其端面与主轴端面只允许有 0.05～0.1mm 的间隙，用螺钉均匀拧紧后，即可保证端面与锥面全部接触，以使定心准确、刚度好。

过渡盘常作为车床附件备用，设计夹具时应按过渡盘凸缘确定专用夹具体的止口尺寸。

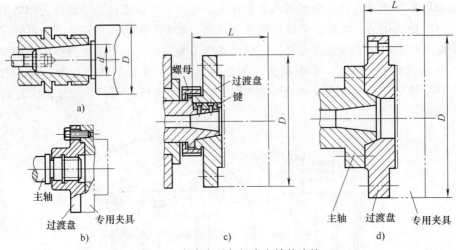

图 6-9 车床夹具与机床主轴的连接

过渡盘的材料通常为铸铁。各种车床主轴前端的结构尺寸可查阅有关手册。

(4) 总体结构的设计要点

1) 夹具的悬伸长度 L。车床夹具一般是在悬臂状态下工作,为保证加工的稳定性,夹具的结构应紧凑、轻便,悬伸长度要短,尽可能使其重心靠近主轴。

夹具的悬伸长度 L 与轮廓直径 D 之比应参照以下数值选取:

直径小于 $\phi 150 \mathrm{mm}$ 的夹具,$L/D \leqslant 1.25$;

直径在 $\phi 150 \sim 300 \mathrm{mm}$ 之间的夹具,$L/D \leqslant 0.9$;

直径大于 $\phi 300 \mathrm{mm}$ 的夹具,$L/D \leqslant 0.6$。

2) 夹具的静平衡。由于加工时夹具随同主轴旋转,如果夹具的总体结构不平衡,则在离心力的作用下将出现振动的现象,影响工件的加工精度和表面粗糙度,加剧机床主轴和轴承的磨损。因此,对车床夹具除了控制其悬伸长度外,还应保持其结构上基本平衡。角铁式车床夹具的定位元件及其他元件总是布置在主轴轴线一边,不平衡现象最严重,所以在确定其结构时,特别要注意对它进行平衡。平衡的方法有两种:设置平衡块或加工减重孔。

在确定平衡块的重量或减重孔所去除的重量时,可用隔离法做近似估算,即把工件及夹具上的各个元件隔离成几个部分,互相平衡的各部分可略去不计,对不平衡的部分,则按力矩平衡原理确定平衡块的重量或减重孔应去除的重量。为了弥补估算法的不准确性,平衡块上(或夹具体上)应开有径向槽或环形槽,以便调整。

3) 夹具的外形轮廓。车床夹具的夹具体应设计成圆形,为保证安全,夹具上的各种元件一般不允许突出夹具体圆形轮廓之外。此外,还应注意切屑缠绕和切削液飞溅等问题,必要时应设置防护罩。

6.3 铣床夹具

1. 铣床夹具的分类

铣床夹具按使用范围,可分为通用铣床夹具、专用铣床夹具和组合夹具三类。按工件在铣床上加工的运动特点,可分为直线进给夹具、圆周进给夹具、沿曲线进给夹具(如仿形装置)

三类。还可按自动化程度和夹紧力来源不同（如气动、电动、液动）以及装夹工件数量的多少（如单件、双件、多件等）进行分类。其中，最常用的分类方法是按使用范围进行分类。

2. 典型的专用铣床夹具结构

(1) 铣削键槽用的简易专用夹具　如图 6-10 所示，该夹具用于铣削工件上的半封闭键槽。夹具的结构与组成如下：V 形块是夹具体兼定位元件，它使工件在装夹时轴线位置必在 V 形面的角平分线上，从而起到定位作用。对刀块同时也起到端面定位作用。压板和螺栓及螺母是夹紧元件，用以阻止工件在加工过程中因受切削力而产生的移动和振动。对刀块除对工件起轴向定位作用外，主要用以调整铣刀和工件的相对位置。对刀面 a 通过铣刀周刃对刀，调整铣刀与工件的中心对称位置；对刀面 b 通过铣刀端面刃对刀，调整铣刀端面与工件外圆（或水平中心线）的相对位置。定位键在夹具与机床间起定位作用，使夹具体即 V 形块的 V 形槽槽向与工作台纵向进给方向平行。

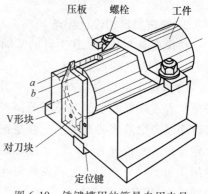

图 6-10　铣键槽用的简易专用夹具

(2) 加工壳体用的铣床夹具　图 6-11 所示为加工壳体侧面棱边用的铣床夹具，工件以端面、大孔和小孔作为定位基准，定位元件为支承板和安装在其上的大圆柱销和菱形销。夹

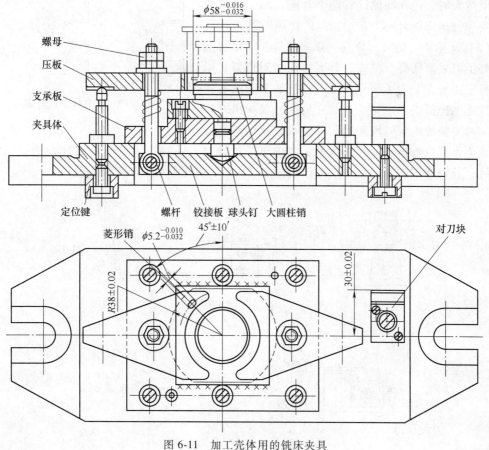

图 6-11　加工壳体用的铣床夹具

紧装置采用螺旋压板的联动夹紧机构。操作时，只需拧紧螺母，就可使左右两个压板同时夹紧工件。夹具上还有对刀块，用来确定铣刀的位置。两个定向键用来确定夹具在机床工作台上的位置。

3. 铣床夹具的设计要点

铣床夹具与其他机床夹具的不同之处在于：通过定向键在机床上定位，用对刀装置决定铣刀相对于夹具的位置。

（1）铣床夹具的安装　铣床夹具在铣床工作台上的安装位置直接影响被加工表面的位置精度，所以在设计时就必须考虑其安装方法，一般是在夹具底座下面装两个定位键。定位键的结构尺寸已标准化，应按铣床工作台的 T 形槽尺寸选定，它和夹具底座以及工作台 T 形槽的配合为 H7/h6、H8/h8。两定位键的距离应力求最大，以利提高安装精度。图 6-12 所示为定位键的安装情况。

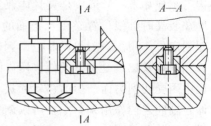

图 6-12　定位键的安装情况

夹具通过两个定位键嵌入到铣床工作台的同一条 T 形槽中，再用 T 形螺栓和垫圈、螺母将夹具体紧固在工作台上，所以在夹具体上还需要提供两个穿 T 形螺栓的耳座，如图 6-13 所示。其结构尺寸已标准化，可参考有关夹具设计手册。如果夹具宽度较大时，可在同侧设置两个耳座，两个耳座的距离要和铣床工作台两个 T 形槽间的距离一致。

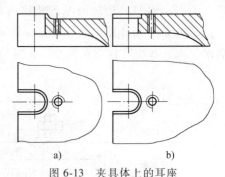

图 6-13　夹具体上的耳座

（2）铣床夹具的对刀装置　铣床夹具在工作台上安装好了以后，还要调整铣刀对夹具的相对位置，以便进行定距加工。为了使刀具与工件被加工表面的相对位置能迅速而正确地对准，在夹具上可以采用对刀装置。对刀装置由对刀块和塞尺等组成，其结构尺寸已标准化，可以根据工件的具体加工要求选择各种对刀块的结构。图 6-14 所示为常用的对刀装置。其中常用的塞尺有平塞尺和圆柱塞尺两种，其形状如图 6-15 所示。

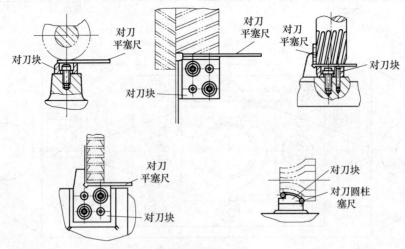

图 6-14　对刀装置

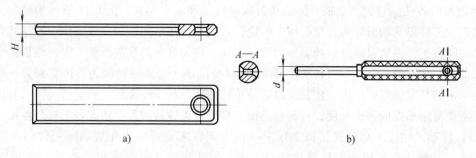

图 6-15 标准对刀塞尺
a) 平塞尺 b) 圆柱塞尺

（3）由于铣削时的切削力大，振动也大，夹具体要有足够的强度和刚性，还应尽可能降低夹具的重心以提高夹具的稳定性。

6.4 钻床夹具

1. 钻模的类型及典型结构

为保证被加工孔的定位基准和各孔之间的尺寸精度及位置精度，提高劳动生产率，实际生产中经常用钻套引导刀具进行加工。这种借助钻套保证钻头与工件之间正确位置的夹具称为钻床夹具，简称钻模，一般由外套和钻模板构成。根据被加工孔的分布和钻模板的特点，钻模一般分为固定式钻模、回转式钻模、移动式钻模、翻转式钻模、盖板式钻模和滑柱式钻模等几种类型。

（1）固定式钻模 固定式钻模是指在使用过程中，钻模和工件在机床上的位置固定不动。这类钻模常用于在立式钻床上加工较大的单孔或在摇臂钻床上加工平行孔系。

在立式钻床工作台上安装钻模时，首先用装在主轴上的钻头（精度要求较高时可用心轴）插入钻套内，以找正钻模的位置，然后将其固定，这样既可减少钻套的磨损，又可保证孔的位置精度。

图 6-16a 所示为固定式钻模，工件（见图 6-16b）以其端面和键槽与钻模上的定位法兰及键相接触而定位。转动螺母使螺杆向右移动时，通过钩形开口垫圈将工件夹紧。松开螺母，螺杆在弹簧的作用下向左移，钩形开口垫圈松开并绕螺钉摆下，即可卸下工件。

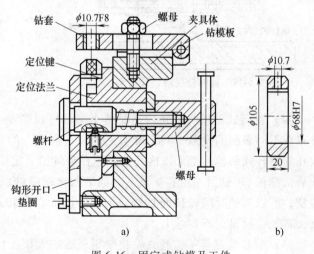

图 6-16 固定式钻模及工件

（2）回转式钻模 回转式钻模的钻模体可按一定的分度要求绕某一固定轴转动，主要用于加工同一圆周上的平行孔系或分布在圆周上的径向孔。工件在一次装夹后，靠钻模体旋转依次加工出各孔。它包括立轴、卧轴和斜轴回转三种基本形式。图 6-17 所示为轴向分度回转式钻模，工件以其端面和内孔与钻模上的定位表面及圆柱销相接触完成定位，拧紧螺母，通过快换垫圈将工件夹紧。通过钻套引导刀具对工件上均匀分布的孔进行加工时，是借助分度机构完成的。在加工完一个孔后，转动手柄 1，可将分度盘（与圆柱销装为一体）松开，利用手柄 2 将对定销从定位套中拔出，使分度盘带动工件回转至某一角度后，对定销又插入分度盘上的另一定位套中即完成一次分度，再转动手柄 1 将分度盘锁紧，即可依次加工其余各孔。

（3）移动式钻模　移动式钻模常用于单轴立式钻床，可实现先后钻削工件同一表面上的多个孔。一般工件和被加工孔的孔径都不大，因此移动式钻模属小型夹具。图 6-18 所示为移动式钻模，用于钻削连杆大、小头上的孔。工件以端面及大、小头圆弧面作为定位基面，在两个定位套、固定 V 形块及活动 V 形块上定位。先通过手轮推动活动 V 形块压紧工件，然后转动手轮带动螺钉转动，压迫钢球，使两片半月键向外胀开而锁紧。V 形块带有斜面，使工件在夹紧分力作用下与定位套贴紧。移动钻头分别在两个钻套中导入，从而加工工件上的两个孔。

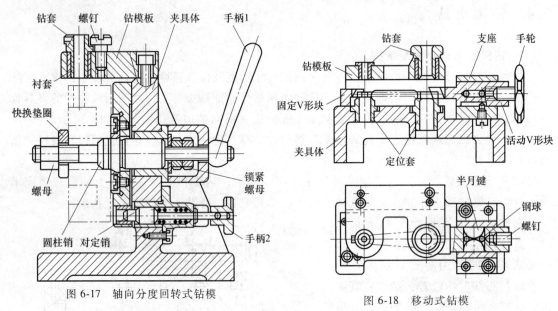

图 6-17　轴向分度回转式钻模　　　　　　　图 6-18　移动式钻模

（4）翻转式钻模　翻转式钻模整个夹具可以带动工件一起翻转，用于加工中小型工件分布在不同表面的孔系，甚至可加工定位基准面上的孔。图 6-19 所示为加工套筒上四个径向孔的翻转式钻模。工件以内孔及端面在台阶销上定位，用快换垫圈和螺母夹紧。钻完一组孔后，翻转 60°钻另一组孔。该夹具的结构比较简单，但每次钻孔都需找正钻套相对钻头的位置，所以辅助时间较长而且翻转费力。因此，翻转式钻模夹具连同工件的总重量不能太重，其加工批量也不宜过大。

（5）盖板式钻模　盖板式钻模常用于加工大型工件上的小孔，钻模本身是一块钻模板，上面装有导向定位装置、夹紧元件和钻套，加工时将其覆盖在工件上即可。所以该类钻模应在保证刚性的基础上，尽量减轻其结构重量。这种钻模通常利用工件底面做安装基准面，因此，钻孔精度取决于工件本身精度及工件和钻模的安装精度。如图 6-20 所示，钻模在一个小型连杆上加工小头孔，夹具本身就是一块钻模板，利用在自身上的定位销和由两块摆动压

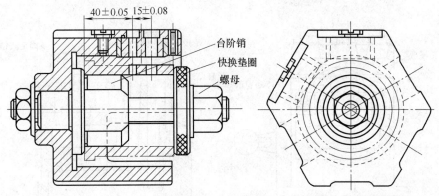

图 6-19 翻转式钻模

块组成的 V 形槽对中夹紧机构,在工件上实现定位和夹紧,进行钻削加工。

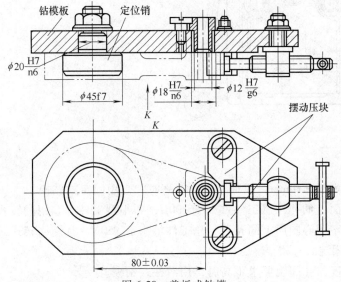

图 6-20 盖板式钻模

盖板式钻模结构简单,一般多用于加工大型工件上的小孔。因夹具在使用时经常搬动,故盖板式钻模的重力不宜超过 100N。为了减轻重量,可在盖板上设置加强肋而减小其厚度,设置减轻窗孔或用铸铝件。

(6) 滑动式钻模 滑动式钻模的钻模板固定在可以上下滑动的滑柱上,并通过滑柱与夹具体相连接。这是一种标准的可调夹具,其基本组成部分如夹具体、滑柱等已标准化。

图 6-21 所示为一种生产中广泛应用的滑柱式钻模,用于同时加工形状对称的两工件的四个孔。工件以底面和直角缺口定位,为使工件可靠地与定位座中央的长方形凸块接触,设置了四个浮动支承。转动手柄,小齿轮带动滑柱及与滑柱相连的钻模板向下移动,通过浮动压板将工件夹紧。钻模板上有四个固定式钻套,用以引导钻头。

滑柱式钻模操作方便、迅速,转动手柄使钻模板升降,不仅有利于装卸工件,还可用钻模板夹紧工件,且自锁性能好。

2. 钻模的设计要点

(1) 钻模的选择 钻模类型多,在设计时,要根据工件的形状、重量、加工要求和批

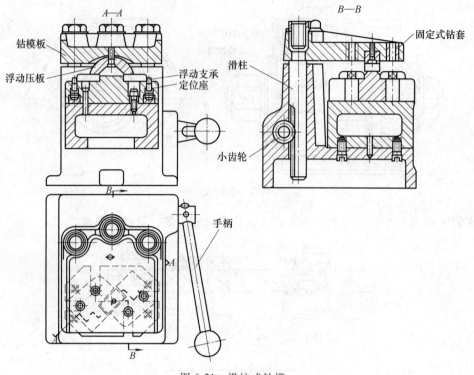

图 6-21 滑柱式钻模

量来选型。

1）被钻孔径大于 $\phi 10mm$，或加工精度较高时，宜用固定式钻模。

2）钻不同表面上的孔，总工件重小于 100N，中小型工件，宜用翻转式钻模。

3）当分布在不同心圆周上的孔系，总工件重小于 150N，宜用回转式钻模；当工件总重大于 150N，宜用固定式钻模。

4）垂直度精度与孔间距要求不高时，用滑柱式钻模。

5）若加工大工件上的小孔时，宜用盖板式钻模。

(2) 钻套 钻套是引导刀具的元件，用以保证被加工孔的正确位置，并防止加工过程中刀具的偏斜。钻套装配在钻模板上，用钻套比不用钻套可减少 50% 以上的误差，其结构尺寸已标准化。

1）固定钻套。常用配合 H7/n6、H7/r6，结构简单，精度高，适用于单孔或小批生产。

2）可换钻套。常用 H7/g5、H7/g6，间隙配合装入衬套内，用螺钉固定。

3）快换钻套。常用配合 H7/g5、H7/g6，结构与上述钻套不同，不用固定螺钉便可更换。

上述钻套已标准化。

4）特殊钻套。适用于工件结构形状特殊和被加工孔的位置有特殊性，以及标准钻套不满足时。

钻套中导向孔的孔径及极限偏差应根据所引导的刀具尺寸来确定。通常刀具的上极限尺寸为引导孔的公称尺寸，孔径公差根据加工精度确定。钻头、扩孔钻、铰刀是标准化定尺寸刀具，所以内径按基轴制选择。钻套与刀具之间按一定的间隙配合，以防刀具使用时咬孔，且一般根据刀具精度选钻套孔的公差带：钻（扩）孔选 F7，粗铰选 G7，精铰选 G6。若引导的是刀具导柱部分不是切削部分,可按基孔制选取 H7/f7、H7/g6、H6/g5 等。

钻套高度 H(图 6-22)直接影响其的导向性能,同时影响刀具与钻套之间的摩擦情况。通常取 $H=(1\sim2.5)d$,对于精度要求较高的孔、直径较小的孔和刀具刚性较差时应取较大值。

钻套与工件之间一般应留有容屑间隙,此间隙不宜过大,以免影响导向作用。

铸铁:$h=(0.3\sim0.7)d$,小孔取小值;
钢:$h=(0.7\sim1.5)d$,大孔取大值;
斜孔:$h=(0\sim0.2)d$。

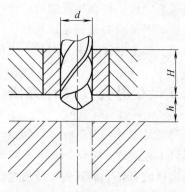

图 6-22 钻套高度和容屑间隙

6.5 镗床夹具

镗床夹具主要用来加工箱体、支座等零件上的精密孔或孔系,通常称为镗模。镗模一般由定位元件、夹紧装置、导引元件(镗套)夹具体(镗模支架和镗模底座)四个部分组成。其加工过程是刀具随镗杆在工件的孔中做旋转运动,工件随工作台相对于刀具做慢速的进给运动,连续切削性能比较稳定,适用于精加工,故镗模是一种精密夹具。它和钻模一样,是依靠专门的导引元件——镗套来导引镗杆,从而保证所镗的孔具有很高的位置精度。

图 6-23 所示为加工磨床尾座孔用的镗模。工件以夹具体的底座上的定位斜块和支承板

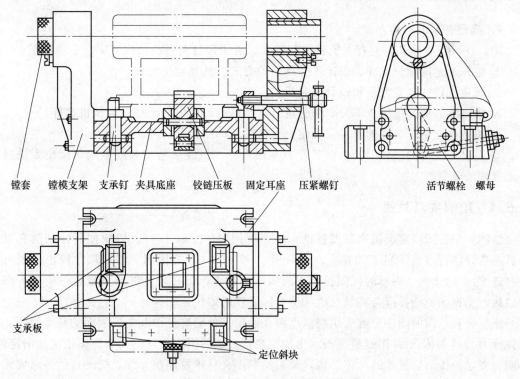

图 6-23 加工磨床尾座孔的镗模

做主要定位。转动压紧螺钉，便可将工件推向支承钉，并保证两者接触，以实现工件的轴向定位。工件的夹紧则是依靠铰链压板压紧，压板通过活节螺栓和螺母来操纵。镗杆是由装在镗模支架上的镗套来导向的。镗模支架则用销钉和螺钉准确地固定在夹具体底座上。

6.6 专用夹具设计方法

夹具设计一般是在零件的机械加工工艺过程制订之后，按照某一工序的具体要求进行的制订工艺过程，应充分考虑夹具实现的可能性。设计夹具时，如确有必要也可以对工艺过程提出修改意见。夹具的设计质量的高低，应以保证工件的加工质量，生产率高，成本低，排屑方便，操作安全、省力和制造、维护容易等为其衡量指标。

夹具设计是工艺装备设计中的一个重要组成部分，是保证产品质量和提高劳动生产率的一项重要技术措施。为了获得最佳的设计方案，设计人员必须遵循下述方法和步骤进行。

1) 研究、分析原始资料，明确设计任务。
2) 仔细研究零件图和技术条件。
3) 了解零件的工艺规程和本工序的具体要求。
4) 了解所使用机床的规格、性能、精度以及与夹具连接部分结构的联系尺寸。
5) 了解所使用刀具、量具的规格。
6) 了解零件的生产纲领、投产批量以及生产组织等有关问题。
7) 了解夹具制造车间的生产条件和技术现状。
8) 准备好设计夹具用的各种标准、工艺规定、典型夹具图册和有关夹具的设计指导资料等。
9) 确定夹具的结构方案。
10) 在广泛收集和研究有关资料的基础上，着手拟订夹具的结构方案，主要包括：
① 根据工艺的定位原理，确定工件的定位方式，选择定位元件。
② 确定工件的夹紧方案和设计夹紧机构。
③ 确定夹具的其他组成部分，如分度装置、对刀块或引导元件、微调机构等。
④ 协调各元件、装置的布局，确定夹具体的总体结构和尺寸。
⑤ 在确定方案的过程中，会有各种方案供选择，但应从精度和成本的角度出发选择一个最合理最简单的方案。

6.6.1 绘制夹具总图

绘制夹具总图应遵循国家制图标准，绘图比例应尽量取 1∶1，以便使所绘制的夹具总图具有良好的直观性。当工件较大时，可用 1∶2 或 1∶5 的比例。图形尺寸较小时则可用 2∶1或 5∶1 的比例。图形的视图投影、剖面应尽量少，但必须能够清楚地表达夹具各部分的结构。主视图的选择应与夹具在机床上实际工作时的位置相符。

绘制夹具总图的顺序是首先用细双点画线绘出工件轮廓外形和主要表面的几个视图，把工件视为"透明体"，并用网纹线表示出加工余量。然后围绕工件的几个视图依次绘出定位、导向、夹紧、传动装置等的具体结构。最后绘制出夹具体及连接元件，把夹具的各组成元件和装置连成一体。

夹具总图上，还应画出零件明细栏和标题栏，写明夹具名称及零件明细栏上所规定的内容。

确定并标注有关尺寸及技术要求。

（1）夹具总图上标注的五类尺寸

1）夹具的轮廓尺寸。即夹具的长、宽、高尺寸。若夹具上有可动部分，应包括可动部分极限位置所占的空间尺寸。

2）工件与定位元件的联系尺寸。常指工件以孔在心轴或定位销上（或工件以外圆在内孔中）定位时，工件定位表面与夹具上定位元件间的配合尺寸。

3）夹具与刀具的联系尺寸。用来确定夹具上对刀、导引元件位置的尺寸。对于铣床、刨床夹具，是指对刀元件与定位元件的位置尺寸；对于钻床、镗床夹具，则是指钻套、镗套与定位元件间的位置尺寸，钻套、镗套之间的位置尺寸，以及钻套、镗套与刀具导向部分的配合尺寸等。

4）夹具内部的配合尺寸。它们与工件、机床、刀具无关，主要是为了保证夹具安装置能满足规定的使用要求。

5）夹具与机床的联系尺寸。用于确定夹具在机床上正确位置的尺寸。对于车床、磨床夹具，主要是指夹具与主轴端的配合尺寸，对于铣床、刨床夹具，则是指夹具上的定向键与机床工作台上的T形槽的配合尺寸。标注尺寸时，常以夹具上的定位元件作为相互位置尺寸的基准。

上述尺寸公差的确定可分为两种情况处理：一是夹具上定位元件之间，对刀、导引元件之间的尺寸公差，直接对工件上相应的加工尺寸发生影响。因此可根据工件的加工尺寸公差确定，一般可取工件加工尺寸公差的1/3~1/5。二是定位元件与夹具体的配合尺寸公差，夹紧装置各组成零件间的配合尺寸公差等，则应根据其功用和装配要求，按一般公差与配合原则决定。

（2）应标注的技术要求　在夹具总图上应标注的有关位置精度技术要求有以下几个方面：

1）定位元件之间或定位元件与夹具体底面间的位置要求。其作用是保证工件加工面与工件定位基准面间的位置精度。

2）定位元件与连接元件（或找正基面）间的位置要求。

3）对刀元件与连接元件（或找正基面）间的位置要求。

4）定位元件与导引元件的位置要求。

5）夹具在机床上安装时位置精度要求。

上述技术要求是保证工件相应的加工要求所必需的，其数值应取工件相应技术要求所规定数值的1/5~1/3。当工件没注明要求时，夹具上的那些主要元件间的位置公差，可以按经验取为（0.02/100）~（0.05/100），或在全长上不大于0.03~0.05mm。

6.6.2　绘制夹具零件图

夹具总图绘完后，只完成了设计任务的一部分，要把所设计的夹具加工出来，还应把总图中的各零部件绘成零件图（标准件除外），以便按着零件图去加工，然后组装成所设计的夹具。

零件图应严格遵照所规定的比例绘制。视图、投影应完整，尺寸要标注齐全，所标注的公差及技术条件应符合总图要求，加工精度及表面粗糙度应选择合理。

在夹具设计图样全部完毕后，设计工作并不就此结束，因为所设计的夹具还有待于实践和验证。经试用后，有时还要对原设计做必要的修改。因此，设计人员最好能参与夹具的制造、装配、鉴定和使用的全过程，通过实践发现问题，及时总结、修改和完善。

习　题

6-1　何谓机床夹具？夹具有哪些作用？
6-2　机床夹具由哪几个部分组成？各起什么作用？
6-3　简述钻模种类及各自特点。
6-4　铣床夹具的对刀装置共有几类？起什么作用？
6-5　简要说明典型的车床、铣床、钻床、镗床夹具的结构特点。
6-6　简述专用夹具设计步骤。
6-7　夹具总图上要求标注的尺寸和技术要求有哪些？

第7章

现代制造技术概述

7.1 数控加工技术

随着社会经济发展对制造业的要求不断提高,以及科学技术特别是计算机技术的高速发展,传统的制造业已发生了根本性的变革,以数控技术为主的现代制造技术占据了重要地位。数控技术集微电子、计算机、机械制造、信息处理、自动检测及自动控制等高新技术于一体,是制造业实现柔性化、自动化、集成化及智能化的重要基础。这个基础是否牢固,直接影响到一个国家的经济发展和综合国力,也关系到一个国家的战略地位。因此,世界各工业发达国家均采取重大措施来发展自己的数控技术及其产业。在我国,数控技术与装备的发展也得到了高度重视,近年来取得了相当大的进步,特别是在通用微机数控领域,基于个人计算机平台的国产数控系统(以华中数控为代表),已经走在了世界前列。

7.1.1 数控机床的概念及组成

1. 数控机床的基本概念

(1)数控 数控(Numerical Control,NC)是采用数字化信息对机床的运动及加工过程进行控制的方法。

(2)计算机数控 计算机数控(Computer Numerical Control,CNC)是指采用微处理器或专用微机的数字控制方法。

(3)数控机床 数控机床(Numerically Controlled Machine Tool)是指装备了计算机数控系统的机床。

(4)数控技术 数控技术(Numerical Control Technology)是指用数字化的信息对某一对象进行控制的技术,控制对象可以是位移、角度及速度等机械量,也可以是温度、压力、流量及颜色等物理量,这些量的大小不仅是可以测量的,而且可以经 A-D 或 D-A 转换,用数字信号来表示。数控技术是机械加工现代化的重要基础与关键技术。

(5)数控加工 数控加工(Numerical Control Manufacturing)是指采用数字信息对零件加工过程进行定义,并控制机床进行自动运行的一种自动化加工方法。数控加工技术是 20 世纪 40 年代后期为适应复杂外形零件加工而发展起来的一种自动化技术。1947 年,美国帕森斯公司为了精确地制作直升机机翼、桨叶和飞机框架,提出了用数字信息来控制机床自动加工外形复杂零件的设想。他们利用电子计算机对机翼加工路径进行了数据处理,并考虑到刀具直径对加工路径的影响,使得加工精度达到±0.0015in(0.0381mm),这在当时的水平来看是相当高的。1949年美国空军为了能在短时间内制造出经常变更设计的火箭零件,与帕森斯公司和麻省理工学院伺服机构研究所合作,于1952年研制成功世界上第一台数控机床——三坐标立式数控铣床,可控制铣刀进行连续空间曲面的加工,揭开了数控加工技术的序幕。

数控加工是一种高效率、高精度与高柔性特点的自动化加工方法,可有效解决复杂、精密、小批量多变零件的加工问题,充分适应现代化生产的需要。数控加工必须由控制机床来实现。

2. 数控机床的组成

数控机床由输入/输出装置、计算机数控装置(简称CNC装置)、伺服系统和机床本体等部分组成,其组成框图如图7-1所示。其中,输入/输出装置、CNC装置、伺服系统合起来就是计算机数控系统(即CNC系统)。

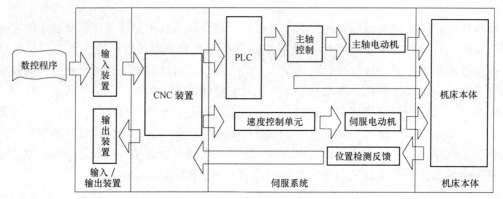

图7-1 数控机床的组成

(1)输入/输出装置 在数控机床上加工零件时,首先根据零件图样上的零件形状、尺寸和技术条件,确定加工工艺,然后编制出加工程序,通过输入装置将程序输送给机床数控系统,机床内存中的零件加工程序可以通过输出装置输出。输入/输出装置是机床与外部设备的接口,常用的输入装置有软盘驱动器、RS-232C串行通信接口、MDI方式等,具体见表7-1。

表7-1 输入装置

种类	代码	外部设备	特 点
加工程序单	G、M代码	手写或打印机	可见、可读、可保存信息用于输入,容易出错
磁带		磁带机或录音机	本身不可读,需防磁,信息传输较快
磁盘		磁盘驱动器	本身不可读,需防磁,信息传输较快
硬盘		相应计算机接口	本身不可读,需防振,信息传输较快
Flash(闪存)盘(U盘)		计算机USB接口	本身不可读,信息传输很快存储量大

(2)计算机数控装置 计算机数控(CNC)装置是数控机床的核心,它接受输入装置送来的数字信息,经过控制软件和逻辑电路进行译码、运算和逻辑处理后,将各种指令信息

输出给伺服系统，使设备按规定的动作执行。现在的 CNC 装置通常由一台通用或专用微型计算机构成。

1）硬件。硬件由中央处理器（CPU）、存储器、输入装置、输出装置、接口等组成。计算机分为专用计算机和工业用计算机，其各自特点见表 7-2。

表 7-2 CNC 装置硬件特点

项目	专用计算机	工业用计算机
价格	批量小时价格高	批量大，价格较低
可靠性	高	一般很高：偶尔有死机的可能性
软件升级	受一定限制	升级余地较大
技术发展	受限制	能吸收计算机新技术
通用性	差	共用平台上开发各种机床的控制软件
模块化	硬件可模块化	软件可模块比

2）软件主要控制功能。CNC 装置的软件实现人机界面的操作，其主要功能见表 7-3。

表 7-3 软件主要功能

控制类别	主要功能
程序管理	接受并存储加工程序、列程序清单、调出程序进行加工或进行修改、删除、更名等
参数管理	机床参数：参考点、机床原点、极限位置、刀架相关点、零件参数、零件原点 刀具参数：刀号、刀具半径、长度补偿 机床特征参数：图形显示
程序执行	译码、数据处理、插补运算、进给速度计算、位置控制
机床状态监控	接受并处理各传感器反馈信息
诊断	开机自诊断、配合离线诊断、遥测诊断
图形模拟	验证加工程序、实时跟踪模拟
补偿	热变形补偿、运动精度补偿等

（3）伺服系统　伺服系统是数控机床的执行部分，其作用是把来自 CNC 装置的脉冲信号转换成机床的运动，使机床移动部件精确定位或按规定的轨迹做严格的相对运动，最后加工出符合图样要求的零件。每一个脉冲信号使机床移动部件产生的位移量称作脉冲当量（也称最小设定单位），常用的脉冲当量为 $10\mu m$/脉冲。每个进给运动的执行部件都有相应的伺服系统，伺服系统的精度及动态响应决定了数控机床加工零件的表面质量和生产率。伺服系统一般包括驱动装置和执行机构两大部分，常用的执行机构有步进电动机、直流伺服电动机、交流伺服电动机等。

1）对进给伺服系统的要求

① 精度高。一般为 $10\mu m$，稍高为 $1\mu m$，最高为 $0.1\mu m$。

② 快速响应。一般为 200ms，短的几十毫秒。

③ 调速范围宽。在脉冲当量为 $1\mu m$/脉冲情况时，有的系统达到 $0\sim 240$m/min 连续可调。

④ 低速大转矩。

2)驱动电动机:驱动电动机包括步进电动机、直流伺服电动机、交流伺服电动机和直线电动机。

① 对伺服电动机的要求为:
- 在调速范围内传动平稳,转矩波动小。
- 过载能力强,数分钟内过载 4~6 倍不损坏。
- 快速响应,电极惯量小,具有大的堵转转矩,为使其在 0.1s 内从静止加速到 1500r/min,电动机必须有 $4000\text{rad}/\text{s}^2$ 的加速度。
- 能承受频繁的起动、制动和反转。

② 直流伺服电动机的调速系统:有晶闸管(Silicon Controlled Rectifier,SCR)调速系统和晶体管脉宽调制(Pulse Width Modulation,PWM)调速系统,其性能比较见表7-4。

表 7-4 SCR 调速系统和 PWM 调速系统性能比较

项	目	SCR(三相全波)调速系统	PWM 调速系统
速度环	调节误差	0.1%	0.01%~0.03%
	迟滞时间	3ms	≈0
	响应频率	10~30Hz	普通电动机≈100Hz 小惯量电动机≈500Hz
	电动机电压	50~250V	6~24V
位置环	位置回路增益	10~30s^{-1}	普通电动机≈100Hz 小惯量电动机≈500Hz

(4)检测元件(用于反馈信息)

1)要求:①高可靠性,高抗干扰性;②适应精度和速度的要求;③符合机床使用条件;④安装维护方便;⑤成本低。

2)种类及分类:常见的位置检测装置见表7-5。

表 7-5 常见的位置检测装置

类型	增 量 式	绝 对 式
回转型	脉冲编码器 旋转变压器 圆感应同步器 圆光栅 圆磁栅	多速旋转变压器 绝对脉冲编码器 三速圆感应同步器
直线型	直线感应同步器 计量光栅 磁尺激光干涉仪	三速感应同步器 绝对值式磁尺

(5)机床本体 机床本体是数控机床的机械结构实体,主要包括主运动部件、进给运动部件(如工作台、刀架)、支承部件(如床身、立柱等)。除此之外,数控机床还配备有冷却润滑系统、转位部件、对刀装置及测量装置等配套装置。与普通机床相比,数控机床在整体布局、外观造型、传动机构、工具系统及操作机构等方面都有很大的变化,目的是满足数控技术的要求和充分发挥数控机床的特点。归纳起来,包括以下几个方面的变化:

1)采用高性能主传动及主轴部件。具有传递功率大、刚度高、抗振性好及热变形小等优点。

2）进给传动采用高效传动件。具有传动链短、结构简单、传动精度高等特点，一般采用滚珠丝杠副、直线滚动导轨副等。

3）具有完善的刀具自动交换和管理系统。

4）在加工中心上一般具有工件自动交换、工件夹紧和放松机构。

5）机床本身具有很高的动、静刚度。

6）采用全封闭罩壳。由于数控机床是自动完成加工，为了操作安全，一般采用移动门结构的全封闭罩壳，对机床的加工部件进行全封闭。对于半闭环、闭环数控机床，还带有检测反馈装置，其作用是对机床的实际运动速度、方向、位移量以及加工状态加以检测，把检测结果转化为电信号反馈给CNC装置。检测反馈装置主要有感应同步器、光栅、编码器、磁栅及激光测距仪等。

3. 数控机床的分类

数控机床的分类方法很多，根据数控机床的功能、结构，可以大致从加工方式、运动控制方式、伺服控制方式和系统功能水平等几个方面进行分类，见表7-6。

表7-6 数控机床的分类

分类方式	机床类型		
按加工方式	金属切削类	金属成形类	数控特种加工类
按运动控制方式	点位控制	直线控制	轮廓控制
按伺服控制方式	开环控制	半闭环控制	闭环控制
按系统功能水平	经济型	中档型	高档型
按联动方式	二轴	三轴	多轴
按数控装置类别	硬件（NC）		软件（CNC）

本书主要介绍按加工方式的分类。

数控机床是在普通机床的基础上发展起来的，各种类型的数控机床基本上均起源于同类型的普通机床。按加工方式分类，数控机床大致有如下几种。

（1）金属切削类数控机床 金属切削类数控机床指采用车、铣、镗、铰、钻、磨及刨等各种切削工艺的数控机床，包括数控车床、数控铣床、数控镗床、数控钻床、数控磨床以及加工中心。金属切削类数控机床发展最早，目前种类繁多，功能差异也较大。这里需要特别强调的是加工中心，也称为可自动换刀的数控机床，这类数控机床都带有一个刀库和自动换刀系统，刀库可容纳16~100把刀具。

图7-2和图7-3所示分别为立式加工中心、卧式加工中心。立式加工中心装夹工件方便，便于找正，易于观察加工情况，调试程序简便，但受立柱高度的限制，不能加工过高的零件，常常用于加工高度方向尺寸相对较小的模具零件，一般情况下，除底部不能加工外，其余五个面都可以用不同的刀具进行轮廓和表面加工。卧式加工中心适宜加工有多个加工面的大型零件或高度尺寸较大的零件。

（2）金属成形类数控机床 金属成形类数控机床指采用挤、冲、压及拉等成形工艺的数控机床，包括数控折弯机、数控组合冲床、数控弯管机及数控压力机等。这类机床起步晚，但目前发展很快。

（3）数控特种加工机床 如数控线切割机床、数控电火花加工机床、数控火焰切割机床及数控激光切割机床等。

(4) 其他类型的数控机床 如数控三坐标测量机、数控对刀仪及数控绘图仪等。

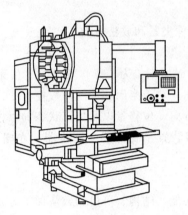
图 7-2 立式加工中心

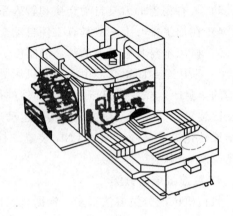
图 7-3 卧式加工中心

7.1.2 我国数控机床的现状与特点

1. 我国数控机床的现状

近年来，我国企业的数控机床占有率逐年上升，在大中型企业已有较多的应用，在中小型企业甚至个体企业中也普遍开始使用。在这些数控机床中，除少量机床以柔性制造系统（Flexible Manufacturing System，FMS）模式集成使用外，其他大都处于单机运行状态，并且相当一部分处于使用效率不高、管理方式落后的状态。

从 1958 年研制出第一台数控机床到现在，我国数控机床的发展大体可以分为三个阶段：1958—1979 年为第一阶段，这一阶段内受西方国家的封锁和国内环境的影响，我国数控机床的发展模式为封闭式摸索前进，数控机床的一些技术，如电、气、液等核心技术达不到可靠性要求，故障常出；1980—1995 年为第二阶段，我国提出了改革开放的政策，积极引进国外的先进数控技术，利用国外的先进产品配置和技术，使数控机床技术取得了长足的发展，与先进国家的差距逐渐缩小，但总体来说，这个阶段属于我国的仿制时期，自主研发的产品占少数；1996 年至今为第三阶段，我国实施产业化的战略，数控机床进入自主研发时期，数控机床的产值比重也逐渐增大，数控机床无论在数量上还是在质量上都取得了较大的进步，某些核心的关键技术已经接近于世界水平。例如，2010 年，世界 28 个主要机床生产国家和地区产值达 663 亿美元，较 2009 年增长了 21%，其中中国机床占全球机床产值的 31%。2005 年之前由于国产数控机床不能满足市场的需求，我国机床的进口额呈逐年上升态势，2004 年进口机床跃升至世界第 2 位，达 24.06 亿美元，比上年增长 27.3%，2005 年我国数控机床产量约 60000 台，总消费量约在 80000 台。

目前，我国出口额增幅较大的数控机床有数控车床、数控磨床、数控特种加工机床、数控剪板机、数控成形折弯机及数控压铸机等，普通机床有钻床、锯床、插床、拉床、组合机床、液压压力机及木工机床等。出口的数控机床品种以中低档为主。

2. 我国数控机床的特点

1) 新产品开发有了很大的突破，技术含量高的产品占据主导地位，已经出现一大批代表数控机床技术最高水平的产品,如高速精密加工中心、五轴联动加工中心及镗铣床、五轴高速龙门加工中心及镗铣床、九轴五联动车铣复合加工中心、干式切削数控滚齿机、六轴五联动弧齿锥齿轮磨床、大重型数控机床、慢走丝线切割机、数控板材冲压生产线及冲剪复合柔性生产线等。

例如,全长33km的上海磁悬浮快速列车线,其中组成列车线的2550根轨道梁是整个工程的最关键部分,对加工轨道梁的精度提出了相当高的要求。2002年年初,沈阳机床股份有限公司中捷友谊厂以工期6个月、标底6200万元在磁悬浮轨道专用数控机床项目公开招标中折桂,并于8月底将一次性验收合格的8台数控镗铣床组成的轨道梁生产线一次试车成功,确保了轨道梁的加工精度和速度,为实现当年年底试车打下了良好的基础。

2)数控机床产量大幅度增长,数控化率显著提高。2005年国内数控金属切削机床产量已达6.0万台,同比增长17.7%。金属切削机床行业产值数控化率从2003年的17.4%提高到2005年的35.2%。

3)数控机床发展的关键配套产品有了突破。近年来通过政府的支持,数控机床"套餐"开始摆上"餐桌"。例如北京航天数控系统有限公司建立了具有自主知识产权的新一代开放式数控系统平台;湖南普来得机械技术有限公司基于中外合作技术生产的适用于数控机床特别是数控磨床的HOB系列流体悬浮支承(液体动静压混合轴承及主轴系统)产品等30多个系列100多个品种的数控"套餐",引起了人们的广泛关注。

7.1.3 数控加工的工序设计

数控加工工序设计的主要任务是确定本工序的具体加工内容、加工路线,确定加工余量和切削用量、定位夹紧方式及刀具运动轨迹,选择刀具、夹具、量具等工艺装备,为编制加工程序做好充分准备。

1. 加工路线的确定

加工路线是刀具在整个加工工序中相对于零件的运动轨迹,它不但包括了工步的内容,也反映出工步的顺序。加工路线是编写程序的依据之一。因此,在确定加工路线时最好画一张工序简图,将已经拟订出的加工路线画上去(包括进、退刀路线),这样可为编程带来不少方便。

工步顺序是指同一道工序中,各个表面加工的先后次序。它对零件的加工质量、加工效率和数控加工中的走刀路线有直接影响,应根据零件的结构特点和工序的加工要求等合理安排。工步的划分与安排,一般可随走刀路线来进行。在确定走刀路线时,主要遵循以下原则:

1)应能保证零件的加工精度和表面粗糙度要求。如图7-4所示,当铣削平面零件外轮廓时,一般采用立铣刀侧刃切削。刀具切入零件时,应避免沿零件外廓的法向切入,而应沿外廓曲线延长线的切向切入,以免在切入处产生刀具的刻痕而影响表面质量,保证零件外廓曲线平滑过渡。同理,在切离零件时,也应避免在零件的轮廓处直接退刀,而应该沿零件轮廓延长线的切向逐渐切离工件。

铣削封闭的内轮廓表面时,若内轮廓曲线允许外延,则应沿切线方向切入、切出。若内轮廓曲线不允许外延,如图7-5所示,刀具只能沿内轮廓曲线的法向切入切出,此时刀具的切入、切出点应尽量选在内轮廓曲线两几何元素的交点处。当内部几何元素相切无交点时,为防止刀具在轮廓拐角处留下凹口(见图7-6a),刀具切入切出点应远离拐角(见图7-6b)。

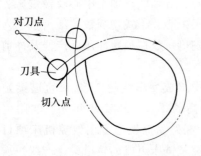
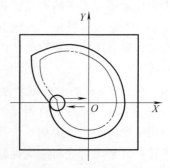

图 7-4 外轮廓加工中刀具的切入和切出过渡　　图 7-5 内轮廓加工中刀具的切入和切出过渡

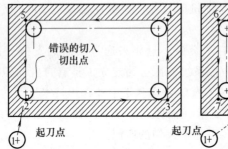
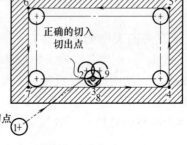

图 7-6　无交点内轮廓加工中刀具的切入和切出

如图 7-7 所示，用圆弧插补方式铣削外整圆时，当整圆加工完毕，不要在切点处直接退刀，而应让刀具沿切线方向多运动一段距离，以免取消刀补时，刀具与零件表面相碰，造成零件报废。铣削内圆弧时也要遵循从切向切入的原则，最好安排从圆弧过渡到圆弧的加工路线，如图 7-8 所示，这样可以提高内孔表面的加工精度和加工质量。

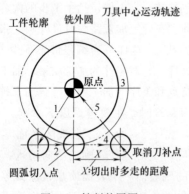
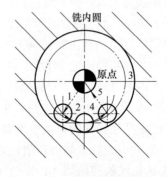

图 7-7　铣削外圆图　　　　　　　　　　图 7-8　铣削内圆

对于孔位置精度要求较高的零件，在精镗孔系时，镗孔路线一定要注意各孔的定位方向一致，即采用单向趋近定位点的方法，以避免传动系统反向间隙误差或测量系统的误差对定位精度的影响。例如，采用图 7-9a 所示的孔系加工路线，在加工孔 Ⅳ 时，X 方向的反向间隙将会影响 Ⅲ、Ⅳ 两孔的孔距精度；如果改用图 7-9b 所示的加工路线，可使各孔的定位方向一致，从而提高孔距精度。

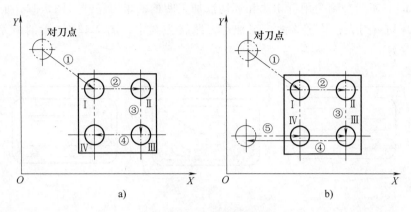

图 7-9 孔系加工路线比较

在数控车床上车螺纹时,沿螺距方向的 Z 向进给应和车床主轴的旋转保持严格的速比关系,因此应避免在进给机构加速或减速的过程中切削,为此要有引入距离 δ_1 和超越距离 δ_2。如图 7-10 所示,δ_1 和 δ_2 的数值与车床拖动系统的动态特性、螺纹的螺距和精度有关。

一般 δ_1 为 2～5mm,对大螺距和高精度的螺纹取大值;δ_2 一般取 δ_1 的 1/4 左右。若螺纹收尾处没有退刀槽时,收尾处的形状与数控系统有关,一般按 45° 退刀收尾。

铣削曲面时,常用球头铣刀采用行切法进行加工。所谓行切法,是指刀具与零件轮廓的切点轨迹是一行一行的,而行间的距离是按零件加工精度的要求确定的。对于边界敞开的曲面加工,可采用两种走刀路线。采用图 7-11a 所示的走刀路线时,每次沿直线加工,刀位点计算简单,程序少,加工过程符合直纹面的形成,可以准确地保证母线的直线度;当采用图 7-11b 所示的走刀路线时,符合这类零件数据给出情况,便于加工后检验,叶片形状的准确度较高,但程序较多。由于曲面零件的边界是敞开的,没有其他表面限制,所以边界曲面可以延伸,球头铣刀应由边界外开始加工。

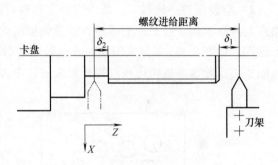

图 7-10 切削螺纹时引入/超越距离

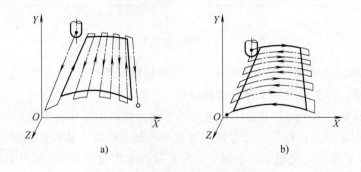

图 7-11 曲面加工的走刀路线

图 7-12a、b 所示分别为用行切法和环切法加工凹槽的走刀路线；图 7-12c 所示为先用行切法，最后环切一刀光整轮廓表面。三种走刀路线方案中，图 7-12a 所示的最差，图 7-12c 所示的方案最好。

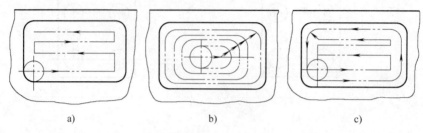

图 7-12　凹槽加工走刀路线

此外，轮廓加工中应避免进给停顿。因为加工过程中的切削力会使工艺系统产生弹性变形并处于相对平衡状态，进给停顿时，切削力突然减小，会改变系统的平衡状态，刀具会在进给停顿处的零件轮廓上留下刻痕。

为提高零件表面的精度和减小表面粗糙度值，可以采用多次走刀的方法。精加工余量一般以 0.2~0.5mm 为宜。而且精铣时宜采用顺铣，以减小零件表面粗糙度值。

2）应使走刀路线最短，减少刀具空行程时间，提高加工效率。图 7-13 所示为最短加工路线的选择示例。按照一般习惯，总是先加工均布于同一圆周上的八个孔，再加工另一圆周上的孔，如图 7-13a 所示。但是对点位控制的数控机床而言，要求定位精度高，定位过程尽可能快，因此这类机床应按空程最短来安排走刀路线，如图 7-13b 所示，以节省加工时间。

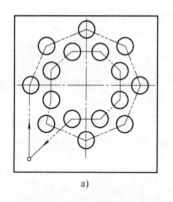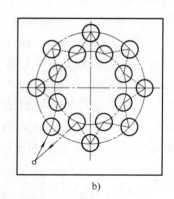

图 7-13　最短加工路线的选择示例

3）应使数值计算简单，程序段数量少，以减少编程工作量。

2. 工序划分、加工余量和工序尺寸的确定

（1）工序划分　工序的划分通常采用两种不同原则，即工序集中原则和工序分散原则。

1）工序集中原则。指每道工序包括尽可能多的加工内容，从而使工序的总数减少。

采用工序集中原则的优点是：有利于采用高效的专用设备和数控机床，提高生产率；减少工序数目，缩短工艺路线，简化生产计划和生产组织工作；减少机床数量、操作工人数和占地面积；减少工件装夹次数，不仅保证了各加工表面间的相互位置精度，而且减少了夹具数量和装夹工件的辅助时间。但专用设备和工艺装备投资大，调整维修比较麻烦，生产准备周期较长，不利于转产。

2）工序分散原则。指将工件的加工分散在较多的工序内进行，每道工序的加工内容很少。

采用工序分散原则的优点是：加工设备和工艺装备结构简单，调整和维修方便，操作简单，转产容易；有利于选择合理的切削用量，减少机动时间。但工艺路线较长，所需设备及工人人数多，占地面积大。

在数控机床上特别是在加工中心上加工零件，工序十分复杂，许多零件只需在一次装夹中就能完成全部工序，即更多的数控工艺路线的安排趋向于工序集中。在实际生产加工时，一方面零件的粗加工，特别是铸、锻毛坯零件的基准面、定位面等部位的加工，应在普通机床上加工完成后，再装夹到数控机床上进行加工。这样可以发挥数控机床的特点，保持数控机床的精度，延长数控机床的使用寿命，降低数控机床的使用成本。经过粗加工或半精加工的零件装夹到数控机床上之后，数控机床按照规定的工序一步一步地进行半精加工和精加工。另一方面，考虑到生产纲领、所用设备及零件本身的结构和技术要求等，单件小批生产时，通常采用工序集中原则。成批生产时，可按工序集中原则划分，也可按工序分散原则划分，应视具体情况而定；对于结构尺寸和重量都很大的重型零件，应采用工序集中原则，以减少装夹次数和运输量。对于刚性差、精度高的零件，应按工序分散原则划分。

在数控机床上加工零件的工序划分方法有以下几种：

① 刀具集中分序法。该法是按所用刀具划分工序，用同一把刀完成零件上所有可以完成的部位，再用第二把刀、第三把刀完成它们可以完成的部位。这样可以减少换刀次数，压缩空行程时间，减少不必要的定位误差。

② 粗、精加工分序法。对单个零件要先粗加工、半精加工，而后精加工。对于一批零件，先全部进行粗加工、半精加工，最后再进行精加工。粗、精加工之间最好隔一段时间，以使粗加工后零件的变形得到充分的恢复，再进行精加工，以提高零件的加工精度。

③ 按加工部位分序法。一般先加工平面、定位面，后加工孔；先加工简单的几何形状，再加工复杂的几何形状；先加工精度要求较低的部位，再加工精度要求较高的部位。

总之，在数控机床上加工零件，加工工序的划分要根据加工零件的具体情况具体分析。许多工序的安排是按上述分序法综合安排的。

（2）加工余量和工序尺寸的确定　在选择好毛坯、拟订出机械加工工艺路线之后，就可以确定加工余量并计算各工序的工序尺寸。余量大小与加工成本、质量有密切关系。余量过小，会使前一道工序的缺陷得不到修正，造成废品，从而影响加工质量和成本。余量过大，不仅浪费材料，而且增加切削工时，增大刀具的磨损与机床的负荷，从而使加工成本增加。

工序尺寸的确定可以通过尺寸链计算得出。加工余量和工序尺寸的确定可以参考第3章的有关知识或者查阅有关资料。

3. 数控加工刀具的选择

数控机床具有高速、高效的特点。一般数控机床的主轴转速要比普通机床主轴转速高1~2倍。因此，数控机床上用的刀具比普通机床上用的刀具要求严格得多。刀具的强度和寿命是人们十分关注的问题，近几年来，一些新刀具相继出现，使机械加工工艺得到了不断更新和改善。选用刀具时应注意以下几点：

1）在数控机床上铣削平面时，应采用镶装不重磨可转位硬质合金刀片的铣刀。一般采用两次走刀，一次粗铣，一次精铣。当连续切削时，粗铣刀直径要小一些，精铣刀直径要大一些，最好能包容待加工面的整个宽度。加工余量大，且加工面又不均匀时，刀具直径要选得小些，否则粗加工时会因接刀刀痕过深而影响加工质量。

2）高速工具钢立铣刀多用于加工凸台和凹槽，最好不要用于加工毛坯面，因为毛坯面有硬化层和夹砂现象，刀具很快被磨损。

3）加工余量较小，并且要求表面粗糙度值较低时，应采用镶立方氮化硼刀片的面铣刀或镶陶瓷刀片的面铣刀。

4）镶硬质合金的立铣刀可用于加工凹槽、窗口面、凸台面和毛坯表面。

5）镶硬质合金的玉米铣刀可以进行强力切削，铣削毛坯表面和用于孔的粗加工。

6）精度要求较高的凹槽加工时，可以采用直径比槽宽小一些的立铣刀，先铣槽的中间部分，然后利用刀具半径补偿功能铣削槽的两边，直到达到精度要求为止。

7）在数控铣床上钻孔，一般不采用钻模，加工钻孔深度为直径的5倍左右的深孔时容易折坏钻头。钻孔时应注意冷却和排屑。钻孔前最好先用中心钻钻一个中心孔或用一个刚性好的短钻头锪窝引正。锪窝除了可以解决毛坯表面钻孔引正问题外，还可以代替孔口倒角。

4. 切削用量的确定

确定数控机床的切削用量时一定要根据机床说明书中规定的要求，以及刀具寿命去选择，当然也可以结合实际经验采用类比法去确定。确定切削用量时应注意以下几点：

1）要充分保证刀具能加工完一个工件或保证刀具寿命不低于一个工作班，最少也不低于半个班的工作时间。

2）切削深度主要受机床刚度的限制，在机床刚度允许的情况下，尽可能使切削深度等于工件的加工余量，这样可以减少走刀次数，提高加工效率。

3）对于表面粗糙度和精度要求高的零件，要留有足够的精加工余量。数控机床的精加工余量可比普通机床小一些。

4）主轴的转速 n 要根据切削速度 v_c 来选择，即

$$v_c = \pi n D / 1000$$

式中　　D——工件或刀具直径（mm）；

　　　　v_c——切削速度（m/min），由刀具寿命决定；

　　　　n——主轴转速（r/min）。

5）进给速度 v_f 或进给量 f 是数控机床切削用量中的重要参数，可根据工件的加工精度和表面粗糙度要求，以及刀具和工件材料的性质选取。一般进给速度单位为 mm/min，进给量单位为 r/min。

5. 工件装夹方式与夹具的选择

数控机床上应尽量采用组合夹具，必要时可以设计专用夹具。无论是采用组合夹具还是设计专用夹具，一定要考虑数控机床的特点。在数控机床上加工工件，由于工序集中，往往是在一次装夹中就要完成全部工序，因此对夹紧工件时的变形要给予足够的重视。此外，还应注意协调工件和机床坐标系的关系。设计专用夹具时，应注意以下几点：

（1）选择合适的定位方式　夹具在机床上安装位置的定位基准应与设计基准一致，即

所谓基准重合原则。所选择的定位方式应具有较高的定位精度，没有过定位干涉现象且便于工件的安装。为了便于夹具或工件的安装找正，最好从工作台某两个面定位。对于箱体类工件，最好采用一面两孔定位。若工件本身无合适的定位孔和定位面，可以设置工艺基准面和工艺基准孔。

（2）确定合适的夹紧方法　考虑夹紧方案时，要注意夹紧力的作用点和方向。夹紧力作用点应靠近主要支承点或在支承点所组成的三角形内，应力求靠近切削部位及刚性较好的地方。

（3）夹具结构要有足够的刚度和强度　夹具的作用是保证工件的加工精度，因此要求夹具必须具备足够的刚度和强度，以减小其变形对加工精度的影响。特别对于切削用量较大的工序，夹具的刚度和强度更为重要。

7.1.4 数控系统

1. 数控系统的工作过程

（1）输入　输入数控系统的有零件加工程序、控制参数和补偿数据等。

（2）译码　输入的程序段含有以下信息：零件的轮廓信息（零件几何元素的起点、终点，圆弧的圆心或半径，直线或圆弧等）；要求的切削用量、使用的刀具、工具等；主轴的转速大小及转速控制等信息；其他一些辅助信息，如切削液的开关、主轴正反转等。

（3）数据处理　数据处理程序一般包括刀具半径补偿、速度计算和辅助功能的处理。

（4）插补　所谓插补就是根据给定的曲线类型（如直线、圆弧或高次曲线）、起点、终点以及速度，在起点和终点之间进行数据点的密化，增加若干点的数据。计算机数控系统的插补功能主要由软件实现，目前主要有两种插补方法：一是脉冲增量插补，它的特点是每次插补运算结束产生一个进给脉冲增量插补；二是数字增量插补，它的特点是插补运算在每个插补周期内进行一次，根据指令进给速度计算出一个微小的直线数据段。

（5）伺服控制　计算机送出的信号是非常微弱的，不能直接驱动数控机床的电动机运转。因此必须将计算机送出的位置进给脉冲或进给速度指令，经变换和放大后驱动伺服电动机（步进电动机或交直流伺服电动机），从而带动机床工作台移动。

（6）管理程序　当一个数据段开始插补时，管理程序即着手准备下一个数据段的读入、译码、数据处理。即由它调用各个功能子程序，且保证一个数据段加工过程中将下一个程序段准备就绪。一旦本数据段加工完成，即开始下一个数据段的插补加工。整个零件加工就是在这种周而复始的过程中完成的。

2. 常用的数控系统

目前国内外市场上常见的数控系统有华中数控世纪星、广州数控990系列、日本FANUC 0i系列、德国SINUMERIK 802D、法国NUM 1060等。

7.2 精密加工和超精密加工

7.2.1 概述

精密加工是指在精加工之后从零件上切除很薄的材料层，以提高零件精度和减小表面粗糙度值为目的的加工方法。精密加工和超精密加工代表了加工精度发展的不同阶段。精密加工是指在一定的发展时期，加工精度和表面质量达到较高程度的加工工艺。超精密加工是指加工精度和表面质量达到极高程度的精密加工工艺。超精密加工不仅涉及精度指标，还必须考虑到工件的形状特点和材料等因素。

当前，精密加工是指加工精度为 $0.1\sim1\mu m$、表面超糙度值为 $Ra0.01\sim0.1\mu m$ 的加工技术；超精密加工是指加工精度高于 $0.1\mu m$，表面粗糙度值小于 $Ra0.025\mu m$ 的加工技术，又称亚微米级加工。目前超精密加工已进入纳米级，并称为纳米加工及相应的纳米技术。

7.2.2 精密加工

1. 研磨

研磨是用研磨工具和研磨剂，从零件上研去一层极薄表面层的精加工方法。研磨外圆尺寸公差等级可达 IT5～IT6 以上，表面粗糙度值可达 $Ra0.08\sim0.1\mu m$。研磨设备结构简单，制造方便，故研磨在高精度零件和精密配合的偶件加工中，是一种有效的方法。

(1) 加工原理　研磨是在研具与零件之间置以研磨剂，研具在一定压力作用下与零件表面之间做复杂的相对运动，通过研磨剂的机械及化学作用，从零件表面上切除很薄的一层材料，从而达到很高的精度和很小的表面粗糙度值的一种加工方法。

研具的材料应比零件材料软，以便部分磨粒在研磨过程中能嵌入研具表面，起滑动切削作用。大部分磨粒悬浮于研具与零件之间，起滚动切削作用。研具可以用铸铁、软钢、黄铜、塑料或硬木制造，但最常用的是铸铁研具。它适于加工各种材料，并能较好地保证研磨质量和生产率，成本也比较低。

研磨剂由磨料、研磨液和辅助填料等混合而成，有液态、膏状和固态三种，以适应不同加工的需要。磨料主要起机械切削作用，是由游离分散的磨粒做自由滑动、滚动和冲击来完成的。常用的磨料有刚玉、碳化硅等，其粒度在粗研时为 F230～F400，精研时为 F400 以下。研磨液主要起冷却和润滑作用，并能使磨粒均匀地分布在研具表面。常用的研磨液有煤油、汽油、全损耗系统用油（俗称机油）等。辅助填料可以使金属表面产生极薄的、较软的化合物膜，以便零件表面凸峰容易被磨粒切除，提高研磨效率和表面质量。最常用的辅助填料是硬脂酸、油酸等化学活性物质。

(2) 研磨的分类　研磨分手工研磨和机械研磨两种。

1) 手工研磨是人手持研具或零件进行研磨的方法。图 7-14 所示为手工研磨外圆，所用研具为研磨环。研磨时，将弹性研磨环套在零件上，并在研磨环与零件之间涂上研磨剂，调整螺钉使研磨环对零件表面产生一定的压力。零件装夹在前、后顶尖上，做低速（20～30m/min）回转，同时手握研磨环做轴向往复运动，并经常检测零件，直至合格为止。手工研磨生产率低，只适用于单件小批生产。

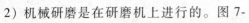

图 7-14　手工研磨外圆

2) 机械研磨是在研磨机上进行的。图 7-15 所示为研磨零件外圆用研磨机的工作示意图。研具由上下两块铸铁研磨盘组成，二者可同向或反向旋转。下研磨盘与机床转轴刚性连接，上研磨盘与悬臂轴活动铰接，可按照下研磨盘自动调位，以保证压力均匀。在上、下研磨盘之间有一个与偏心轴相连的分隔盘，其上开有安装零件的长槽，槽与分隔盘径向倾斜角为 γ。当研磨盘转动时，分隔盘由偏心轴带动做偏心旋转，零件三既可以在槽内自由转动，又可因分隔盘的偏心而做轴向滑动，因而其表面形成网状轨迹，从而保证从零件表面切除均匀的加工余量。悬臂轴可向两边摆动，以便装夹零件。机械研磨生产率高，适合大批大量生产。

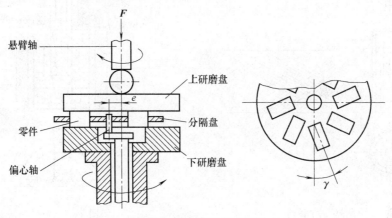

图 7-15　研磨机工作示意图

（3）研磨的特点及应用　研磨具有如下特点：

1）加工简单，不需要复杂设备。研磨除可在专门的研磨机上进行外，还可以在简单改装的车床、钻床等上面进行，设备和研具都较简单，成本低。

2）研磨质量高。研磨过程中金属塑性变形小，切削力小，切削热少，表面变形层薄，切削运动复杂，因此可以达到高的尺寸精度、形状精度和小的表面粗糙度值，但不能纠正零件各表面间的位置误差。若研具精度足够高，经精细研磨，加工后表面的尺寸误差和形状误差可以小到 $0.1 \sim 0.3 \mu m$，表面粗糙度值可达 $Ra0.025 \mu m$ 以下。

3）生产率较低。研磨对零件进行的是微量切削，前道工序为研磨留的余量一般不超过 $0.01 \sim 0.03 mm$。

4）研磨零件的材料广泛。可研磨加工钢、铸铁、铜、铝等有色金属件和高硬度的淬火钢件、硬质合金及半导体元件、陶瓷元件等。

5）研磨应用很广。常见的表面如平面、圆柱面、圆锥面、螺纹表面、齿轮齿面等，都可以用研磨进行精整加工。精密配合偶件，如柱塞泵的柱塞与泵体、阀芯与阀套等，往往要经过两个配合件的配研才能达到要求。

2. 珩磨

（1）加工原理　珩磨是利用带有磨条（由几条粒度很细的磨条组成）的珩磨头对孔进行精整加工的方法。图 7-16a 所示为珩磨加工示意图。珩磨时，珩磨头上的磨石以一定的压力压在被加工表面上，由机床主轴带动珩磨头旋转并沿轴向做往复运动（零件固定不动）。在相对运动的过程中，磨条从零件表面切除一层极薄的金属，加之磨条在零件表面上的切削轨迹是交叉而不重复的网纹，如图 7-16b 所示，故珩磨尺寸公差等级可达 IT5～IT7 以上，表面粗糙度值为 $Ra0.008 \sim 0.1 \mu m$。

图 7-17 所示为一种结构比较简单的珩磨头，磨条用黏结剂与磨条座固结在一起，并装在本体的槽中，磨条两端用弹簧圈箍住。旋转调节螺母，通过调节锥和顶块，可使磨条胀开

以便调整珩磨头的工作尺寸及磨条对孔壁的工作压力。为了能使加工顺利进行，本体必须通过浮动联轴器与机床主轴联接。

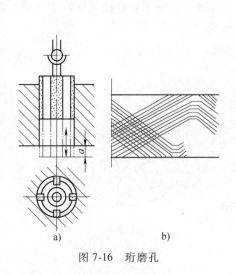

图 7-16　珩磨孔　　　　图 7-17　珩磨头

为了及时地排出切屑和切削热，降低切削温度和减小表面粗糙度值，珩磨时要浇注充分的珩磨液。珩磨铸铁和钢件时通常用煤油加少量机油或锭子油（10%~20%）作为珩磨液；珩磨青铜等脆性材料时，可以用水剂珩磨液。

磨条材料依零件材料选取。加工钢件时，磨条一般选用氧化铝；加工铸铁、不锈钢和有色金属时，磨条材料一般选用碳化硅。

在大批量生产中，珩磨在专门的珩磨机上进行。机床的工作循环常常是自动化的，主轴旋转是机械传动，而其轴向往复运动是液压传动。珩磨头磨条与孔壁之间的工作压力由机床液压装置调节。在单件小批生产中，常将立式钻床或卧式车床进行适当改装，来完成珩磨加工。

（2）珩磨的特点及应用　珩磨具有如下特点：

1）生产率较高。珩磨时多个磨条同时工作，又是面接触，同时参加切削的磨粒较多，并且经常连续变化切削方向，能较长时间保持磨粒刃口锋利。珩磨余量比研磨大，一般珩磨铸铁时余量为 0.02~0.15mm，珩磨钢件时余量为 0.005~0.08mm。

2）精度高。珩磨可提高孔的表面质量、尺寸和形状精度，但不能纠正孔的位置误差。这是由于珩磨头与机床主轴是浮动联接所致。因此，在珩磨孔的前道精加工工序中，必须保证其位置精度。

珩磨主要用于孔的精整加工，加工范围很广，可加工直径为 $\phi 5 \sim \phi 500$mm 或更大的孔，并且可加工深孔。珩磨还可以加工外圆、平面、球面和齿面等。

珩磨不仅在大批大量生产中应用极为普遍，而且在单件小批生产中应用也较广泛。对于某些零件的孔，珩磨已成为典型的精整加工方法，如飞机、汽车等的发动机的气缸、缸套、连杆以及液压缸、枪筒、炮筒等。

3）珩磨表面耐磨损。由于已加工表面有交叉网纹，利于油膜形成，润滑性能好，磨损慢。

4) 珩磨头结构较复杂。

3. 超级光磨

（1）加工原理　超级光磨是用细磨粒的磨具（磨石）对零件施加很小的压力进行光整加工的方法。图 7-18 所示为超级光磨加工外圆。加工时，零件旋转（一般零件圆周线速度为 6~30m/min），磨具以恒力轻压于零件表面，做轴向进给的同时做轴向微小振动（一般振幅为 1~6mm，频率为 5~50Hz），从而对零件微观不平的表面进行光磨。

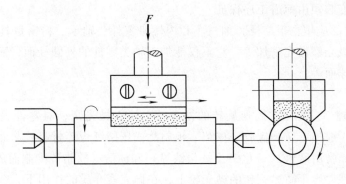

图 7-18　超级光磨加工外圆

加工过程中，在磨石和零件之间注入光磨液（一般为煤油加锭子油），一方面为了冷却、润滑及清除切屑等，另一方面为了形成油膜，以便自动终止切削作用。当磨石最初与比较粗糙的零件表面接触时，虽然压力不大，但由于实际接触面积小，压强较大，磨石与零件表面之间不能形成完整的油膜，如图 7-19a 所示，加之切削方向经常变化，磨石的自锐作用较好，切削作用较强。随着零件表面被逐渐磨平，以及细微切屑等嵌入磨石空隙，使磨石表面逐渐平滑，磨石与零件接触面积逐渐增大，压强逐渐减小，磨石和零件表面之间逐渐形成完整的润滑油膜，如图 7-19b 所示，切削作用逐渐减弱，经过光整抛光阶段，最后便自动停止切削作用。

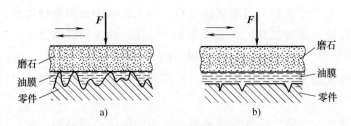

图 7-19　超级光磨加工过程

当平滑的磨石表面再一次与待加工的零件表面接触时，较粗糙的零件表面将破坏磨石表面平滑而完整的油膜，使磨削过程重新进行。

（2）超级光磨的特点及应用　超级光磨具有如下特点：

1）设备简单，操作方便。超级光磨可以在专门的机床上进行，也可以在适当改装的通用机床（如卧式车床等）上进行，利用不太复杂的超精加工磨头进行。一般情况下，超级光磨设备的自动化程度较高，操作简便，对工人的技术水平要求不高。

2）加工余量极小。由于磨石与零件之间无刚性的运动联系，磨石切除金属的能力较弱，只可留有 3~10μm 的加工余量。

3）生产率较高。因为超级光磨只是切去零件表面的微观凸峰，加工过程所需时间很短，一般约为 30~60s。

4）表面质量好。由于磨石运动轨迹复杂，加工过程是由切削作用过渡到光整抛光，加工后表面粗糙度值很小（小于 $Ra0.012\mu m$），并具有复杂的交叉网纹，利于储存润滑油，加工后表面的耐磨性较好。但超级光磨不能提高零件的尺寸精度和几何精度，零件所要求的尺寸精度和几何精度必须由前道工序保证。

5）超级光磨的应用也很广泛，如汽车和内燃机零件、轴承、精密量具等小表面粗糙度值的表面常用超级光磨做光整加工。它不仅能加工轴类零件的外圆柱面，而且还能加工圆锥面、孔、平面和球面等。

4. 抛光

（1）加工原理　抛光是在高速旋转的抛光轮上涂以抛光膏，对零件表面进行光整加工的方法。抛光轮一般用毛毡、橡胶、皮革、棉制品或压制纸板等材料叠制而成，是具有一定弹性的软轮。抛光膏由磨料（氧化铬、氧化铁等）和油酸、软脂等配制而成。

抛光时，将零件压于高速旋转的抛光轮上，在抛光膏介质的作用下，金属表面产生的一层极薄的软膜，可以用比零件材料软的磨料切除，而不会在零件表面留下划痕。加之高速摩擦，使零件表面出现高温，表层材料被挤压而发生塑性流动，这样可填平表面原来的微观不平，获得很光亮的表面（呈镜面状）。

（2）抛光特点及应用　抛光具有如下特点：

1）方法简单、成本低。抛光一般不用复杂的、特殊的设备，加工方法较简单，成本低。

2）适宜曲面的加工。由于弹性的抛光轮压于零件曲面时，能随零件曲面而变化，即与曲面相吻合，容易实现曲面抛光，便于对模具型腔进行光整加工。

3）不能提高加工精度。由于抛光轮与零件之间没有刚性的运动联系，抛光轮又有弹性，因此不能保证从零件表面均匀地切除材料，而只能减小表面粗糙度值，不能提高加工精度。所以，抛光仅限于某些制品的表面装饰加工，或者作为产品电镀前的预加工。

4）劳动条件较差。抛光目前多为手工操作，工作强度大，飞溅的磨粒、介质、微屑污染环境，劳动条件较差。为改善劳动条件，可采用砂带磨床进行抛光，以代替用抛光轮的手工抛光。

综上所述，研磨、珩磨、超级光磨和抛光所起的作用是不同的，抛光仅能提高零件表面的光亮程度，而对零件表面粗糙度的改善并无益处。超级光磨仅能减小零件的表面粗糙度值，而不能提高其尺寸和几何精度。研磨和珩磨则不但可以减小零件的表面粗糙度值，也可以在一定程度上提高其尺寸和几何精度。

从应用范围来看，研磨、珩磨、超级光磨和抛光都可以用来加工各种各样的表面，但珩磨则主要用于孔的精整加工。

从所用工具和设备来看，抛光最简单，研磨和超级光磨稍复杂，而珩磨则较为复杂。实际生产中常根据零件的形状、尺寸和表面的要求，以及批量大小和生产条件等，选用合适的精整或光整加工方法。

7.2.3 超精密加工

1. 超精密加工的分类

由于科学技术的发展，一些仪器设备零件所要求的精度和表面质量大为提高。例如计算机的磁盘、导航仪的球面轴承、激光器的激励腔等，其精度要求很高，表面粗糙度值要求很低，用一般的精密加工难以达到要求。为了解决这类零件的加工问题，发展了超精密加工。

根据所用的工具不同，超精密加工可以分为超精密切削、超精密磨削和超精密研磨等。

(1) 超精密切削　超精密切削是指用单晶金刚石刀具进行的超精密加工。因为很多精密零件是用有色金属制成的，难以采用超精密磨削加工，所以只能运用超精密切削加工。例如，用金刚石刀具精密切削高密度硬磁盘的铝合金基片，表面粗糙度值可达 $Ra0.003\mu m$，平面度误差可达 $0.2\mu m$。

(2) 超精密磨削　超精密磨削是指用精细修整过的砂轮或砂带进行的超精密加工。它是利用大量等高的磨粒微刃，从零件表面切除一层极微薄的材料，来达到超精密加工的目的。它的生产率比一般超精密切削高，尤其是砂带磨削，生产率更高。

(3) 超精密研磨　超精密研磨一般是指在恒温的研磨液中进行研磨的方法。由于抑制了研具和零件的热变形，并防止了尘埃和大颗粒磨料混入研磨区，所以可以达到很高的精度（误差在 $0.1\mu m$ 以下）和很小的表面粗糙度值（在 $Ra0.025\mu m$ 以下）。

2. 超精密加工的基本条件

超精密加工的核心是切除微米级以下极微薄的材料。为了较好地解决这一问题，机床设备、刀具、零件、环境和检验等方面，应具备如下基本条件：

(1) 机床设备　超精密加工的机床应具有如下基本条件：

1) 可靠的微量进给装置。一般的精密机床，其机械的或液压的微量进给机构很难达到 $1\mu m$ 以下的微量进给要求。目前进行超精密加工的机床，常采用弹性变形、热变形或压电晶体变形等的微量进给装置。

2) 主轴的回转精度高。在进行极微量切削或磨削时，主轴回转精度的影响是很大的。例如进行超精密加工的车床，其主轴的径向和轴向圆跳动误差应小于 $0.12 \sim 0.15\mu m$。这样高的回转精度，目前常用液体或空气静压轴承来达到。

3) 低速运行特性好的工作台。超精密切削或超精密磨削修整砂轮时，工作台的运动速度都应在 $10 \sim 20mm/min$ 左右或更小。在这样低的速度下运行，很容易产生"爬行"（即不均匀的窜动），这是超精密加工决不允许的。目前防止爬行的主要措施是选用防爬行导轨油、采用聚四氟乙烯导轨面黏敷板和液体静压导轨等。

4) 较高的抗振性和热稳定性等。

(2) 刀具或磨具　无论是超精密切削还是超精密磨削，为了切下一层极薄的材料，切削刃必须非常锋利，并有足够的刀具寿命。目前，只有仔细研磨的金刚石刀具和精细修整的砂轮等，才能满足要求。

(3) 零件　由于超精密加工的精度和表面质量都要求很高，而加工余量又非常小，所以对零件的材质和表面层微观缺陷等要求都很高。尤其是表层缺陷（如空穴、杂质等），若大于加工余量，加工后就会暴露在表面上，使表面质量达不到要求。

（4）环境　应高度重视隔振、隔热、恒温以及防尘环境条件，以便保证超精密加工的顺利进行。

（5）检验　为了可靠地评定精度，测量误差应为精度要求的10%或更小。目前利用光波干涉的各种超精密测量方法，其测量误差的极限值是$0.01\mu m$，因此超精密加工的精度极限只能在$0.1\mu m$左右。

7.3　特种加工方法

特种加工是指利用诸如化学的、物理的（电、声、光、热、磁）、电化学的方法对材料进行的加工。与传统的机械加工方法相比，它具有一系列的特点，能解决大量普通机械加工方法难以解决甚至不能解决的问题，因而自其产生以来，得到迅速发展，并显示出极大的潜力和应用前景。

特种加工主要有如下优点：

1）加工范围不受材料物理、力学性能的限制，具有"以柔克刚"的特点。可以加工任何硬的、脆的、耐热或高熔点的金属或非金属材料。

2）特种加工可以很方便地完成常规切（磨）削加工很难甚至无法完成的各种复杂型面、窄缝、小孔加工，如汽轮机叶片曲面、各种模具的立体曲面型腔、喷丝头的小孔等加工。

3）用特种加工可以获得的零件的精度及表面质量有严格的、确定的规律性。充分利用这些规律性，可以有目的地解决一些工艺难题和满足零件表面质量方面的特殊要求。

4）许多特种加工方法对零件无宏观作用力，因而适合于加工薄壁件、弹性件。某些特种加工方法则可以精确地控制能量，适于进行高精度和微细加工。还有一些特种加工方法则可在可控制的气氛中工作，适于要求无污染的纯净材料的加工。

5）不同的特种加工方法各有所长，采用合理的特种加工复合工艺能扬长避短，形成有效的新加工技术，从而为新产品结构设计、材料选择、性能指标拟订提供更为广阔的可能性。

特种加工方法种类较多，这里仅简要介绍电火花加工、电解加工、超声波加工及激光加工。

7.3.1　电火花加工

1. 电火花加工的基本原理

电火花加工是利用工具电极和工件电极间脉冲放电时局部瞬时产生的高温，将金属腐蚀去除来进行零件加工的一种方法。图7-20所示为电火花成形加工装置原理图。脉冲发生器的两极分别接在工具电极与工件上，当两极在工作液中靠近时，极间电压击穿间隙而产生火花放电，在放电通道中瞬时产生大量的热，达到很高的温度（10000℃以上），使工件和工具表面局部材料熔化甚至汽化而被蚀除下来，形成一个微小的凹坑。多次放电的结果是零件表面形成许多非常小的凹坑。工具电极不断下降，其轮廓形状便复印到工件上，这样就完成了零件的加工。

2. 电火花成形加工机床及线切割加工机床的组成

电火花成形加工机床一般由脉冲电源、自动进给调节装置、机床本体及工作液循环过滤系统等部分组成。

脉冲电源的作用是把普通 50Hz 的交流电转换成频率较高的脉冲电源，加在工具电极与工件上，提供电火花加工所需的放电能量。图 7-20 所示的脉冲发生器是一种最基本的脉冲发生器，它由电阻 R 和电容器 C 构成。直流电源 E 通过电阻 R 向电容器 C 充电，电容器两端电压升高，当达到一定电压极限时，工具电极（阴极）与工件（阳极）之间的间隙被击穿，产生火花放电。火花放电时，电容器将所储存的能量瞬时放出，电极间的电压骤然下降，工作液便恢复绝缘，电源即重新向电容器充电，如此不断循环，形成每秒数千次到数万次的脉冲放电。

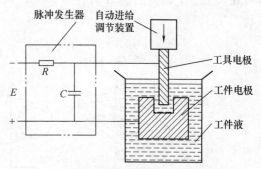

图 7-20　电火花成形加工装置原理图

应该强调的是，电火花加工必须利用脉冲放电，在每次放电之间的脉冲间隔内，电极之间的液体介质必须来得及恢复绝缘状态，以使下一个脉冲能在两极间的另一个相对最靠近点处击穿放电，避免总在同一点放电而形成稳定的电弧。这是因为稳定的电弧放电时间长，金属熔化层较深，只能起焊接或切断的作用，不可能使遗留下来的表面准确和光整，也就不可能进行尺寸加工。

在电火花加工过程中，不仅零件被蚀除，工具电极也同样遭到蚀除。但阳极（指接电源正极）和阴极（指接电源负极）的蚀除速度是不一样的，这种现象称为极效应。为了减少工具电极的损耗，提高加工精度和生产率，总希望极效应越显著越好，即零件蚀除越快越好，而工具蚀除越慢越好。因此，电火花加工的电源应选择直流脉冲电源。因为若采用交流脉冲电源，工件与工具的极性不断改变，使总的极效应等于零。极效应通常与脉冲宽度、电极材料及单个脉冲能量等因素有关，由此即决定了加工的极性选择。

自动进给调节装置能调节工具电极的进给速度，使工具电极与工件间维持所需的放电间隙，以保证脉冲放电正常进行。

机床本体是用来实现工具电极和工件装夹固定及运动的机械装置。

工作液循环过滤系统强迫清洁的工作液以一定的压力不断地通过工具电极与工件之间的间隙，以及时排除电蚀产物，并经过滤后再进行使用。目前，大多采用煤油或机油作为工作液。

电火花加工机床已有系列产品。从加工方式看，可将它们分成两种类型：一种是用特殊形状的电极工具加工相应的零件，称为电火花成形加工机床，另一种是用线电极工具加工二维轮廓形状的零件，称为电火花线切割机床。

电火花线切割是利用连续移动的金属丝作为工具电极，它与零件间产生脉冲放电时形成电腐蚀来切割工件。线切割用电极丝是直径非常小（$\phi 0.04 \sim \phi 0.25\mathrm{mm}$）的钼丝、钨丝或铜丝。加工精度可达 $\pm(0.005 \sim 0.01\mathrm{mm})$，表面粗糙度值为 $Ra 1.6 \sim 3.2 \mu\mathrm{m}$，可加工精密、狭窄、复杂的型孔，常用于模具、样板或成形刀具等的加工。

图 7-21 所示为电火花线切割加工装置原理图。储丝筒做正反方向交替的转动，脉冲

电源供给加工能量,使电极丝一边卷绕一边与零件之间发生放电,安放零件的数控工作台可在 X 轴、Y 轴两坐标方向各自移动,从而合成各种运动轨迹,将零件加工成所需的形状。

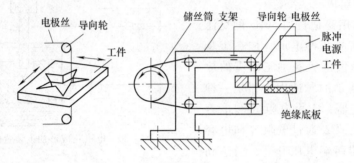

图 7-21 电火花线切割加工装置原理图

与电火花成形加工相比,电火花线切割不需要专门的工具电极,并且作为工具电极的金属丝在加工中不断移动,基本上无损耗;加工同样的零件,电火花线切割的总蚀除量比普通电火花成形加工的总蚀除量要少得多,因此生产率要高得多,而机床的功率却可以小很多。

3. 电火花成形加工及线切割加工的特点与应用

(1) 电火花成形加工的特点及应用

1) 电火花成形加工适用于导电性较好的金属材料的加工而不受材料的强度、硬度、韧性及熔点的影响,因此为耐热钢、淬火钢、硬质合金等难加工材料提供了有效的加工手段。又由于电火花成形加工过程中工具与工件不直接接触,故不存在切削力,从而工具电极可以用较软的材料如纯铜、石墨等制造,并可用于薄壁、小孔、窄缝的加工,而无须担心工具或工件的刚度太低而无法进行。电火花成形加工也可用于各种复杂形状的型孔及立体曲面型腔的一次成形,而不必考虑加工面积太大会引起切削力过大等问题。

2) 电火花加工过程中,一组配合好的电参数,如电压、电流、频率、脉宽等称为电规准。电规准通常可分为两种(粗规准和精规准),以适应不同的加工要求。电规准的选择与加工的尺寸精度及表面粗糙度有着密切的关系。一般精规准穿孔加工的尺寸误差可达 0.01~0.05mm,型腔加工的尺寸误差可达 0.1mm 左右,表面粗糙度值为 $Ra0.8~3.2\mu m$。

3) 电火花成形加工的应用范围很广。它可以用来加工各种型孔、小孔,如冲孔凹模、拉丝模孔、喷丝孔等;可以加工立体曲面型腔,如锻模、压铸模、塑料模的模膛;也可用来进行切断、切割以及表面强化、刻写、打印铭牌和标记等。

(2) 电火花线切割加工的特点及应用

1) 电火花线切割加工适宜加工具有薄壁、窄槽、异形孔等复杂结构的零件。

2) 电火花线切割加工适宜加工对象不仅包括由直线和圆弧组成的二维曲面图形,还包括一些由直线组成的三维直纹曲面,如由阿基米德螺旋线、抛物线、双曲线等特殊曲线组成的零件曲面。

3) 电火花线切割加工适宜加工大小和材料厚度常有很大差别的零件,以及技术要求高,特别是在几何精度、表面粗糙度方面有着不同要求的零件。

7.3.2 电解加工

1. 电解加工原理

电解加工是利用金属在电解液中发生阳极溶解的电化学反应原理，将金属材料加工成形的一种方法。图 7-22 所示为电解加工装置原理示意图。工件接直流电源的正极，工具接负极，两极间保持较小的间隙（通常为 0.02~0.7mm），电解液以一定的压力（0.5~2MPa）和速度（5~50m/s）从间隙间流过。当接通直流电源时（电压为 5~25V，电流密度为 10~100A/cm^2），工件表面的金属材料就产生阳极溶解，溶解的产物被高速流动的电解液及时冲走。工具电极以一定的速度

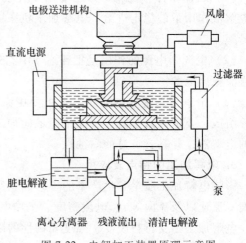

图 7-22 电解加工装置原理示意图

（0.5~3mm/min）向工件进给，工件表面的金属材料便不断溶解，于是在工件表面形成与工具型面近似而相反的形状，直至加工尺寸及形状符合要求为止。

阳极溶解过程如下：若电解液采用氯化钠水溶液，则由于离解反应为

$$NaCl \longrightarrow Na^+ + Cl^-$$

$$H_2O \longrightarrow H^+ + OH^-$$

电解液中存在四种离子（Na^+、H^+、Cl^-、OH^-）。溶液中的正负离子电荷相等，且均匀分布，所以溶液仍保持中性。通电后，溶液中的离子在电场作用下产生电迁移，阳离子移向阴极，而阴离子移向阳极，并在两极上产生电极反应。

如果阳极用铁板制成，则在阳极表面，铁原子在外电源的作用下被夺走电子，成为铁的正离子而进入电解液。因此在阳极上发生下列反应：

$$Fe - 2e \longrightarrow Fe^{2+}$$

$$Fe^{2+} + 2(OH)^- \longrightarrow Fe(OH)_2 \downarrow （氢氧化亚铁）$$

$$Fe^{2+} + 2Cl^- \longrightarrow FeCl_2$$

氢氧化亚铁在水溶液中溶解度极小，于是便沉淀下来，$FeCl_2$ 能溶于水，又离解为铁离子和氯离子。$Fe(OH)_2$ 是绿色沉淀，它又不断地和电解液及空气中的氧反应成为黄褐色的氢氧化铁。其反应式为

$$4Fe(OH)_2 + 2H_2O + O_2 \longrightarrow 4Fe(OH)_3 \downarrow$$

阴极的表面有大量剩余电子，因此在阴极上的反应为

$$2H^+ + 2e \longrightarrow H_2 \uparrow$$

总之，在电解过程中，阳极铁不断地溶解腐蚀，最后变成氢氧化铁沉淀，阴极材料并不受腐蚀损耗，只是氢气不断从阴极上析出，水逐渐消耗，而 NaCl 的含量并不减少。这种现象就是金属的阳极溶解。

2. 电解加工设备的组成

电解加工设备主要由机床本体、电源和电解液系统等部分组成。

（1）机床本体　机床本体主要用于安装工件、夹具和工具电极，并实现工具电极在高压电解液作用下的稳定进给。电解加工机床应具有良好的防腐、绝缘以及通风排气等安全防护措施。

（2）电源　电源的作用是把普通50Hz的交流电转换成电解加工所需的低电压、大电流的直流稳压电源。

（3）电解液系统　电解液系统主要由泵、电解液槽、净化过滤器、热交换器、管道和阀等组成，要求该系统能连续而平稳地向加工部件供给流量充足、温度适宜、压力稳定、干净的电解液，并具有良好的耐蚀性。

3. 电解加工的特点及应用

影响电解加工质量和生产率的工艺因素很多，主要有电解液（包括电解液成分、浓度、温度、流速以及流向等）、电流密度、工作电压、加工间隙及工具电极进给速度等。

电解加工不受材料硬度、强度和韧性的限制，可加工硬质合金等难切削金属材料；它能以简单的进给运动，一次完成形状复杂的型面或型腔的加工（如汽轮机叶片、锻模等），效率比电火花成形加工高5~10倍；电解过程中，作为阴极的工具理论上没有损耗，故加工精度可达0.005~0.2mm；电解加工时无机械切削力和切削热的影响，因此适宜于易变形或薄壁零件的加工。此外，在加工各种膛线、花键孔、深孔、内齿轮以及去毛刺、刻印等方面，电解加工也得到了广泛的应用。

电解加工的主要缺点是：设备投资较大，耗电量大；电解液有腐蚀性，需对设备采取防护措施，对电解产物也需妥善处理，以防污染环境。

7.3.3 超声波加工

利用工具端面做超声频振动，使工作液中的悬浮磨粒对零件表面撞击抛磨来实现加工，称为超声波加工。人耳对声音的听觉范围为16~16000Hz。频率低于16Hz的振动波称为次声波，频率超过16000Hz的振动波称为超声波。加工用的超声波频率为16000~25000Hz。超声波加工原理示意图如图7-23所示。超声发生器将工频交流电能转变为有一定功率输出的超声频电振荡，然后通过换能器将此超声频电振荡转变为超声频机械振荡。由于其振幅很小，一般只有0.005~0.01mm，需再通过一个上粗下细的振幅扩大棒，使振幅增大到0.1~0.15mm。固定在振幅扩大棒端头的工具即受迫振动，并迫使工作液中的悬浮磨粒以很大的速度，不断地撞击、抛磨被加工表面，把加工区域的材料粉碎成很细的微粒后打击下来。虽然每次打下的材料很少，但由于每秒打击的次数多达成16000次以上，所以仍有一定的加工效率。

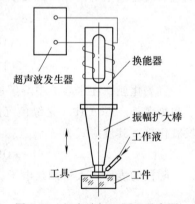

图7-23　超声波加工原理示意图

超声波加工适合于加工各种硬脆材料，特别是不导电的非金属材料，如玻璃、陶瓷、石英、锗、硅、玛瑙、宝石、金刚石等；对于导电的硬质合金、淬火钢等也能加工，但加工效率比较低；由于超声波加工是靠极小的磨料作用，所以加工精度较高，一般可达0.02mm，表面粗糙度值为Ra0.1~1.25μm，被加工表面也无残留应力、组织改变及烧伤等现象；在加工过程中不需要工具旋转，因此易于加工各种复杂形状的型孔、型腔及成形表面；超声波加工机床的结构比较简单，操作维修方便，工具可用较软的材料（如黄铜、45钢、20钢等）制造。超声波加工的缺点是生产率低，工具磨损大。

近年来，超声波加工与其他加工方法相结合的复合加工方法发展迅速，如超声振动切削加工、超声电火花加工、超声电解加工、超声调制激光打孔等。这些复合加工方法由于把两种甚至多种加工方法结合在一起，起到取长补短的作用，使加工效率、加工精度及加工表面质量显著提高，因此越来越受到人们的重视。

7.3.4 激光加工

1. 激光加工原理

激光是一种亮度高、方向性好（激光光束的发散角极小）、单色性好（波长或频率单一）、相干性好的光。由于激光的上述四大特点，通过光学系统可以将其聚焦成一个极小的光斑（直径仅几微米至几十微米），从而获得极高的能量密度（$10 \sim 10^{10} W/cm^2$）和极高的温度（10000℃以上）。在此高温下，任何坚硬的材料都将瞬时急剧被熔化和汽化，在零件表面形成凹坑，同时熔化物被汽化所产生的金属蒸气压力推动，以很高的速度喷射出来。激光加工就是利用这个原理蚀除材料的。为了帮助蚀除物的排除，还需对加工区吹氧（加工金属时使用），或者吹保护气体，如二氧化碳、氮等（加工可燃物质时使用）。

激光加工过程受以下主要因素影响：

（1）输出功率与照射时间　激光输出功率大，照射时间长，工件所获得的激光能量大，加工出来的孔就大而深，且锥度小。激光照射时间应适当，过长会使热量扩散，过短则能量密度过高，使蚀除材料汽化，两者都会使激光能量效率降低。

（2）焦距、发散角与焦点位置　采用短焦距物镜（焦距为20mm左右），减小激光束的发散角，可获得更小的光斑及更高的能量密度，因此可使打出的孔小而深，且锥度小。激光的实焦点应位于工件的表面上或略低于工件表面。若焦点位置过低，则透过工件表面的光斑面积大，容易使孔形成喇叭形，而且由于能量密度减小而影响加工深度；若焦点位置过高，则会造成工件表面的光斑很大，使打出的孔直径大、深度浅。

（3）照射次数　照射次数多可使孔深大大增加，锥度减小。用激光束每照射一次，加工的孔深约为直径的5倍。如果用激光多次照射，由于激光束具有很小的发散角，所以光能在孔壁上反射向下深入孔内，使加工出的孔深度大大增加而孔径基本不变。但加工到一定深度后（照射20~30次），由于孔内壁反射、透射以及激光的散射和吸收等，使抛出力减小、排屑困难，造成激光束能量密度不断下降，以致不能继续加工。

（4）零件材料　激光束的光能通过零件材料的吸收而转换为热能，故生产率与零件材料对光的吸收率有关。零件材料不同，对不同波长激光的吸收率也不同，因此必须根据零件的材料性质来选用合理的激光器。

2. 激光加工机的组成

激光加工机通常由激光器、电源、光学系统（包括光阑、反光镜、聚焦镜等）和机械系统（包括工作台等）等部分组成，如图7-24所示。

（1）激光器　激光器是激光加工机的重要部件，它的功能是把电能转变成光能，产生所需要的激光束。

激光器按照所用的工作物质种类可分为固体激光器、气体激光器、液体激光器和半导体激光器。激光加工中应用广泛的有固体激光器（工作物质有红宝石、钕玻璃及掺钕钇铝石榴石等）和气体激光器（工作物质为二氧化碳）。

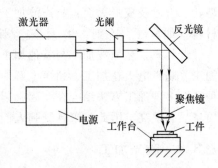

图 7-24　激光加工机的组成示意图

固体激光器具有输出功率大（目前单根掺钕钇铝石榴石晶体棒的连续输出功率已达数百瓦，几根棒串联起来可达数千瓦）、峰值功率高、结构紧凑、牢固耐用、噪声小等优点。

但固体激光器的能量效率很低。例如红宝石激光器的能量效率仅为 0.1%～0.3%，钕玻璃激光器的能量效率为 3%～4%，掺钕钇铝石榴石激光器的能量效率为 2%～3%。

二氧化碳激光器具有能量效率高（可达 25%）、工作物质二氧化碳来源丰富、结构简单、造价低廉等优点；输出功率大（从数瓦到几万瓦），既能连续工作，又能脉冲工作。其缺点是体积大，输出瞬时功率不高，噪声较大。

（2）激光器电源　应根据加工工艺要求，为激光器提供所需的能量电源。电源通常由时间控制、触发器、电压控制和储能电容器等部分组成。

（3）光学系统　光学系统的功用是将光束聚焦，并观察和调整焦点位置。它由显微镜瞄准、激光束聚焦以及加工位置在投影屏上的显示等部分组成。

（4）机械系统　主要包括床身、三坐标精密工作台和数控系统等。

3. 激光加工的特点及应用

激光加工具有如下特点：

1）不需要加工工具，故不存在工具磨损问题，同时也不存在断屑、排屑的麻烦。这对高度自动化生产系统非常有利，目前激光加工机已用于柔性制造系统之中。

2）激光束的功率密度很高，几乎对任何难加工的金属和非金属材料（如高熔点材料、耐热合金及陶瓷、宝石、金刚石等硬脆材料）都可以加工。

3）激光加工是非接触加工，零件无受力变形。

4）激光打孔、切割的速度很高（打一个孔只需 0.001s，切割 20mm 厚的不锈钢板，切割速度可达 1.27m/min），加工部位周围的材料几乎不受热影响，零件热变形很小。激光切割的切缝窄，切割边缘质量好。

目前，激光加工已广泛用于金刚石拉丝模、钟表宝石轴承、发散式气冷冲片的多孔蒙皮、发动机喷油嘴、航空发动机叶片等的小孔加工，以及多种金属材料和非金属材料的切割加工。孔的直径一般为 $\phi 0.01\sim\phi 1\text{mm}$，最小孔径可达 $\phi 0.001\text{mm}$，孔的深径比可达 100。切割厚度，对于金属材料可达 10mm 以上，对于非金属材料可达几十毫米。切缝宽度一般为 0.1～0.5mm。激光还可以用于焊接和热处理。随着激光技术与数控技术的密切结合，激光加工技术的应用将会得到更迅速、更广泛的发展，并在生产中占有越来越重要的地位。

目前激光加工存在的主要问题是：设备价格高，更大功率的激光器尚处于试验研究阶段中；不论是激光器本身的性能质量，还是使用者的操作技术水平都有待进一步提高。

7.4 计算机辅助工艺规程设计

计算机辅助工艺规程设计（ComputerAidedProcessPlanning，CAPP）是指借助于计算机软硬件技术和支撑环境，利用计算机进行数值计算、逻辑判断和推理等功能来制订零件机械加工工艺过程。借助于 CAPP 系统，可以解决手工工艺设计效率低、一致性差、质量不稳定、不易优化等问题。智能化的 CAPP 系统可以继承和学习工艺专家的经验和知识，可直接用于指导工艺设计。所以 CAPP 自诞生以来，一直受到工业界和学术界的广泛重视。CAPP 是将产品设计信息转换为各种加工制造、管理信息的关键环节，是连接 CAD、CAM 之间的纽带，是制造业企业信息化建设的信息中枢，是支撑计算机集成制造系统（Computer Integrated Manufacturing System，CIMS）的核心单元技术，其作用和意义重大。

1. **计算机辅助工艺规程设计的基本原理**

计算机辅助工艺规程设计是使用计算机来编制零件机械加工工艺规程的，它能缩短生产准备时间，促进工艺规程的标准化和最优化，并且还是连接计算机辅助设计与计算机辅助制造的桥梁，在机械制造的自动化过程中起重要作用。

计算机辅助工艺规程设计按其工作原理可分为三大类型：派生式 CAPP 系统、生成式 CAPP 系统及知识基 CAPP 系统。

（1）派生式 CAPP 系统　派生式 CAPP 系统的工作原理是根据相似的零件具有相似的工艺过程，通过对相似零件的工艺检索，并加以筛选而编辑成一个待加工零件的工艺规程。派生式 CAPP 系统的工作原理如图 7-25 所示。

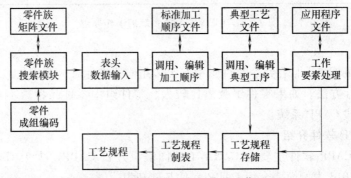

图 7-25　派生式 CAPP 系统的工作原理

（2）生成式 CAPP 系统　生成式工艺规程设计是依靠系统中的决策逻辑生成的。由计算机模仿人的逻辑思维，自动进行各种决策，选择零件的加工方法，安排工艺路线，选择机床和工艺装备，计算切削参数等。生成式 CAPP 系统的工作原理如图 7-26 所示。

（3）知识基 CAPP 系统　由于生成式 CAPP 系统的决策逻辑嵌套在应用程序中，结构复杂且不易修改，现在已转向知识基 CAPP 系统（专家系统）的研究与开发。该系统将工艺专家编制工艺的经验和知识存在知识库中，可方便地通过专用模块进行增删和修改，使得系统的通用性和适用性大为提高。知识基 CAPP 系统的工作原理如图 7-27 所示。

2. **各种类型 CAPP 系统的适用范围**

各种类型 CAPP 系统的适用范围主要与零件组的数量、零件组中零件的品种数及其相似

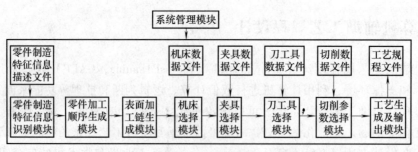

图 7-26　生成式 CAPP 系统的工作原理

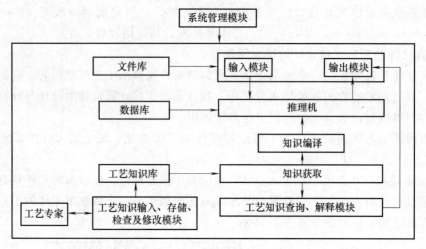

图 7-27　知识基 CAPP 系统的工作原理

程度有关。

当零件组数量不多，且在每个零件组中有很多相似的零件时，派生式 CAPP 系统是一种最经济的自动设计方法。如果零件组数量比较大、零件组中零件品种数不多且相似性较差时，宜采用生成式 CAPP 系统。

3. 常用 CAPP 软件介绍

国内常见的 CAPP 软件主要有 CAXA 工艺图表、开目 CAPP、大天 CAPP 等。下面以 CAXA 工艺图表 2013 为例简要介绍 CAPP 软件基础知识。

CAXA 工艺图表 2013 包含了 CAXA 电子图板的全部功能，而且专门针对工艺技术人员的需要开发了实用的计算机辅助工艺设计功能，是一个方便快捷、易学易用的 CAD/CAPP 集成软件。该软件具有"图形"和"工艺"两种工作环境。图形界面用来定制工艺模板。利用键盘上的<Ctrl+Tab>键或者单击主菜单【工艺】下的【图形/工艺间切换】命令可随时在两种界面之间进行切换。

CAXA 工艺图表 2013 是高效、快捷、有效的工艺卡片编制软件，可以方便地引用设计的图形和数据，同时为生产制造准备各种需要的管理信息。CAXA 工艺图表 2013 以工艺规程为基础，针对工艺编制工作烦琐复杂的特点，以"知识重用和知识再用"为指导思想，提供了多种实用方便的快速填写和绘图手段，可以兼容多种 CAD 数据，真正做到"所见即所得"的操作方式，符合工艺人员的工作思维和操作习惯。该软件提供了大量的工艺卡片模板和工艺规程模板,可以帮助技术人员提高工作效率,缩短产品的设计和生产周期,把技术人员从繁重的手工劳动中解脱出来,并有助于促进产品设计和生产的标准化、系列化、通用化。

CAXA 工艺图表 2013 生成的文件类型主要有四种:

1) EXB 文件:CAXA 电子图板文件。在工艺图表的图形界面中绘制的图形或表格,文件扩展名为 *.exb。

2) CXP 文件:工艺文件。填写完毕的工艺规程文件或者工艺卡片文件,文件扩展名为 *.cxp。

3) TXP 文件:工艺卡片模板文件。文件扩展名为 *.txp,保存在安装目录中的 Template 文件夹下。

4) RGL 文件:工艺规程模板文件。文件扩展名为 *.rgl,保存在安装目录中的 Template 文件夹下。

CAXA 工艺图表 2013 适合于制造业中所有需要工艺卡片的场合,如机械加工工艺、冲压工艺、热处理工艺、锻造工艺、压力铸造工艺、表面处理工艺、电器装配工艺以及质量跟踪卡、施工记录票等。利用它提供的大量标准模板,可以直接生成工艺卡片,用户也可以根据需要定制工艺卡片和工艺规程。由于 CAXA 工艺图表 2013 集成了电子图板的所有功能,因此也可以用来绘制二维图样。

习 题

7-1 试说明数控机床的组成及分类。

7-2 数控机床的使用性能与普通机床相比有何特点?

7-3 试说明精密加工与超精密加工的特点。

7-4 特种加工的特点是什么?常用的有哪些特种加工方法?

7-5 电解加工的原理是什么?应用如何?与电火花加工相比较,各有何特点?

7-6 简述激光加工的特点及应用。

7-7 简述超声波加工的基本原理及应用范围。

7-8 试述计算机辅助工艺规程设计的基本原理及分类。

第8章

机械装配工艺基础

机器的质量是以机器的工作性能、使用效果、可靠性和寿命等综合性能指标来进行评定的，这些综合性能指标除了与产品的设计和零件的制造质量有关外，还取决于机器的装配质量。装配是整个机械产品制造工艺过程的最后一个环节，装配工作对产品的质量影响很大。若装配不当，即使所有的零件都合格，也不一定能装配出合格的、高质量的产品；反之，若零件制造精度并不高，而在装配中采用适当的工艺方法，也能使产品达到规定的要求。因此，制订合理的装配工艺规程、采用新的装配工艺、提高装配质量和装配劳动生产率，是机械制造工艺的一项重要任务。

8.1 概述

8.1.1 装配的概念

机械产品都是由若干零件、组件和部件组合而成的。按规定的技术要求和顺序，将零件结合成部件，并进一步将零件和部件结合成机器的工艺过程，称为装配。把零件装配成部件的过程称为部装；把零件和部件装配成最终产品的过程称为总装配。

一般将结构复杂的机器装配单元划分为五个等级，即零件、合件、组件、部件、机器。零件是组成机器的基本单元，它是由整块金属或其他材料组成。零件一般都预先装成合件、组件和部件后，再安装到机器上。合件（又称套件）是由若干零件永久连接（铆接、焊接等）而成的，或连接后再经加工而成的，如装配式齿轮，发动机连杆小头孔压入衬套后再精镗。组件是指一个或几个合件与零件的组合，它没有显著完整的作用，如机床主轴箱中轴与其上的齿轮、套、垫片、键和轴承的组合体。部件是若干组件、合件及零件的组合体，并在机器中能完成一定的完整功用，如车床中的主轴箱、进给箱和溜板箱部件等。机器是由上述各装配单元结合而成的整体，具有独立、完整的功能。

8.1.2 装配工作的基本内容

装配工作内容有以下几方面：清洗、连接、校正、调整、配作、平衡、验收试验。

1. 清洗

装配工作中清洗零部件对保证产品的质量和延长产品的使用寿命有重要的意义。常用的清洗剂有煤油、汽油、碱液和多种化学清洗剂等。常用的清洗方法有擦洗、浸洗、喷洗和超声波清洗等。经清洗后的零件或部件必须有一定的防锈能力。

2. 连接

装配过程中有大量的连接。常见的连接方式有两种：一种是可拆卸连接，如螺纹连接、键连接和销连接等；另一种是不可拆卸连接，如焊接、铆接和过盈连接等。

3. 校正

在装配过程中对相关零件、部件的相互位置要进行找正、找平和相应的调整工作，称为校正。

4. 调整

在装配过程中对相关零件、部件的相互位置要进行具体调整，其中除了配合校正工作来调整零件、部件的位置精度外，还要调整运动副之间的间隙，以保证运动零部件的运动精度。

5. 配作

用已加工的零件为基准，加工与其配合的另一个零件，或将两个（或两个以上）零件组合在一起进行加工的方法称为配作。配作的工作有配钻、配铰、配刮、配磨和机械加工等，配作常与校正和调整工作结合进行。

6. 平衡

对转速较高、运动平稳性要求高的机械，为了防止其在使用中出现振动，需要对有关的旋转零部件进行平衡工作。常用的平衡方法有静平衡法和动平衡法两种。

7. 验收试验

机械产品装配完毕后，要按有关技术标准和规定，对产品进行全面检查和试验工作，合格后才能准许出厂。

8.1.3 装配精度

装配精度是指机器装配以后，各工作面间的相对位置和相对运动等参数与规定指标的符合程度。对于标准化、通用化和系列化的产品，装配精度可根据国家标准、部颁标准或行业标准来制订；对于没有标准可循的产品，其装配精度可根据用户的使用要求，参照经过实践考验的类似部件或产品的已有数据，采用类比法确定。

机械产品的装配精度一般包括零部件间的距离精度、相互位置精度、相对运动精度和接触精度。各装配精度之间有密切的联系，相互位置精度是相互运动精度的基础，相互配合精度对距离精度、相互位置精度和相互运动精度的实现有一定的影响。

机器及其部件都是由零件组成的。显然，零件的精度特别是关键零件的加工精度对装配精度有很大的影响。但产品的装配过程并不是简单地将有关零件连接起来的过程，装配过程中往往需要进行必要的检测和调整，有时尚需进行修配。同时，装配精度又取决于装配方法，在单件小批生产及装配精度要求较高时，装配方法尤其重要。由此可见，产品的装配精度和零件的加工精度有很密切的关系。零件精度是保证装配精度的基础，但装配精度并不完全取决于零件精度。装配精度的合理保证应从产品结构、机械加工和装配等方面进行综合考虑，而装配尺寸链是进行综合分析的有效手段。

8.2 装配尺寸链

8.2.1 装配尺寸链的概念

装配尺寸链是产品或部件在装配过程中，由相关零件的有关尺寸（表面或轴线间距离）或相互位置关系（平行度、垂直度或同轴度等）所组成的尺寸链。图 8-1a 所示为卧式车床前后锥孔等高示意图，图 8-1b 所示为相应的装配尺寸链。装配尺寸链和工艺尺寸链一样具有封闭性和关联性的特征。如图 8-1b 所示，在装配尺寸链中，每个进入装配的零件或部件的一个有关尺寸，如 A_1、A_2、A_3 都是组成环，而精度指标常作为封闭环，如 A_0。显然，封闭环不是一个零件或一个部件上的尺寸，而是不同零件或部件的表面或中心线之间的相对位置尺寸，它是装配后形成的。

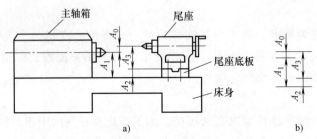

图 8-1 卧式车床前后锥孔等高度示意图及装配尺寸链
a) 等高示意图　b) 装配尺寸链图

8.2.2 装配尺寸链的建立方法

正确地建立装配尺寸链是解算尺寸链的基础。装配尺寸链的建立过程可分为如下三步：

1. 确定封闭环

装配尺寸链的封闭环都是装配后间接形成的，多为产品或部件的最终装配精度要求。

2. 列出组成环

组成环为与该装配精度有关的零部件的相应尺寸和相互位置关系。组成环的查找方法是：取封闭环两端的那两个零件为起点，沿着装配精度要求的位置方向，以相邻零件装配基准间的联系为线索，分别由近及远地去查找装配关系中影响装配精度的有关零件，直到找到同一个基准零件或同一基准表面为止。

3. 画尺寸链简图

标明封闭环、组成环，并区别组成环是增环还是减环。

在建立装配尺寸链时，还要遵循装配尺寸链最短路线原则，尽量使组成环的数目等于有关零部件的数目，即"一件一环"。

如图 8-1a 所示，等高度要求 A_0 是装配后得到的尺寸，为封闭环。与封闭环有直接联系的装配关系是：主轴以其轴颈装在滚动轴承内，轴承装在主轴箱的孔内，主轴箱装在车床床身上，尾座套筒以外圆柱面装在尾座的导向孔内，尾座体以底面装在尾座底板上，尾座底板装在床身的导轨面上。

根据装配关系查找影响等高度的组成环如下：

e_1——主轴锥孔对主轴箱体孔的同轴度；

A_1——主轴箱体孔中心线距箱体底平面的距离尺寸；

e_2——尾座套筒锥孔与其外圆的同轴度；

A_2——尾座底板上下面间的距离尺寸；

A_3——尾座孔中心线距尾座体底面的距离尺寸；

e_3——尾座套筒与尾座孔配合间隙引起的向下偏移量；

e_4——床身上安装主轴箱体的平面与安装尾座的导轨面之间的高度差。

车床前后锥孔等高度的装配尺寸链如图 8-2 所示，通常由于 e_1、e_2、e_3、e_4 的数值相对 A_1、A_2、A_3 的误差是很小的，装配尺寸链可简化成图 8-1b 所示的情形。但在精密装配中，要考虑所有对装配精度有影响的因素，不能随意简化。

8.2.3 装配尺寸链的计算方法

装配尺寸链的计算方法有极值法和概率法两种。

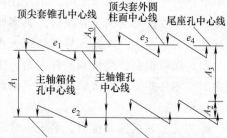

图 8-2 车床前后锥孔等高度的装配尺寸链

1. 极值法

极值法的基本公式是 $T_0 \geq \sum T_i$。有关计算式用于装配尺寸链时，常有下列几种情况：

（1）正计算 即已知组成环，求封闭环。用于验算设计图样中某项精度指标是否能够达到，即装配尺寸链中的各组成环的公称尺寸和公差定得正确与否。这项工作在制订装配工艺规程时也是必须进行的。

（2）反计算 即已知封闭环，求解组成环。用于产品设计阶段。根据装配精度指标来计算和分配各组成环的公称尺寸和公差。这种问题解法多样，需根据零件的经济加工精度和恰当的装配工艺方法来具体确定分配方案。

（3）中间计算 常用于结构设计时，将一些难加工的和不宜改变其公差的组成环的公差先确定下来，其公差值应符合国家标准，并按"入体原则"标注。然后将一个比较容易加工或装拆的组成环作为试凑对象，这个环称为"协调环"。它的公称尺寸、公差和极限偏差的计算公式与工艺尺寸链中的基本算式是一致的。

2. 概率法

概率法的基本算式是 $T_0 \geq \sqrt{\sum T_i^2}$。

从加工误差的统计分析中可以看出，加工一批零件时，尺寸处于公差中心附近的零件属多数，接近极限尺寸的是极少数。在装配中，碰到极限尺寸零件的机会不多，而在同一装配中的零件恰恰都是极限尺寸的机会就更为少见。所以从统计角度出发，把各个参与装配的零件尺寸当作随机变量才是合理的、科学的。概率法的好处在于放大了组成环的公差，而仍能保证达到装配精度要求。

装配尺寸链的解算方法与装配方法密切相关，同一项装配精度，采用不同的装配方法时，其装配尺寸链的解算方法也不相同，应根据选用的装配方法来确定采用何种计算方法。

8.3 保证装配精度的方法

依据产品的结构特点和装配精度的要求，在不同的生产条件下，应采用不同的装配方法。具体装配方法有四种：互换装配法，选择装配法、修配装配法和调整装配法。

8.3.1 互换装配法

根据零件的互换程度不同，可分为完全互换法和不完全（概率）互换法。

1. 完全互换法

合格的零件在进入装配时，不经任何选择、调整和修配就可以使装配对象全部达到装配精度的装配方法称为完全互换法。其实质是控制零件加工误差来保证装配精度。其优点是：装配工作简单，生产率高，易于组织流水作业及自动化装配，也便于采用协作方式组织专业化生产，同时也利于维修和配件制造，生产成本低。但当装配精度要求较高，尤其是组成环较多时，零件难以按经济精度制造。因此，完全互换法多用于环数较少的尺寸链或精度不高的多环尺寸链中。

采用完全互换法装配时，装配尺寸链采用极值法进行计算。为保证装配精度要求，尺寸链各组成环公差之和应小于或等于封闭环公差（即装配精度要求），即

$$T_0 \geq \sum_{i=1}^{n-1} T_i \tag{8-1}$$

式中　T_0——封闭环极值公差；

　　　T_i——第 i 个组成环公差；

　　　n——尺寸链总环数。

在装配尺寸链中，往往是已知封闭环的公差 T_0，即装配精度要求，求各有关组成环（零件）的公差 T_i，这是进行反计算。通常采用等公差法，将封闭环的公差平均分配给各组成环。即

$$T_i = \frac{T_0}{n-1} \tag{8-2}$$

然后，按各组成环的尺寸大小和加工难易程度，将其公差进行适当调整。调整时应注意以下几点：

1）标准件有关尺寸的公差大小和分布位置按相应标准规定，是确定值。

2）组成环是几个不同尺寸链的公共环时，其公差值和分布位置应根据对其装配精度要求最严的那个装配尺寸链先行确定，对其余尺寸链的计算，也取此值。

3）尺寸相近、加工方法类同，可取相同的公差值。

4）对于难加工或难测量的尺寸，可取较大的公差值。

5）各组成环极限偏差的确定，采用"入体原则"标注。即被包容尺寸（轴类）上极限偏差为 0，包容尺寸（孔类）下极限偏差取 0，其他尺寸取公差带相对零线对称布置。

必须指出，如有可能，应使组成环尺寸的公差值和分布位置符合有关"极限与配合"国家标准的规定，这样可以给生产组织工作带来一定的好处，如可以利用标准极限量规

(卡规、塞规等)来测量尺寸。

6)在标注各组成环公差时,在各组成环中选一个协调环,其公差值和分布位置待其他组成环标定后根据有关尺寸链计算确定,以便最后满足封闭环的公差值和公差带位置的要求。协调环的选择原则是:

① 选不需用定尺寸刀具加工、不需用极限量规检验的尺寸作为协调环。

② 不能选标准件或尺寸链的公共环作为协调环。

③ 可选易于加工的尺寸为协调环,而将难加工的尺寸公差从宽选取;也可选取难加工的尺寸为协调环,而将易于加工的尺寸公差从严选取。

2. 不完全互换法

不完全互换法是指绝大多数的产品在装配中,各组成环不需挑选或改变其大小和位置,装配后即能达到封闭环的装配精度要求的一种装配方法。因其以概率论为理论依据,故又称为概率互换法。在正常生产条件下,零件加工尺寸成为极限尺寸的可能性是很小的,而在装配时,各零件、部件的误差同时为极大、极小的组合,其可能性更小。所以,在尺寸链环数较多、封闭环精度要求较高时,特别是在大批量生产中,使用不完全互换法,有利于零件的经济加工,使绝大多数产品能保证装配精度要求。

不完全互换装配法和完全互换装配法相比,其优点是零件的公差可以放大些,从而使零件加工容易、成本低,也能达到互换性装配的目的;其缺点是可能会有一部分产品的装配精度超差。这就需要采取补救措施或进行经济论证。

不完全互换法的装配尺寸链计算是采用概率法。由概率论可知,若将各组成环表示为随机变量,则封闭环也可为随机变量,并且封闭环的方差等于各组成环的方差之和,即

$$\sigma_0^2 = \sum_{i=1}^{n-1} \sigma_i^2$$

式中 σ_0——封闭环的标准差;

σ_i——第 i 个组成环的标准差。

下面分两种情况介绍。

(1) 组成环呈正态分布 若各组成环的尺寸分布均接近正态分布,则封闭环的尺寸分布也近似为正态分布。尺寸分散范围 ω 与标准差 σ 之间的关系为 $\omega = 6\sigma$,当尺寸公差 $T = \omega$ 时,$T_0 = 6\sigma_0$,$T_i = 6\sigma_i$,则有

$$T_0 = \sqrt{\sum_{i=1}^{n-1} T_i^2} \tag{8-3}$$

若按公差法分配封闭环的公差,则各组成环的平均公差值 T_M 为

$$T_M = \frac{\sqrt{n-1}}{n-1} T_0 \tag{8-4}$$

若各组成环的公差带对称分布,则封闭环中间尺寸即为公称尺寸,此时上、下极限偏差为 $\pm \frac{1}{2} T_0$;若组成环公差带不为对称分布,则将其转换成对称分布的形式再按下式计算:

$$A_{0M} = \sum_{Z=1}^{m} A_{ZM} - \sum_{J=m+1}^{n-1} A_{JM}$$

$$A_0 = A_{0M} \pm \frac{1}{2}T_0 \qquad (8\text{-}5)$$

$$A_i = A_{iM} \pm \frac{1}{2}T_i$$

式中 A_{0M}、A_{iM}、A_{ZM}、A_{JM}——封闭环、组成环、增环和减环的平均尺寸；

m——增环数；

n——总环数。

(2) 组成环为非正态分布 若各组成环为不同分布形式，且组成环数目较多，不存在特大或特小相差悬殊的公差时，则封闭环仍接近于正态分布，此时按下式计算封闭环的公差：

$$T_0 = \sqrt{\sum_{i=1}^{n-1} k_i^2 T_i^2} \qquad (8\text{-}6)$$

式中 n——尺寸链中的总环数；

k_i——第 i 个组成环的相对分布系数；

T_i——第 i 个组成环的公差值。

若组成环存在偏态分布，则其分散中心与平均尺寸的中心不重合，对应不同的相对分布系数 k 和不对称系数 e，其值见表 8-1。

表 8-1 不同分布曲线的 k 和 e 值

分布特征	正态分布	三角分布	均匀分布	瑞利分布	偏态分布	
					外尺寸	内尺寸
分布曲线						
e	0	0	0	0.23	0.26	-0.26
k	1	1.22	1.73	1.4	-1.17	1.17

此时，尺寸链的计算公式为

$$A_{0M} = \sum_{Z=1}^{m}(A_{ZM} + \frac{1}{2}e_Z T_Z) - \sum_{J=m+1}^{n-1}(A_{JM} + \frac{1}{2}e_J T_J) - \frac{1}{2}e_0 T_0$$

$$A_0 = A_{0M} \pm \frac{1}{2}T_0 \qquad (8\text{-}7)$$

$$A_i = A_{iM} \pm \frac{1}{2}T_i$$

式中 T_0、T_Z、T_J——封闭环、增环、减环的公差；

e_0、e_Z、e_J——封闭环、增环、减环的相对不对称系数。

例 8-1 零件间的装配关系如图8-3a所示,轴为固定,齿轮在轴上回转,并要求齿轮与挡圈之间的轴向间隙为 $0.1 \sim 0.35\text{mm}$。已知:$A_1 = 30\text{mm}$,$A_2 = 5\text{mm}$,$A_3 = 43\text{mm}$,$A_4 = 3\text{mm}$(标准件),$A_5 = 5\text{mm}$。试确定采用完全互换法装配和不完全互换法装配时各组成环公差和上、下极限偏差。

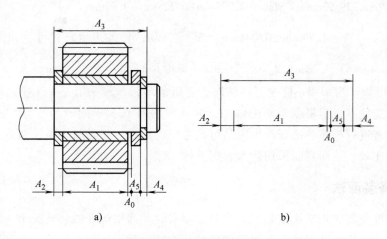

图 8-3 齿轮和轴的装配
a)齿轮装配示意图 b)尺寸链图

解 (1)采用完全互换法装配

1)确定各组成环的公差及其极限偏差。根据协调环的选取原则,选 A_5 作为协调环。由等公差法、式(8-2)得:

$$T_i = \frac{T_0}{n-1} = \frac{0.35\text{mm} - 0.1\text{mm}}{5} = 0.05\text{mm}$$

按照各组成环的公称尺寸及零件加工的难易程度确定各组成环公差为:$T_1 = 0.06\text{mm}$,$T_2 = 0.04\text{mm}$,$T_3 = 0.07\text{mm}$,$T_4 = 0.05\text{mm}$(标准件),然后按照"入体原则"标注组成环的上下极限偏差,即 $A_1 = 30_{-0.06}^{0}\text{mm}$,$A_2 = 5_{-0.04}^{0}\text{mm}$,$A_3 = 43_{0}^{+0.07}\text{mm}$,$A_4 = 3_{-0.05}^{0}\text{mm}$(标准件)。

2)确定协调环的公差及上下极限偏差。由式(8-1)得 $T_5 = 0.03\text{mm}$。

由尺寸链极值法计算公式得 $\text{ES}_5 = -0.1\text{mm}$,$\text{EI}_5 = -0.13\text{mm}$,于是有 $A_5 = 5_{-0.13}^{-0.10}\text{mm}$。

最后得知各组成环尺寸为:$A_1 = 30_{-0.06}^{0}\text{mm}$,$A_2 = 5_{-0.04}^{0}\text{mm}$,$A_3 = 43_{0}^{+0.07}\text{mm}$,$A_4 = 3_{-0.05}^{0}\text{mm}$(标准件),$A_5 = 5_{-0.13}^{-0.10}\text{mm}$。

(2)采用不完全互换法装配

1)确定各组成环的公差。设备组成环为正态分布,并按等公差法分配封闭环公差,按式(8-4)有

$$T_M = \frac{\sqrt{n-1}}{n-1}T_0 = \frac{\sqrt{5}}{5} \times 0.25\text{mm} = 0.11\text{mm}$$

选 A_5 作为协调环,根据各组成环公称尺寸与零件加工的难易程度,分配各组成环公差为 $T_1 = 0.14\text{mm}$,$T_2 = 0.08\text{mm}$,$T_3 = 0.16\text{mm}$,$T_4 = 0.05\text{mm}$(标准件)。由式(8-3)得

$$T_5 = \sqrt{T_0^2 - (T_1^2 + T_2^2 + T_3^2 + T_4^2)} = 0.09 \text{mm} \qquad \text{(只进不舍)}$$

2）确定各组成环的极限偏差。首先按"入体原则"确定有 $A_1 = 30_{-0.14}^{0}$ mm，$A_2 = 5_{-0.08}^{0}$ mm，$A_3 = 43_{0}^{+0.16}$ mm，$A_4 = 3_{-0.05}^{0}$ mm（标准件），将各组成环换算为对称分布得 $A_{0M} = 0.225$mm，$A_{3M} = 43.08$mm，$A_{1M} = 29.93$mm，$A_{2M} = 4.96$mm，$A_{4M} = 2.975$mm，代入式（8-5），则得协调环尺寸及偏差为 $A_{5M} = 43.08$mm-29.93mm-4.96mm-2.975mm-0.225mm$= 4.99$mm。

由 $A_5 = A_{5M} \pm \frac{1}{2}T_5 = 4.99mm\pm 0.045mm= 5_{-0.055}^{+0.035}$mm，得各组成环尺寸为 $A_1 = 30_{-0.14}^{0}$ mm，$A_2 = 5_{-0.08}^{0}$ mm，$A_3 = 43_{0}^{+0.16}$ mm，$A_4 = 3_{-0.05}^{0}$ mm（标准件），$A_5 = 5_{-0.055}^{+0.035}$ mm。

由例 8-1 可知，当采用不完全互换法时，各组成环公差较采用完全互换法时大，可降低相应的零件制造成本，但根据概率论可知，装配时将有 0.27% 的产品超差。这就需要考虑补救措施，或者进行核算，论证产生废品可能造成的损失，将之与因零件制造成本下降而得到的增益进行比较，从而判断采用什么装配方法。

8.3.2 选择装配法

当装配精度很高，用互换法装配无法满足要求时，即组成环的公差很小，难以加工，可使用选择装配法。选择装配法就是将组成环的公差放大到经济加工精度，通过选择合适的零件进行装配，以保证达到规定装配精度的方法，简称为选配法。

1．直接选配法

直接选配法是由工人凭经验从待装配的零件中选择适合的零件进行装配，装配质量在很大程度上取决于工人的技术水平和经验，但装配生产率低。

2．分组装配法

分组装配法是将组成环的公差按完全互换法装配后算出放大数倍，达到经济精度公差数值。零件加工后测量实际尺寸的大小，并进行分组，相对应的组进行互换装配以达到规定的装配精度。由于组内零件可以互换，此方法又称为分组互换法。

图 8-4a 所示为活塞与活塞销的装配关系，配合要求最大过盈量为 0.0075mm，最小过盈

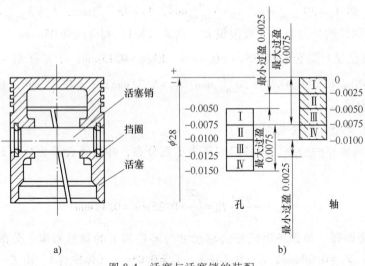

图 8-4 活塞与活塞销的装配

表 8-2 活塞销与活塞销孔的分组尺寸　　　　　　　　（单位：mm）

组别	标志颜色	活塞销直径 $d=\phi 28_{-0.010}^{0}$	活塞销孔直径 $D=\phi 28_{-0.015}^{-0.005}$	配合情况	
				最小过盈	最大过盈
Ⅰ	红	$\phi 28_{-0.0025}^{0}$	$\phi 28_{-0.0075}^{-0.0050}$	0.0025	0.0075
Ⅱ	白	$\phi 28_{-0.0050}^{-0.0025}$	$\phi 28_{-0.0100}^{-0.0075}$		
Ⅲ	黄	$\phi 28_{-0.0075}^{-0.0050}$	$\phi 28_{-0.0125}^{-0.0100}$		
Ⅳ	绿	$\phi 28_{-0.0100}^{-0.0075}$	$\phi 28_{-0.0150}^{-0.0125}$		

量为 0.0025mm。若采用完全互换法的极值法计算，以等公差规定活塞销外径为 $\phi 28_{-0.0025}^{0}$mm，活塞销孔的直径为 $\phi 28_{-0.0075}^{-0.0050}$mm，销和销孔的平均公差为 0.0025mm。按此公差制造是很不经济的。实际中，将轴的公差放大至原来的 4 倍，即活塞销外径为 $\phi 28_{-0.01}^{0}$mm，活塞销孔的直径为 $\phi 28_{-0.0150}^{-0.005}$mm，这样可用无心磨床加工活塞销外圆，用金刚镗床加工活塞销孔，然后用精密量仪测量，按尺寸大小分成 4 组，如图 8-4b 所示以便进行分组装配。具体分组情况见表 8-2。由表可见，分组装配后各组的配合性质和原装配精度要求相同。

采用分组选配法需要注意以下几点：

1) 配合件的公差应相等，公差增大时要向同方向增大，增大的倍数就是要分的组数。这样分组装配后，各组的配合精度与配合性质才能符合原来的要求。

2) 零件分组后，应保证装配时相配合零件在数量上能够匹配。如果各组成环的尺寸均呈正态分布，则相配合零件可以匹配，否则将产生各对应组零件数量差别太多而不够配套。不匹配的零件达到一定的数量后，可专门加工一批零件与之相匹配。

3) 分组数不宜太多（一般为 3~4 组），否则不便于管理。

分组装配法多用于封闭环精度要求较高的短环尺寸链，通常用于汽车、拖拉机及轴承制造业等大批量生产中。

3. 复合选配法

复合选配法是分组选配法和直接选配法的复合，即零件加工后预先测量分组，装配时在各对应组进行直接选配。这种方法可以达到比较高的装配精度。

8.3.3 修配装配法

在成批生产或单件小批生产中，当装配精度要求较高、组成环数目又较多时，若按互换法装配，对组成环的公差要求过严，从而加工困难。而采用分组装配法又因生产零件数量少、种类多而难以分组。这时常采用修配法来保证装配精度的要求。

修配法是在装配过程中，通过修配尺寸链中某一组成环的尺寸，使封闭环达到规定精度要求的一种装配方法。装配时进行修配的零件为修配件，该组成环称为修配环。由于这一组成环的修配量是为补偿其他组成环的累积误差以保证装配精度的，故又称为补偿环。

采用修配法装配时，应正确选择补偿环。一般应满足下列要求：

1) 所选修配环装卸方便，修配面积小，结构简单，易于修配。

2) 所选修配环不应为公共环。

3) 不能选择进行表面处理的零件作为修配环。

修配法解尺寸链的主要问题是如何合理确定修配环公差带的位置，使修配时有足够的又尽可能小的修配余量。修配环被修配后对封闭环尺寸变化的影响有两种情况，不同的影响有不同的计算方法。

第一种情况是：修配环被修配时，封闭环尺寸减小，即越修越小。

设原设计要求的装配精度为 $A_0^{T_0}$，极限尺寸分别为 $A_{0\min}$、$A_{0\max}$。当各组成环按经济加工精度标注公差后，这时封闭环的尺寸变为 $A_0^{T_0'}$，极限尺寸变为 $A'_{0\min}$、$A'_{0\max}$，如图 8-5 所示。可见在 O—O 线下面的（即 OB 段内的）修配环已无法修配，因封闭环越修越小，即在没有修配时，封闭环尺寸已经小于原设计要求的下极限尺寸 $A_{0\min}$。为了保证所有的修配环尺寸都能进行修配，此时必须改变修配环的公称尺寸（修配环为增环时增加修配环公称尺寸，为减环时减少修配环公称尺寸），使 $A'_{0\min} \geq A_{0\min}$。由于修配环在装配时要进行最终加工，如果不修配或修配时修配量过小，就不能保证被修配表面的质量，影响装配精度。因此还必须使修配环有一个最小修配量，设最小修配量为 $K_{\min}$，可通过改变修配环的公称尺寸（改变方法同上）来保证，使封闭环尺寸有

$$A''_{0\min} = A_{0\min} + K_{\min} \qquad (8-8)$$

这时在解尺寸链时，各组成环可按经济加工精度取相应的公差，然后按"入体原则"标注除修配环外的各组成环上下极限偏差，修配环的尺寸可按式 (8-8) 求得。设修配前修配环尺寸为 A_k，当修配环为增环时，由极值法可求出修配前修配环的下极限尺寸 $A_{K\min}$（由极值法计算公式进行计算）；当修配环为减环时，由极值法可求出修配前修配环的上极限尺寸 $A_{K\max}$。此时上极限修配量由图 8-5 得

$$K_{\max} = T'_0 - (T''_0 - K_{\min}) = K_{\min} + (T''_0 - T_0) \qquad (8-9)$$

第二种情况是：修配环被修配时，封闭环尺寸放大，即越修越大。

设原设计要求的装配精度为 $A_0^{T_0}$，极限尺寸分别为 $A_{0\min}$、$A_{0\max}$。当各组成环按经济加工精度标注公差后，这时封闭环的尺寸变为 $A_0^{T_0'}$，极限尺寸变为 $A'_{0\min}$、$A'_{0\max}$，如图 8-6 所示。可见在 O—O 线上面的（即 OA 段内的）修配环已无法修配，因封闭环越修越大，即在没有修配时，封闭环尺寸已经大于原设计要求的上极限尺寸 $A_{0\max}$。为了保证所有的修配环尺寸都能进行修配，此时必须改变修配环的公称尺寸（修配环为增环时减少修配环公称尺寸，

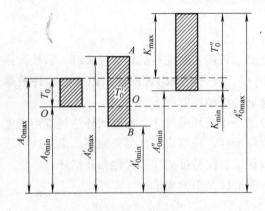

图 8-5 封闭环越修越小时公差带要求值和实际公差带的相对关系

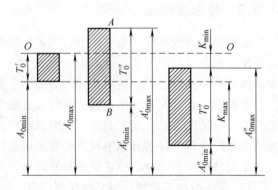

图 8-6 封闭环越修越大时公差带要求值和实际公差带的相对关系

为减环时增加修配环公称尺寸),使 $A'_{0\max} \le A_{0\max}$。若要求修配环有一个最小修配量,设最小修配量为 $K_{\min}$,可通过改变修配环的公称尺寸来保证,使封闭环尺寸有

$$A''_{0\max} = A_{0\max} - K_{\min} \tag{8-10}$$

在解尺寸链时,各组成环可按经济加工精度取相应的公差,然后按"入体原则"标注除修配环外的各组成环上下极限偏差,修配环的尺寸可按式(8-10)求得。当修配环为增环时,由极值法可求出修配前修配环的上极限尺寸(由极值法计算公式进行计算);当修配环为减环时,由极值法可求出修配前修配环的下极限尺寸。此时最大修配量如图8-6所示,仍按式(8-9)计算。

例 8-2 如图 8-1 所示,要求尾座中心线比主轴中心线高 $0.03 \sim 0.06$ mm。已知 $A_1 = 160$ mm, $A_2 = 30$ mm, $A_3 = 130$ mm。用修配法装配,确定各组成环公差和极限偏差。

解 ① 画装配尺寸链,如图 8-1b 所示,校验各环公称尺寸。A_1 为减环,A_2、A_3 为增环。封闭环尺寸为 $A_0 = 0^{+0.06}_{+0.03}$ mm。

② 确定修配环。根据装配体各组成环实际情况,选尾座底板 A_2 为修配环。

③ 按经济加工精度确定各组成环公差:$T_1 = T_3 = 0.1$ mm(镗模精镗),$T_2 = 0.15$ mm(半精磨)。

④ 确定各组成环(除修配环外)的上下极限偏差为
$$A_1 = 160\text{mm} \pm 0.05\text{mm}, \quad A_3 = 130\text{mm} \pm 0.05\text{mm}$$

⑤ 确定修配环的尺寸。因修配环为增环且封闭环越修越小,取 $K_{\min} = 0.1$ mm,由式(8-8)得 $A''_{0\min} = A_{0\min} + K_{\min} = 0.03\text{mm} + 0.1\text{mm} = 0.13\text{mm}$。

由极值法:$A'_{0\min} = A_{2\min} + A_{3\min} - A_{1\max} = A_{2\min} + (130\text{mm} - 0.05\text{mm}) - (160\text{mm} + 0.05\text{mm}) = 0.13$ mm;得 $A_{2\min} = 30.23$ mm,则 $A_{2\max} = A_{2\min} + T_2 = 30.23\text{mm} + 0.15\text{mm} = 30.38$ mm,即 $A_2 = 30^{+0.38}_{+0.23}$ mm。

8.3.4 调整装配法

调整装配法是装配时用调整的方法改变调整环的位置或实际尺寸,使封闭环达到其公差或极限偏差的要求。一般以螺栓、斜面、挡环、垫片或孔轴连接中的间隙等作为调整环。调整法装配常采用极值法公式计算。常见的调整方法有三种。

1. 可动调整法

可动调整法是通过改变调整件的位置来保证装配精度的方法。图 8-7a 所示为机床封闭式导轨的间隙调整装置——平镶条调整,压板用螺钉紧固在部件上,平镶条装在压板和支承导轨之间,用带有锁紧螺母的螺钉来调整平镶条的上下位置,使导轨与平镶条结合面之间的间隙控制在适当的范围内,以保证运动部件能够沿着导轨面平稳、轻快而又精确地移动;图 8-7b 所示为滑动丝杠螺母副的间隙调整装置——楔块调整,通过调整螺母使楔块上下移动来调整丝杠与螺母之间的轴向间隙。以上各调整装置分别采用平镶条、楔块作为调整件,生产中根据具体要求和机构的具体情况,也可采用其他零件作为调整件。

2. 固定调整法

选定某一零件为调整件,根据装配要求来确定该调整件的尺寸,以达到装配精度。由于调整件尺寸是固定的,所以称为固定调整法。如图 8-8 所示,箱体孔中轴上装有齿轮,齿轮

的轴向窜动量是装配要求，可在结构中专门加入一个厚度为 A_k 的垫圈作为调整件。装配时，根据间隙要求，选择不同厚度的垫圈垫入。

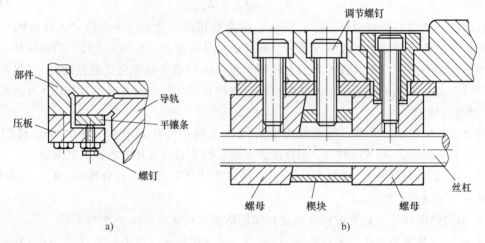

图 8-7　可动调整法示例
a) 平镶条调整　b) 楔块调整

解算固定调整法装配尺寸链主要是确定调整环的分组数和各组调整环尺寸。下面通过一个实例来分析固定调整法装配尺寸链解算过程。

例 8-3　图 8-9a 所示为车床主轴大齿轮装配简图。按照技术要求，当隔套（尺寸为 A_2）、齿轮（尺寸为 A_3）、垫圈固定调整件（尺寸为 A_k）和弹性挡圈（尺寸为 A_4）装在轴上后，尺寸的轴向间隔 A_0 应在 0.05~0.2mm 范围内。其中 $A_1 = 115$mm，$A_2 = 8.5$mm，$A_3 = 95$mm，$A_4 = 2.5$mm，$A_k = 9$mm。试确定各尺寸的极限偏差及调整件各组尺寸与极限偏差。

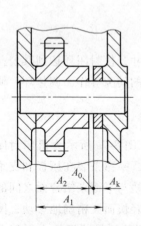

图 8-8　固定调整法示例

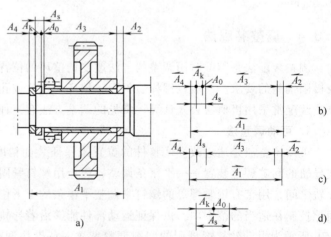

图 8-9　固定调整法装配示意图

解　装配尺寸链如图 8-9b 所示。

各组成环公差与极限偏差按经济加工精度及偏差"入体原则"确定为：$A_1 = 115^{+0.20}_{+0.05}$mm，$A_2 = 8.5^{\ 0}_{-0.10}$mm，$A_3 = 95^{\ 0}_{-0.10}$mm，$A_4 = 2.5^{\ 0}_{-0.12}$mm。

按照极值法，应满足 $T_0 \geq T_1 + T_2 + T_3 + T_4 + T_k$

将各公差值代入上式，得 $0.15\text{mm} \geq 0.15\text{mm}+0.1\text{mm}+0.1\text{mm}+0.12\text{mm}+T_k$

即 $$0.15\text{mm} \geq 0.47\text{mm}+T_k$$

上式中，$T_1 \sim T_4$ 的累积值为 0.47mm，已大于封闭环公差 0.15mm，故无论调整环公差 T_k 是何值，均无法满足尺寸链的公差关系式，也即无法补偿封闭环公差的超差部分。为此，可将尺寸链中未装入调整件 A_k 时的轴向间隙（称为空位尺寸，用 A_s 表示）分成若干尺寸段，相应调整环也分为同等数目的尺寸组，不同尺寸段的空位尺寸用相应尺寸组的调整环装入，使各段空位内的公差仍能满足尺寸链的公差关系。

1) 确定调整环的分组数。为便于分析，现将图 8-9b 所示尺寸链分解为图 8-9c 和图 8-9d 所示尺寸链。分别表示含空位尺寸 A_s 的尺寸链和空位尺寸 A_s 内的尺寸链。

图 8-9c 中，空位尺寸 A_s 可视为封闭环，则有

$$T_s = T_1+T_2+T_3+T_4 = 0.47\text{mm}$$

$$A_{s\max} = A_{1\max}-(A_{2\min}+A_{3\min}+A_{4\min}) = 115.20\text{mm}-(8.4\text{mm}+94.9\text{mm}+2.38\text{mm}) = 9.52\text{mm}$$

$$A_{s\min} = A_{1\min}-(A_{2\max}+A_{3\max}+A_{4\max}) = 115.05\text{mm}-(8.5\text{mm}+95\text{mm}+2.5\text{mm}) = 9.05\text{mm}$$

由此得 $A_s = 9^{+0.52}_{+0.05}\text{mm}$。

在图 8-9d 尺寸链中，A_0 为封闭环。

现将空位尺寸 A_s 均分为 Z 段（相应调整环 A_k 也分为 Z 组），则每一段空位尺寸的公差为 $\dfrac{T_s}{Z}$。若各组调整环的公差相等，则各段空位尺寸内的公差关系应满足下式：

$$\frac{T_s}{Z}+T_k \leq T_0$$

由此得出空位尺寸的分段数（即调整环 A_k 的分组数）的计算公式为

$$Z \geq \frac{T_s}{T_0-T_k}$$

本例中，按经济精度取 $T_k = 0.03\text{mm}$，代入公式得

$$Z \geq \frac{0.47\text{mm}}{0.15\text{mm}-0.03\text{mm}} = 3.9\text{mm}$$

分组数应圆整为相近的较大整数，取 $Z=4$。

分组数不宜过多，以免给制造、装配和管理带来不便，一般取 3~4 组。当计算所得的分组数过多时，可调整有关组成环或调整环公差。

2) 确定各组调整环的尺寸。本例中 $T_s = 0.47\text{mm}$ 均分为 4 段，则每段空位尺寸的公差为 0.1175mm，取 0.12mm，可得各段空位尺寸为 $A_{s1}=9^{+0.52}_{+0.40}\text{mm}$，$A_{s2}=9^{+0.40}_{+0.28}\text{mm}$，$A_{s3}=9^{+0.28}_{+0.16}\text{mm}$，$A_{s4}=9^{+0.16}_{+0.04}\text{mm}$。

调整环相应也分为 4 组，根据尺寸链计算公式，可得

$$A_{k1\max} = A_{s1\min}-A_{0\min} = 9.40\text{mm}-0.05\text{mm} = 9.35\text{mm}$$

$$A_{k1\min} = A_{s1\max}-A_{0\min} = 9.52\text{mm}-0.20\text{mm} = 9.32\text{mm}$$

同理可求其余组调整件极限尺寸。按单向入体标注，各组调整件尺寸及极限偏差如下：

$$A_{k1}=9.35^{\ 0}_{-0.03}\text{mm},\ A_{k2}=9.23^{\ 0}_{-0.03}\text{mm},\ A_{k3}=9.11^{\ 0}_{-0.03}\text{mm},\ A_{k4}=8.99^{\ 0}_{-0.03}\text{mm}$$

3) 为方便装配，列出补偿作用表，见表 8-3。

表 8-3 调整件补偿作用表 （单位：mm）

空位尺寸	调整件尺寸级别	调整件分级尺寸增量	装配后间隙
9.52~9.40	$A_{k1}=9.35_{-0.03}^{0}$	-0.03~0	0.05~0.20
9.40~9.28	$A_{k2}=9.23_{-0.03}^{0}$	0.09~0.12	0.05~0.20
9.28~9.16	$A_{k3}=9.11_{-0.03}^{0}$	0.21~0.24	0.05~0.20
9.16~9.04	$A_{k4}=8.99_{-0.03}^{0}$	0.33~0.36	0.05~0.20

3. 误差抵消调整法

通过调整某些相关零件误差的大小、方向，使误差相互抵消的方法，称为误差抵消调整法。采用这种方法，可以扩大各相关零件的公差，同时又能保证装配精度。

误差抵消调整法在机床装配时应用较多。例如在机床主轴装配时，通过调整前后轴承的径向圆跳动方向来控制主轴的径向圆跳动误差。这种方法是精密主轴装配中的一种基本装配方法，应用十分广泛。

本节讲述了四种保证装配精度的装配方法。在选择装配方法时，先要了解各种装配方法的特点及应用范围，根据不同的情况来选择不同的装配方法。一般来说，优先选用完全互换法；在生产批量较大、组成环又较多时，应考虑采用不完全互换法；在封闭环的精度较高、组成环的环数较少时，可以选用选配法；只有在应用上述方法使零件加工很困难或不经济时，在中小批生产中，尤其是单件生产中才宜采用修配法或调整法。

8.4 装配工艺规程的制订

装配工艺规程是指导装配工作的技术文件，其内容包括产品和部件的装配顺序、装配方法、装配技术要求和检验方法、装配所需的设备及工具和装配时间定额等。它是组织装配工作、指导装配作业、设计或改建装配车间的基本依据之一。

8.4.1 装配工艺规程制订的原则

1. 确保产品的装配质量，并力求有一定的精度储备

应准确、细致地按规范进行装配，这样才能达到预定的质量要求，并且还要争取有精度储备，以延长机器使用寿命。

2. 提高装配生产率

合理安排装配工序，尽量减少钳工的装配工作量，提高装配机械化和自动化程度，以提高装配效率，缩短装配周期。

3. 降低装配成本

尽可能减少装配生产面积，提高面积利用率，以提高单位面积的生产率，减少装配工人数量，从而降低成本。

8.4.2 装配工艺规程制订的原始资料

1. 产品的总装配图和部件装配图

为了在装配时进行补充机械加工和核算装配尺寸链，还需有关零件图。

2. 产品装配技术要求和验收的技术条件

产品验收的技术条件规定了产品主要技术性能的检验内容和方法，是制订装配工艺规程的重要依据。

3. 产品的生产纲领及生产类型

产品的生产类型不同，产品装配的组织形式、工艺方法、工艺过程的划分、工艺装备的选择等都有较大的差异。各种生产类型装配工作的特点见表8-4。

表8-4 各种生产类型装配工作的特点

生产类型		大批大量生产	成批生产	单件小批生产
基本特性		产品固定,生产活动长期重复,生产周期一般较短	产品在系列化范围内变动,分批交替投产或多品种同时投产,生产活动在一定时期内重复	产品经常变换,不定期重复生产,生产周期一般较长
装配工作特点	组织形式	多采用流水装配线,有连续移动、间歇移动及可变节奏等移动方式,还可采用自动装配机或自动装配线	笨重、批量不大的产品多采用固定流水装配,批量较大时采用流水装配,多品种平行投产时多品种可变节奏流水装配	多采用固定装配或固定式流水装配进行总装,同时对批量较大的部件亦可采用流水装配
	装配工艺方法	按互换法装配,允许有少量简单的调整,精密偶件成对供应或分组供应装配,无任何修配工作	主要采用互换法,但灵活运用其他保证装配精度的装配工艺方法,如调整法、修配法及分组法,以节约加工费用	以修配法及调整法为主,互换件比例较少
	工艺过程	工艺过程划分很细,力求达到高度的均衡性	工艺过程的划分须适合于批量的大小,尽量使生产均衡	一般不制订详细工艺文件,工序可适当调度,工艺也可灵活掌握
	工艺装备	专业化程度高,宜采用专用高效工艺装备,易于实现机械化、自动化	通用设备较多,但也采用一定数量的专用工具、夹具、量具,以保证装配质量和提高工效	一般为通用设备及通用工具、夹具、量具
	手工操作要求	手工操作比例小,熟练程度容易提高,便于培养新工人	手工操作比例较大,技术水平要求较高	手工操作比例大,要求工人有高的技术水平和多方面工艺知识
应用实例		汽车、拖拉机、内燃机、滚动轴承、手表、缝纫机、电气开关	机床、机车车辆、中小型锅炉、矿山采掘机械	重型机床,重型机器,汽轮机,大型内燃机,大型锅炉

4. 现有生产条件

包括现有的装配装备、车间的面积、工人的技术水平、时间定额标准等。

8.4.3 装配工艺规程制订的步骤

1. 产品分析

1）研究产品装配图，审查图样的完整性和正确性。
2）明确产品的性能、工作原理和具体结构。
3）对产品进行结构工艺性分析，明确各零件、部件间的装配关系。
4）研究产品的装配技术要求和验收技术要求，以便制订相应的措施予以保证。
5）必要时进行装配尺寸链的分析和计算。

在产品的分析过程中，如发现存在问题，要及时与设计人员研究予以解决。

2. 确定装配的组织形式

装配的组织形式可分为固定式和移动式。

固定式装配是将产品或部件的全部装配工作安排在一个固定的工作地进行。装配过程中产品的位置不变，所需的零件、部件全部汇集在工作地附近，由一组工人来完成装配过程。这种方法适用于成批生产或单件小批生产。

移动式装配是将产品或部件置于装配线上，通过连续或间歇的移动使其顺次经过各装配工作地，以完成全部装配工作。移动式装配一般用于大批大量生产。对于大批大量的定型产品还可采用自动装配线进行装配。

装配的组织形式主要取决于产品的结构特点、生产纲领和现有生产技术条件及设备状况。装配的组织形式确定后，也就相应确定了装配方式。

3. 划分装配单元、确定装配顺序、绘制装配系统图

机器中能进行独立装配的部分为装配单元。任何机器都可以划分为若干个装配单元，如合件、组件、部件。划分装配单元是为了便于组织平行流水装配，缩短装配周期。

在确定除零件以外的每一级装配单元的装配顺序时，要先选定一个零件（或合件、部件）作为装配基准件，其他装配单元按一定顺序装配到基准件上，成为下一级的装配单元。

装配基准件一般应是产品的基体或主干零件、部件，应具有较大的体积与重要和足够的支承面，以利于装配和检测的进行，然后安排装配顺序。一般是按照先上后下、先内后外、先难后易、先精密后一般、先重大后轻小的原则，来确定零件或装配单元的装配顺序，最后用装配系统图表示出来，如图 8-10 和图 8-11 所示。

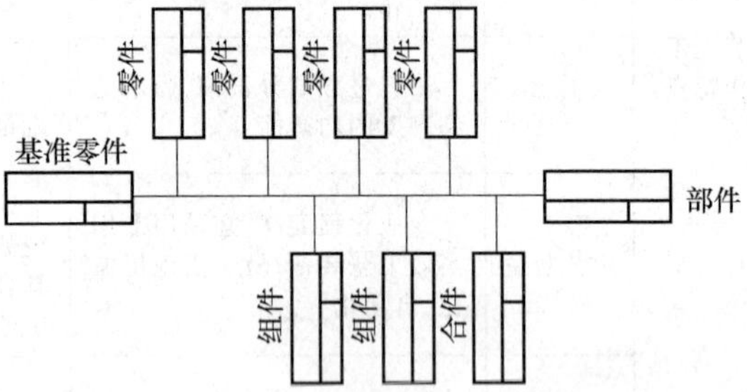

图 8-10 部件装配系统图

装配系统图是表明产品零件、部件间相互装配关系和装配流程的示意图。在装配系统图中，装配单元均用长方格表示，并注明名称、代号和数量。画图时，先画一条水平线，左边画出表示基准件的长方格，右边画出表示装配单元的长方格。将装入装配单元的零件或组件引出，零件在横线上方，合件、组件或部件在横线下方。当产品结构复杂时，可分别绘制各级装配单元的装配系统图。

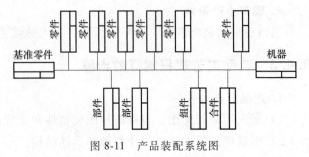

图 8-11 产品装配系统图

4. 装配工序的划分与设计

装配工序的划分主要是确定工序集中与工序分散的程度。工序划分常与工序设计一起进行。装配工序设计的主要内容有：制订工序的操作规范、选择所需设备和工艺装备、确定工时定额等。装配工序还包括检验和试验工序。

5. 填写装配工艺文件

单件小批生产时，仅绘制装配系统图即可。中批生产时，要制订装配工艺过程卡，在工

艺过程卡上写有工序次序、工序内容、所需设备和工艺装备、工时定额等，关键工序有时需要制定装配工序卡。大批大量生产时，要为每一道工序制订工序卡，详细说明该工序的工艺内容，直接指导工人操作。

6. 制订产品检测与试验规范

产品装配后，要进行检测与试验，应按产品图样要求和验收技术条件，制订检测与试验规范。其内容有：检测与验收的项目、质量标准、方法和环境要求；检测与验收所需的装备；质量问题的分析方法和处理措施。

8.4.4 装配工艺规程制订的注意事项

1. 预处理工序先行
零件的清洗、倒角、去毛刺等工序要安排在前。

2. 先下后上
先安装处于机器下部的零部件，再装处于机器上部的零部件，使机器在整个装配过程中其重心始终处于稳定状态。

3. 先内后外
使先装部分不会成为后续作业的障碍。

4. 先难后易
先安装难于装配的零部件，因为开始装配时活动空间较大，便于安装、调整、检测及机器的翻转。

5. 先重大后轻小
一般先安装体积、重量较大的零部件，后安装体积、重量较小的零部件。

6. 先精密后一般
先将影响整台机器精度的零部件安装、调试好，再安装一般要求的零部件。

7. 安排必要的检验工序
特别是对产品质量和性能有影响的工序，在它的后面一定要安排检验工序，检验合格后方可进行后续的装配。

8. 合理安排电线、管道的装配
电线、液压油管、润滑油管的安装工序应合理地穿插在整个装配过程中，不能疏忽。

习 题

8-1 什么是装配？装配的工作内容有哪些？

8-2 机器产品的装配精度与零件的加工精度、装配工艺方法有什么关系？

8-3 什么是装配尺寸链？装配尺寸链的计算方法有哪些？

8-4 如何查找装配尺寸链？查找时应注意些什么？

8-5 图 8-12 所示为双联转子泵的轴向装配关系图，要求在冷态情况下轴向间隙为 0.05~0.15mm。已知 $A_1 = 41$mm，$A_2 = 17$mm，$A_3 = 7$mm，$A_4 = 17$mm。分别采用完全互换法和不完全互换法装配时，试确定各组成零件的公差和极限偏差。

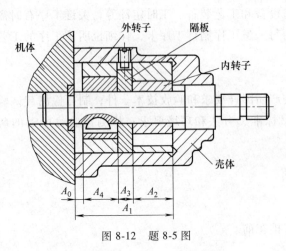

图 8-12 题 8-5 图

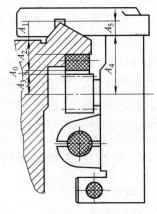

图 8-13 题 8-7 图

8-6 某轴和孔的尺寸和公差配合为 $\phi 50\frac{H3}{h3}$。为降低加工成本,现将两零件按 IT7 公差等级制造,采用分组装配法时,试计算:

① 分组数和每一组的极限偏差。

② 若加工 1 万套,且孔和轴的实际分布都符合正态分布规律,问每一组孔和轴的零件数各为多少?

8-7 如图 8-13 所示,车床溜板箱小齿轮与齿条啮合精度的装配尺寸链中,要求小齿轮齿顶与齿条齿根的间隙为 0.10~0.17mm,现采用修配法装配,选取 A_2 为修配环,即修磨齿条的安装面。设 $A_1 = 53_{-0.1}^{0}$ mm,$A_2 = 28$mm($T_2 = 0.1$mm),$A_3 = 20_{-0.1}^{0}$ mm,$A_4 = 48 \pm 0.05$mm,$A_5 = 53_{-0.1}^{0}$ mm。试求修配环 A_2 的上、下极限偏差,并验算最大修配量。可否选 A_2 为修配环(即修配滑板箱的结合面)?为什么?

8-8 如图 8-14 所示,曲轴轴颈与齿轮的装配中,结构设计采用固定调整法保证间隙,$A_0 = 0.01 \sim 0.06$mm。若选 A_k 为调整件,试求调整件的组数及各组尺寸。已知 $A_1 = 38.5_{-0.07}^{0}$ mm,$A_2 = 2.5_{-0.04}^{0}$ mm,$A_3 = 43.5_{+0.05}^{+0.10}$ mm,$A_4 = 18_{0}^{+0.2}$ mm,$A_5 = 20_{0}^{+0.1}$ mm,$A_6 = 41_{-0.5}^{0}$ mm,$A_7 = 1.5_{0}^{+0.2}$ mm,$A_8 = 38_{-0.2}^{0}$ mm,调整件的制造公差为 $T_k = 0.01$mm。

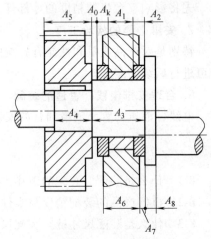

图 8-14 题 8-8 图

8-9 保证产品精度的装配工艺方法有哪些?各适用在什么场合下?

8-10 什么是装配工艺规程?包括什么内容?有什么作用?

8-11 制订装配工艺规程的原则及原始资料是什么?

8-12 简述制订装配工艺规程的步骤。

参 考 文 献

[1] 刘守勇，李增平. 机械制造工艺与机床夹具［M］. 3版. 北京：机械工业出版社，2013.
[2] 王茂元. 机械制造技术基础［M］. 北京：机械工业出版社，2007.
[3] 朱淑萍. 机械加工工艺及装备［M］. 2版. 北京：机械工业出版社，2007.
[4] 兰建设. 机械制造工艺与夹具［M］. 北京：机械工业出版社，2006.
[5] 赵宏立. 机械加工工艺与装备［M］. 北京：人民邮电出版社，2009.
[6] 蔡安江. 机械制造技术基础［M］. 北京：机械工业出版社，2006.
[7] 李增平. 机械制造技术［M］. 南京：南京大学出版社，2011.
[8] 龚仲华. 数控技术［M］2版. 北京：机械工业出版社，2010.
[9] 王隆太. 先进制造技术［M］. 2版. 北京：机械工业出版社，2015.
[10] 汪晓云. 普通机床的零件加工［M］. 2版. 北京：机械工业出版社，2015.
[11] 朱正心. 机械制造技术（常规技术）［M］. 北京：机械工业出版社，1999.
[12] 吴拓. 机械制造工艺与机床夹具［M］. 2版. 北京：机械工业出版社，2011.
[13] 贾振元，王福吉. 机械制造技术基础［M］. 北京：科学出版社，2011.
[14] 马国亮. 机械制造技术［M］，北京：机械工业出版社，2010.
[15] 王宜君，李爱花. 制造技术基础［M］. 北京：清华大学出版社，2011.
[16] 韩秋实，王红军. 机械制造技术基础［M］. 3版. 北京：机械工业出版社，2010.
[17] 余承辉，姜晶. 机械制造工艺与夹具［M］. 上海：上海科学技术出版社，2010.